作物生產概論

題庫解析

王慶裕 編著

五南圖書出版公司 印行

自序

　　本書作者於 2017 年完成《作物生產概論》（*Introductory Crop Production*）（新學林出版社）一書，內容是臺灣國內農學相關大學院校學習作物生產之基本課程，此課程安排於大一，列爲必修課程，主要是讓進入農學領域之初學者了解人類如何生產農作物（作物），包括作物生產概況、作物分類、作物生長特性、作物生長過程、作物生產制度等，進一步針對作物所需之養分、病、蟲、草害之控制、及環境條件需求加以介紹。除了從栽培管理方面提高作物產量與品質外，如何經由遺傳與育種程序改變作物遺傳組成，更是作物生產過程不可或缺之重要領域。

　　作物生產科學（crop production science）是研究作物栽培、生長發育現象、及其與自然環境之關係，以及探討如何提高作物產量、品質，並降低生產成本之一門科學。凡是與作物生產相關之基礎科學，包括植物生理學、作物生理學、作物栽培原理、作物學、作物生化學、生態學、植物保護學、土壤肥料學、遺傳學、育種學、農業機械學、農業藥劑學、雜草管理學、農業氣象學、生物技術學等均牽涉其中。近年來，資訊技術與網路蓬勃發展，未來如何利用網路資訊、網路行銷、生產自動化、人工智慧，均是作物生產領域值得重視與發展之趨勢。

　　本書作者於 1988 年進入國立中興大學農藝學系任教以來，轉眼之間已超過 35 個寒暑，已於 2022 年八月正式退休。於同年年中經五南出版社李貴年副總編輯大力鼓勵，希望能針對高中職學生爲對象出版《圖解作物生產》，以深入淺出配合圖解方式提供專業知識。雖然作者才疏學淺，卻也不揣淺陋繼續嘗試將原《作物生產概論》相關內容重整摘要並配合圖解彙編成冊（2023 年 9 月出版），以供讀者參考。

　　於 2023 年 6 月完成圖解作物生產二校之際，又經李副鼓吹編撰《作物生產概論題庫解析》以提供有志於參加國家考試之學子參考，幾經思量決定蒐集各方專業資料、教科書、文獻報告，並嘗試配合運用正流行之人工智慧 ChatGPT 技術協助取得資料，以結合大數據資料庫之資料。但運用 ChatGPT 過程中發現部分解

答並不正確，故必須經由作者之人腦加以過濾補充修正，期望能提供學子方便參考之完整且正確的資料，亦可供國家考試考前複習之用。

　　考慮本書預定篇幅有限（已近 20 萬字），僅以最近 6 年內（2018～2023）所有與國家考試農業技術類組相關之公務人員高等考試三級考試暨普通考試、公務人員特種考試原住民族考試、特種考試地方政府公務人員考試考題為主要內容。此外，並提供作者以往參與各項考試出題之題庫，且依照原《作物生產概論》（2017）之各章標題為架構，將所有試題分類及編撰參考解答。由於國家考試每年出題者各具不同研究專長背景，因此有部分考題難免偏離《作物生產概論》之基本架構綱要，然作者仍嘗試將其納入最後一章進行解答，以供讀者參考。

國立中興大學農藝學系退休教授

初稿完成於 2023.08.31

農業暨自然資源學院 農藝系

姓名：王慶裕　　　職稱：退休教授

最高學位：中興大學農學博士（1993）

個人管理之網站網址：

1. 雜草及除草劑研究室　　　　　　2. 茶作與製茶研究室

3. 興大農資院農藝系茶園與製茶工廠　4. 除草劑抗性雜草資料庫

（相關網頁已於退休後被興大電算中心刪除）

簡要經歷：

省立關西高級農校 農場經營科及補校茶業科 專任教師 1986/02～1987/01（1）

臺灣省農業試驗所 農藝系 約聘技師 1987/09～1988/01（0.5）

國立中興大學農藝學系

助教：1988/02～1994/01（6）

講師：1994/02～1997/01（3）

副教授：1997/02～2003/07（6.5）

副教授兼農場教學組 組長：2000/08～2002/07（2）

教授：2003/08～2022.07.31（19）

農資院農業試驗場 場長：2010/08～2012/01（1.5）/ 2018/08～2020/07（2.0）

專長：作物生產、作物生理、除草劑生理、雜草管理、除草劑、除草劑抗性生理、除草劑環境監測、茶作學、製茶學。

研究領域：作物生理、除草劑抗性生理、雜草管理、除草劑環境監測、除草劑殘留分析、外來植物風險評估、茶樹栽培、製茶技術。

出版書籍：

作物生產概論（2017）。新學林出版社。

茶作學（2018）。新學林出版社。

製茶學（2018）。新學林出版社。

除草劑概論（2019）。新學林出版社。

除草劑生理學（2020）。五南出版社。

除草劑抗性生理學（2021）。新學林出版社。

圖解作物生產（2023）。五南出版社。

作物生產概論題庫解析（2023）。五南出版社。

緒言

作物生產概論試題配題大綱（考選部資料）

一、作物與環境（光線、溫度、水分）（20%）

二、作物生長發育（20%）

三、作物與產量（20%）

四、作物生產技術、耕作制度、有機農業、永續農業、精準農業（20%）

五、作物雜草管理、土壤肥料管理、病蟲害管理（10%）

六、生物多樣性（10%）

　　本書係依照作者原著《作物生產概論》（2017）之各章標題分類及編撰解答。臺灣行政院考選部國家考試農業技術類組考科中，由於公務人員特種考試原住民族考試、普考四級、特種考試地方政府公務人員考試並無「作物生產概論」科目，而是將相關內容納入「作物概要」及「作物學」考科中，因此為方便考生參考及加強相關資料認知，於本書最後一章〈相關試題〉中納入高等作物學、作物學、作物概要、部分無法歸類於作物生產概論科目之相關試題。

　　針對相同試題之解答可以有不同角度之論述，且不同層級之考試所需之回答亦深淺有別，本書之解答僅供參考，期盼參與各級考試之考生應答時能把握重點靈活作答，在有限時間內針對重點作答，行有餘力再多做深入論述補充。

目錄 CONTENTS

CONTENTS

智慧農業（intelligent agriculture）

　　智慧農業是指運用先進的技術和資訊系統來改善農業生產效率、資源利用、可持續性的農業模式。其結合了物聯網（IoT）、大數據、人工智慧、自動化和遙感等技術，使農業生產更智慧化、精確化、及可持續發展。

　　智慧農業的應用範圍廣泛，包括以下方面：

(1) 監測和預測：利用感測器和監測系統蒐集土壤溼度、氣象數據、作物生長狀況等訊息，並利用數據分析和預測模型來提供即時和準確的農業管理建議。此可幫助農民更好地了解土壤和作物需求，優化灌溉和施肥策略，以及減少資源浪費和影響環境。

(2) 自動化和機械化：利用自動化技術，如 AI 機器人、遠端操作和自動控制系統，實現農業生產過程的自動化。例如，自動化灌溉系統可以根據感測器數據和預設的灌溉策略，自動調節灌溉量和時間。此不僅節省人力成本，還能提高灌溉效率。

(3) 精準農業管理：基於定位和遙感技術，智慧農業可以實現精確的農業管理。例如，利用衛星和無人機的影像數據，可以繪製出作物生長圖像和農田的變異性，進行精確的施肥、病蟲害監測、作物識別。此有助於減少農藥和肥料的使用，提高農產品品質和產量。

(4) 數據分析和決策支持：通過蒐集和分析大數據，智慧農業可以提供農業管理和決策的關鍵訊息。例如，利用過去的數據和預測模型，可以預測作物生長的最佳時機和產量，幫助農民做出更明智的種植和銷售決策。

　　智慧農業的優勢在於提高農業生產效率、節省資源、減少環境影響、及提高農產品品質。然而，實施智慧農業需要投資資金、技術培訓、及基礎設施支持，並解決數據隱私和安全等問題。

> **問答題**

> **1.**
>
> 面對全球氣候變遷與資源有限的挑戰，以往「線性農業（linear agriculture）」的農業生產模式將被創新的「循環農業（circular agriculture）」取代，試述線性農業和循環農業及其比較。

　　線性農業和循環農業是兩種不同的農業生產模式，其在資源利用、環境影響、及可持續性方面有著明顯的差異。以下是對這兩種農業模式的解釋和比較：

1. **線性農業（linear agriculture）**：線性農業是一種傳統的農業模式，主要特點是將資源（如水、肥料、能源）視為單次使用的消耗品。在線性農業中，農產品的生產過程通常包括大量的資源消耗、排放、及廢棄物產生。這種模式下，資源被使用後往往無法循環再利用，進而對環境產生負面影響。

2. **循環農業（circular agriculture）**：循環農業是一種可持續的農業模式，強調資源的循環和再利用。在循環農業中，資源被視為有限和可再生的，並且被妥善管理和回收再利用。這種模式下，農業生產過程中產生的廢棄物被視為資源，如農業殘餘物可以用於製作有機肥料，動物糞便可用於生物能源生產，以達到資源的最大化利用。

比較：

1. **資源利用**：線性農業中的資源使用通常是單向的，導致資源的浪費和環境負擔。相比之下，循環農業通過回收再利用資源，實現了資源的有效利用和節約。

2. **環境影響**：線性農業的廢棄物和排放物可能汙染環境，例如化肥和農藥汙染土壤和水源。循環農業經由減少使用化學肥料和農藥，以及有效處理廢棄物，可減少環境的負擔。

3. **可持續性**：循環農業被視為一種可持續的農業模式，能夠確保農業生產的長期穩定性。其有助於維護土壤健康、保護水資源、及減少能源消耗，並提高農產品的品質和安全性。

總之，循環農業相對於線性農業對環境更加友好、可持續且節約資源。其鼓勵資源的循環再利用，減少對環境的負擔，同時提高農業生產的效益和可持續性。這種轉型需要農民、政府、利益相關者的共同努力和支持。

2.

試評述政府推動大糧倉計畫的進口替代作物及其推動目標、優先區位、內容與問題。

政府推動的大糧倉計畫旨在增加臺灣的糧食自給率，降低對進口糧食的依賴，以確保食品安全和糧食供應穩定性。其中，進口替代作物是該計畫的一個重要策略。

進口替代作物指的是在臺灣種植並取代進口的作物品種。政府希望透過種植這些替代作物，減少對進口糧食的需求，提高自給率。進口替代作物的選擇通常基於該作物在臺灣的種植潛力、環境適應性、及經濟效益。

大糧倉計畫的推動目標是提高糧食自給率，預防外在環境變化和糧食供應不穩定性對臺灣的影響。這有助於保障國家的食品安全，減少受國際市場的波動性和價格風險影響。同時，進口替代作物的種植也能促進農業發展、增加農民收入，以及降低國家對進口糧食的支出。

政府在推動大糧倉計畫時通常會指定優先區位，這些區位可能是根據氣候條件、土壤特性、農業基礎設施等因素來確定的。此有助於集中資源和支持，提高進口替代作物的種植效益和成功率。

大糧倉計畫的內容包括種植技術研發、品種改良、農業資源管理等方面的支持和措施。政府可能提供農民培訓、資金支持、種苗供應、技術指導等，以鼓勵農民轉型種植進口替代作物。同時，政府也會加強農業基礎設施建設，例如灌溉系統、農田排水、農業機械化等，以提高農業生產效率和競爭力。

然而，推動大糧倉計畫也面臨一些問題和挑戰。首先，進口替代作物的種植需要耕地、水資源、農業技術的支持，這可能需要大量的投資和資源調配。其次，進口替代作物的種植和生產過程中可能面臨市場需求、價格波動和產量不穩

定性等問題。此外，糧食安全不僅受自給率的影響，還受到國際糧食市場的供需情況和全球氣候變化的影響，這些因素也需要納入考慮。

　　因此，政府在推動大糧倉計畫時需要綜合考慮各種因素，包括技術支持、市場需求、資源管理、國際環境等，以確保計畫的可行性和可持續性。同時，也需要與農民、利益相關者、專家進行密切合作，共同推進糧食自給率的提升和糧倉計畫的成功實施。

　　本章作物分類包括作物定義、種類，以及各種作物栽培所需之氣候土宜、栽培方法等，有些內容可歸類於「作物學」考科中，故所占篇幅較多，更多資料請參考本書第 20 章〈相關試題〉。

◆ 名詞解釋 ◆

1. 韌皮纖維

　　韌皮纖維是指韌皮部產生的纖維。但有時將分布在皮層、維管束鞘部分的纖維也概括地稱為韌皮纖維。韌皮纖維是從韌皮部（有時稱為「內皮」、「外皮」）、或某些雙子葉植物莖周圍的韌皮部蒐集的植物纖維。韌皮纖維為兩端尖削的長紡錘形死細胞，長比寬大很多倍，甚至可達一千倍，細胞壁極厚，細胞腔呈狹長的縫隙，含纖維素，故堅韌而有彈性，在植物體中能抵抗折斷、彎曲。一些經濟上重要的韌皮纖維來自草本的農作物，例如亞麻、大麻、苧麻，而部分韌皮纖維來自野生植物，例如蕁麻、酸橙、菩提樹、柳樹、橡樹、和紫藤。

　　通常常見的韌皮纖維作物，包括：

(1) 亞麻（flax）：亞麻植株的纖維被稱為亞麻纖維，是韌皮纖維中最著名和重要的一種。亞麻纖維是一種天然的植物纖維，用於製造亞麻布和其他紡織品。

(2) 大麻（hemp）：大麻植株的纖維稱為大麻纖維，也是一種常見的天然植物纖維，廣泛用於製造麻布、繩索、及其他產品。

(3) 蕉麻（ramie）：蕉麻植株的纖維被稱為蕉麻纖維，是一種來自東南亞地區的纖維，通常用於製造高品質的紡織品。

(4) 蘆薈（aloe vera）：蘆薈植株的葉肉中含有韌皮纖維，可用於製造紡織品和其他產品。

　　這些韌皮纖維作物的纖維通常具有很高的強度和耐久性，並且在紡織和製造工業中廣泛應用。其纖維可以用於製造各種產品，包括布料、繩索、網狀結構、纏繞材料等。由於這些纖維具有良好的耐候性和環保性，因此在可持續發展和環保的領域也得到越來越多的重視和應用。

2. 作物野生近緣種（crop wild relatives, CWR）

作物野生近緣種指的是與人類栽培作物具有密切親緣關係的野生植物物種。這些野生近緣種與常見的農作物，如小麥、水稻、玉米、馬鈴薯等，具有共同的祖先並保留了相似的基因庫。

作物野生近緣種在農業中具有重要的價值和意義。其擁有與栽培作物相似或相關的基因組，這些基因組包含了各種有益的特性，如抗病性、耐旱性、耐寒性、抗蟲性、高營養價值等。這些特性使得作物野生近緣種成為改良現有作物品種和開發新品種的重要基因資源。

以下是作物野生近緣種的一些重要特點和價值：

(1) 基因資源：作物野生近緣種保留了廣泛的遺傳多樣性，擁有豐富的基因庫。這些基因庫中的基因可以用於改良栽培作物的特性，使其適應環境變化、增強抗病能力、提高產量和品質等。

(2) 抗逆性：作物野生近緣種通常生長在極端或惡劣的自然環境中，具有較強的逆境抗性，如耐旱、耐寒、耐熱、耐鹽等。這些逆境抗性的特點可以被轉移到栽培作物中，使作物更能適應不利的生長條件。

(3) 抗病性和抗蟲性：作物野生近緣種通常具有較高的抗病性和抗蟲性，因為其在自然環境中需要與各種病原體和害蟲共存。這些特性可以被利用來提高栽培作物的抗病和抗蟲能力，減少對農藥的依賴。

(4) 適應力和適應性：作物野生近緣種通常具有較高的適應能力，能夠適應不同的土壤條件、氣候變化、生態系統。這些特性對於擴大作物種植區域、開發新的栽培地點和應對氣候變化具有重要意義。

政府、農業機構、科學家們意識到作物野生近緣種的重要性，已經開展了相關的保護、採集、保存工作。通過對作物野生近緣種的保護和利用，可以為未來的農業發展提供重要的遺傳資源，促進作物的進化和適應，並提高農作物的生產力和可持續性。

問答題

1.

請說明何謂「作物」（crop）？農藝作物依照其用途可分為哪些類別？請各舉一例說明。（本題參考答案可拆解出多項子題；參考王慶裕。2017。作物生產概論。）

　　一般野生植物中，人類選擇其有用者加以栽培、保護及改良，藉人為馴化使其成為有經濟價值的植物，此種植物名之為作物（crop）。意即，凡人類以直接或間接（如飼養動物）利用為目的，所栽培的所有植物均稱為作物，亦可稱為栽培植物（cultivated plants）。

　　作物的範圍一般有廣義和狹義之分。就廣義定義可分為：a. 觀賞植物（floriculture），指花卉類、b. 森林植物（forest plants）、c. 畜牧植物，亦稱飼料作物（forage corps）、d. 園藝作物（horticultural crops）、e. 農藝作物（agronomic crops）。而作物一般泛指園藝作物及農藝作物。然而狹義的定義則專指農藝作物，包括食用作物、特用作物、及雜用作物。至於園藝作物則包括蔬菜、花卉、與果樹。

　　在農藝作物中，凡生產人類及家畜食糧與飼料者，稱「食用（普通）作物」。凡生產各種工業原料或特殊用途者，稱「工藝（特用）作物」。不屬於前二者，則歸類為「雜用作物」。

1. 食用作物（food crops）

　　依形態及用途可分：

(1) 禾穀類作物（cereals）或穀粒作物（grain crops）：收穫穀實或種實（grain）為目的而栽培之禾本科作物，稱為禾穀類作物（cereal crops）或禾穀類穀粒（cereal grains）作物，如小麥（wheat）、大麥（barley）、燕麥（oat）、黑麥（rye）、稻（rice）、玉米（maize, Indian corn）、高粱（sorghum）、小米（millets）等，為人類重要的糧食。有時候一些作物如亞麻及大豆也稱為穀粒作物。禾穀類作物泛指任何能提供果實或穀粒供為食用之草類（grass）

植物，此名詞可視為整個植物或指穀粒本身。蓼科作物蕎麥（buckwheat）雖然不是屬於禾本科，但因果實類似，習慣上亦將其列入禾穀類作物中。

小穀粒（small grain）作物也是一般名詞，所指包括小麥、黑（裸）麥、燕麥、大麥。與其他穀粒作物如玉米及高粱相比，這些作物之株高較矮、且種子較小。小穀粒作物可依照生命週期，進一步分類為秋播型小穀粒作物（fall-seeded small grains），如（越）冬小麥、冬大麥、冬燕麥、黑麥，以及春播型小穀粒作物（spring-seeded small grains），如春小麥、春大麥、春燕麥等。

飼料穀粒（feed grains）作物則是利用其種子或果實飼養家畜之禾穀類作物，有時候在商品市場這些作物也稱為粗穀粒（coarse grains）作物。在美國最普遍的飼料穀粒是玉米，其次是穀粒高粱；其他常見之飼料穀粒則為燕麥、大麥、黑麥、蕎麥、小米（粟）。其實，只要是餵養家畜之任何穀粒作物均可歸類在飼料穀粒作物。

食用穀粒（food grains）作物則是利用其種子或果實，供人類消費之禾穀類作物。在美國最為常見之食用穀粒作物是小麥，其他則為水稻、黑麥、玉米、燕麥。這些作物在全球之利用方式不同，全球之食用穀粒作物以小麥占最大量，但水稻是全球許多地方最普遍的作物，尤其東方及亞洲。在拉丁美洲最普遍的則是玉米，另外在非洲某些地區則以高粱與小米為主。

(2) 豆類作物（legumes, leguminous crops, pulse crops）：以收穫乾燥籽實（pulses）為目的而栽培之豆科作物（收穫嫩莢或未成熟籽實者則屬於園藝作物之蔬菜），如大豆（soybean）、落花生（又稱花生，peanut, groundnut）、穀實豌豆（field pea）、穀實菜豆（field bean）、豇豆（cowpea）、綠豆（mungbean, green gram）、紅豆（adzukibean）、蠶豆（broadbean, fababean）、藜豆（回回豆，chickpea）、膠豆（guar）等。

豆類作物係指取其蛋白質供人類或家畜食用之大種子豆科作物（large-seeded legumes），亦稱為種子豆科（seed legumes）作物。此類作物不同於小種子豆科作物（small-seeded legumes），例如紫花苜蓿（alfalfa）與白花苜蓿（clovers）主要作為飼料作物。在美國最普遍之豆類作物是大豆，其次是落花生，其他尚有田間豆類（field beans：種子外形接近橢圓形，植株缺乏卷鬚

支撐，莖部較爲充實），包括斑豆（pinto beans）、利馬豆（lima beans）、大北豆（great northern beans）、四季豆（敏豆，kidney beans）、綠豆（mungbeans）、蠶豆（broadbeans），以及田間豆類（field peas；種子外形接近正圓形，植株具有卷鬚支撐，莖部中空），包括鷹嘴豆（chickpeas）、樹豆（pigeon peas）、扁豆（lentils）。

(3) 根及塊莖類作物（又稱薯類作物，root and tuber crops）：以收穫地下肥大根部（enlarged root，fleshy root）、塊莖（tuber）、球莖（corm）、地下莖（rhizome）等爲目的而栽培之作物，爲重要的糧食及飼料，亦爲提煉澱粉之原料。包括：

a. 收穫肥大塊根者：如甘藷（sweet potato）、樹薯（木薯，cassava）、葛鬱金（arrot root）、蕪菁（turnip）、甜菜（beet）。

b. 收穫塊莖者：如馬鈴薯（potato）、菊薯（菊芋，Jerusalem artichoke）。

c. 收穫球莖者：如芋（taro）。

d. 收穫地下莖者：如食用美人蕉（藕薯，edible canna）。

根部作物（root crops）係指根部可供作人類食物或家畜飼料之作物，包括可食用之根部蔬菜如蘿蔔（radish）、胡蘿蔔（carrot）、白蘿蔔（turnip）、食用甜菜（sugar beet）、甘藷（sweet potato）、大頭菜（rutabaga）。甜菜根部含有高糖，是農藝上重要的根部作物，其他尚有飼料甜菜（fodder beet, mangel）與木薯（cassava）。

塊莖作物（tuber crops）係指利用其地下部塊莖之作物，塊莖並非眞的根部，而是位於地下之增厚莖部，大部分供人類消費但也可供家畜食用。最常見的塊莖作物是馬鈴薯（Irish potato），其他還有菊芋。

(4) 飼料作物（forage crops）：以收穫作物之營養器官（根、莖、葉）直接作爲飼料、或乾燥發酵等處理後再作爲飼料之作物，如禾本科牧草（禾草）、豆科牧草（豆草）、飼料用根及莖類作物，及牧草等。此作物不同於前述之飼料穀粒作物，前者僅收穫其穀粒或種子供爲飼料。

所謂牧草作物（pasture crop）係指可經由家畜放牧吃草而直接收穫的飼料

作物。此種作物通常限於已播種於土地之作物，如一年生之作物蘇丹草（sudangrass），或多年生作物如扁雀稗（smooth bromegrass）。禾穀類作物或豆科作物均可作爲牧草作物，甚至混合兩種作物如紫花苜蓿與扁雀稗作爲牧草。此外，牧場作物（range crop）也類似牧草作物，但限於自然界經常存在之原生多年生植物。

乾草作物（hay crop）是指飼料作物仍青綠時於田間切下，俟乾後加工、儲存、餵給家畜。加工過程包括將乾草打包成圓形或方形乾草包，或是以鬆散方式直接蒐集存放成堆。方形乾草包通常堆疊存放以防腐敗。乾草通常須將水分降至 10% 以下，以保持品質及阻止發霉。當蒐集及加工乾草時，也要儘可能保留較多的葉片以維持營養價值。

青貯飼料（silage crop）乃是飼料作物在青綠多汁時採收，然後儲存在缺氧（anaerobic）狀況下控制其發酵反應之作物。爲了進行無氧發酵，在作物採收後儲存期間必須排除氧氣，其操作方式可將材料放在氣閉式筒倉（silo）、或藉由打包去除空氣。此種飼料經過適當加工與儲存可以成爲動物極佳之飼料。

青貯飼料作物依照採收後處理方式可分爲兩種，第一種是收穫後直接以高水分含量之青貯飼料（high moisture silage）儲藏，第二種則是切下後俟其部分乾燥後再行剉切，並以低水分含量之青貯飼料方式儲藏。前者通常含水量 60～70%，而後者約含 40% 的水分。任何飼料作物均可作爲青貯料，但以玉米最爲常見，其次是紫花苜蓿。

鮮飼作物（soiling crop）又稱綠斬（green chop），是指飼料作物於青綠多汁狀況下收穫而直接餵食家畜，此種作物很像青貯飼料作物，但不經發酵及儲藏。任何可作爲青貯飼料的作物均可製作成爲鮮飼作物。

2. 特用作物（industrial crops, special crops）

(1) 纖維料作物（fiber crops）：係採收纖維作爲紡織、編織、製索、漁具等爲目的而栽培之作物。採纖維部位因作物而不同，包括：

　a. 採自種子：如棉（cotton）。

　b. 採自莖部之韌皮部：如黃麻（jute）、洋麻（鐘麻，kenaf）、苧麻

（ramie）、亞麻（纖維亞麻，fiber flax）、大麻（hemp）、岡麻（Chinese jute）等。

c. 採自莖部之全部：如藺草（rush）、馬尼拉麻（Manila hemp）等。

d. 採自葉部：如瓊麻（sisal hemp）。

纖維作物係指可利用其果實或莖部纖維之作物，其可供紡織、繩索、袋子製作。在美國最常見之纖維作物是棉花，利用其附著於種子上之纖維。另一個重要的纖維作物是亞麻，可利用莖部纖維製作麻布。此外，尚有大麻、龍舌蘭（henequen）、劍麻（sisal）、黃麻、苧麻、洋麻（kenaf）、掃帚高粱（broomcorn），以及紙料用鳳梨、構樹，填充料用木棉、棕櫚等。

(2) 油料作物（oil crops）：油料作物是取其油分（oil）供為利用之作物。此植物中之油分主要用於食品加工，或是作為植物油（vegetable oils）與起酥油（shortening）。其他也可用於潤滑油（lubricants）與工業加工之用。某些植物油與傳統來自石油之潤滑油相比，前者之發煙點（smoke point）與燃點（flash point）較高，故更適合應用於某些工業上。

種子含有豐富油分可供製油之作物，如向日葵（sunflower）、油菜（rapeseed）、胡麻（sesame）、可可椰子（coconut）、油棕（oilpalm）、紅花（saffower）、蓖麻（castorbean）、亞麻（種子亞麻，seed flax）、橄欖（olive）等。大豆、落花生、棉籽亦含有豐富的油分，亦為重要的食用油來源。

在美國最普遍的油用作物是大豆，其數量超過其他油料作物總和。雜貨店中銷售之大部分植物油其主要成分即為大豆油。另一個常見之油料作物為向日葵，其在全球某些地區，尤其是俄羅斯，是屬於主要的油用作物。花生油則因其發煙點較大豆油或向日葵油高，多用於工業烹飪油（industrial cooking oil）。由於健康考量，油菜油（canola oil）的使用也快速增加。在美國其他油料作物尚包括用於人造奶油（margarine）之棉籽、玉米、紅花（safflower）。

亞麻籽油（lineseed oil）係取亞麻種子萃取油分，其可用於油漆塗料。蓖麻油（castor oil）抗熱性佳，可用於賽車及工業。芝麻油（sesame oil）帶紅色，

在拉丁美洲與印度為重要之烹飪用油。其他油料作物尚有油棕櫚、芥菜、與油菜（rapeseed and canola）。

(3) 糖料作物（sugar crops）：糖料作物指供製糖之作物，以甘蔗（sugar cane）及甜菜（sugarbeet）為主。甘蔗係利用其地上莖部，甜菜則利用其肥大的根部提煉蔗糖（sucrose），其他作物如甜高粱（sweet sorghum, sorgo）、糖槭（糖楓，maple），則可提煉糖蜜。糖料作物通常從其萃取精煉之蔗糖中取得甜汁，在美國最常見的是甜菜，從其大的新鮮主根中萃取糖分。

在全球，其他重要的糖料作物還有甘蔗（sugarcane），如早期臺灣也曾有大面積栽培成為出口重要農產品。最近幾年甜高粱因利用於酒精燃料生產而獲利。甘蔗與甜高粱之糖分取自莖稈（stalk, stem），而玉米或高粱之果糖（fructose, corn sugar）則萃取自穀粒部位。

(4) 嗜好類作物（recreation crops）：利用作物的某些部位（根、莖、葉、花、果實、種子）含有植物鹼（如咖啡鹼、尼古丁等）或其他成分，其因具有刺激、興奮、鎮靜等作用，常用會上癮，包括飲料類作物（beverage crops），即指取其種子或葉片經加工後用於製作飲料之作物，如咖啡（coffee）、茶（tea）、可可（cacao）、可樂（cola）、沙士（smilax, sarsaparilla）等，及某些可兼供藥用作物者，如菸草（tobacco）、罌粟（opium poppy）、大麻（hemp, marijuana）等。此外，檳榔（betelnut）和荖花（betelpepper）亦屬於本類。

(5) 藥用作物（medicinal crops, medical crops）：利用作物的某些部位（根、莖、葉、花、果實、種子）含有特殊成分，對人類具有治病、強身、滋補等功能，或具有驅蟲、殺蟲等效果者。臺灣國內民間通稱之藥用作物則專指供人治病、強身、滋補之中藥（Chinese medicine）作物，如人參（gingseng）、當歸（ligusticum）、金雞納樹（cinchona）、薄荷（mint）等。供驅蟲及殺蟲者有除蟲菊（pyrethrum）、及毒魚藤（derris）等。

藥用作物係利用其所含成分或可產生之成分於製藥，在美國唯一的藥用作物是菸草，取其尼古丁（nicotine）於藥用。在全球其他地方種植之藥用作物尚有顛茄（belladonna）、洋地黃（digitalis）、罌粟（poppy）、大麻、黃樟

（sassafras）。

(6) 香料作物（aromatic crops）：利用作物之根、莖、葉、花、果等器官含有芳香成分或揮發性精油（essential oil），可供提煉香料者。包括：

　　a. 辛香料作物（spice crops）：如八角（illicium）、香蘭（香草，vanilla）、胡椒（pepper）、豆蔻（nutmeg）、肉桂（cinamon）、蛇麻（忽布，hop）、丁香（clove）、山葵（wasabi）等。

　　b. 香水作物（perfumery crops）：如香水茅（citronella）、茉莉（white jasmine）、玉蘭或含笑（magnolia, michelia）等。

(7) 染料作物（dye crops）：作物之某一部位含有色素，可調製染料者，如薑黃（carcuma）、莧菜（amaranthus）、蓼藍（Indigofera）、紅花（safflower）、木藍（true indigo, Indigofera tinctoria）等。

(8) 橡膠作物（rubber crops）：橡膠作物係利用其所產生之乳膠製造天然橡膠產品，如橡膠樹、銀膠菊（guayule）、俄羅斯蒲公英（koksagyx, Russian dandelion）。銀膠菊對臺灣而言屬於外來入侵植物，其腺毛、短柔毛、花粉易造成人體過敏性反應，屬於有毒植物。

(9) 草坪草（turfgrass）：作物栽培目的在建立美觀的草坪（turf），以作為休閒、娛樂及運動之場所，如公園、庭院、高爾夫球場、滑草場等。常用的草坪草有百慕達草（bermudagrass）、高麗芝（mascarenegrass）、小糠草（creeping bentgrass）、類地毯草（carpetgrass）等。

3. 雜用作物（miscellaneous crops）

(1) 綠肥作物（green manure crops）：作物生長期中將植株翻埋土中，以改善土壤理化性質及增加土壤肥力者，如田菁（sesbania）、太陽麻（crotalaria）、紫雲英（astragalus）與油菜等。油菜有生產量大，適合多季生長，亦可作蜜源等優點，但油菜之缺點係不能固氮又非菌根植物，且易滋生紋白蝶危害作物。綠肥作物係在其仍屬青綠多汁狀況下，翻埋入土以改善土壤之作物，其可提供額外的有機質改善土壤結構，亦可藉由固定土壤養分，而增加土壤養分利用性。此外，若是以豆科作物當作綠肥也可增加土壤中的氮素。綠肥作物通常是短期之豆科作物，例如甜苜蓿（sweet clover）、紅苜蓿（red

clover）、豇豆（cowpea）、野豌豆（vetch），但也可以用非豆科之小穀粒作物或蘇丹草。有時候在秋季主作物收穫後可播種綠肥作物，再於次年春季翻耕入土，在此案例中綠肥作物也兼作覆蓋作物。

(2) 覆蓋作物（cover crops）：栽培目的在利用作物之植株覆蓋地面，防止土壤沖蝕者，如百喜草（bahiagrass）即為優良的護坡草，梨山果園則多種植一年生黑麥草（annual ryegrass）。覆蓋作物之主要功能是保護土壤，避免受到風或水侵蝕，因此當土壤沒有生長中之作物保護時，可種植覆蓋作物。覆蓋作物可採用小穀粒作物，例如燕麥或黑麥，於春播作物如玉米、高粱或大豆收穫之後秋季播種，以便在冬天時避免土壤受到侵蝕。這些覆蓋作物可能在冬季期間死亡，或是於次年春季春作整地時翻埋入土。覆蓋作物通常運用於具有砂質土壤之易受侵蝕之地（風蝕）、或是陡坡（水蝕）之地。

(3) 能源作物（energy crops）：利用作物之生質（biomass）以調製能源者。生質柴油（biodiesel）係利用各種植物或動物油脂作為生產原料，主要之能源作物用途有兩大類，包括利用發酵製作酒精之澱粉類作物如甘藷、糖料作物如甘蔗，以及製作生質柴油之油料作物，如大豆油（黃豆油）、玉米油、棕櫚油等，或是配合醇類（甲醇、乙醇）經轉酯化反應（transesterification reaction）生成直鏈酯類以製造生質柴油。

(4) 蜜源作物（nectariferous plant）：栽培目的在提供蜜蜂採蜜用之花粉。例如興大農資院農業試驗場（北溝）農場生產有機蜂蜜時，上半年有荔枝及龍眼樹提供花粉，而下半年缺乏花粉時可以大白花咸豐草之花粉取代。

(5) 速成（短期）作物（catch crops）：通常在正規作物種植失敗、或是其播種延後太久以致來不及成熟時，此時可利用短期作物（catch crop）或救荒作物（emergency crop），來「填充」方式播種其間。例如小麥在蒙受冰雹摧毀之後，可播種小米或高粱，或是因春雨過多以致玉米無法播種時，可播種大豆補救。雖然短期作物之產量潛力不如正規作物，但其可讓生產者多少獲得一些補償。因此也稱為「代用作物」（alternative crops），如蕎麥、馬鈴薯、粟等。

(6) 間作作物（companion crop）或保護作物（nurse crop）：同一土地上栽植兩

種以上作物，其中一種作物可保護另一種作物，免受風雨、低溫、甚至病蟲害等逆境危害者，如禾本科和豆類間作、林木間作咖啡、萬壽菊可驅除根腐線蟲，防治粉蝨、天蛾幼蟲；迷迭香可驅除紋白蝶、蠅類、夜盜蛾。溫帶牧草之一的克育草，其根部分泌物含有剋他物質可抑制雜草生長，均可用以保護作物。通常間作作物與多年生主作物一起播種，以幫助多年生作物之建立。常見之春播小穀粒作物即可作為間作作物，例如春燕麥與紫花苜蓿同時播種，在夏季可先收穫燕麥穀粒或乾草，而留下紫花苜蓿繼續生長。間作作物可保護主作物幼苗生長，因為主作物通常發芽較晚。此外，由於間作作物會與雜草幼苗競爭而有助於控制雜草，以及藉由遮蔽土壤以降低土壤蒸發作用與溫度。在關鍵生長時期，也可避免土壤受到侵蝕。然而間作作物也會與多年生主作物幼苗競爭，故其管理工作相當重要。有時候可考慮以除草劑控制雜草，及以作物殘株保護土壤方式取代間作作物。

(7) 陷阱作物（trap crop）：陷阱作物主要用以吸引某些昆蟲或寄生雜草，再予以銷毀以利控制害物（pest），此種作物並不一定運作良好，一般常配合使用農藥。例如在小麥田旁邊種植陷阱作物高粱條帶可吸引麥椿象（chinch bug）。

> **2.**
>
> 請說明特用作物特性，及其與食用作物在栽培利用上之差異。

1. 特用作物之特性

(1) 經濟價值高有特定用途，又稱為換金作物（cash crops）或商品作物。

(2) 品質較收量重要，其加工製程相當重要，例如由茶菁製成茶。

(3) 為提高品質，氣候栽培環境應有利於收穫部位之生長。例如茶葉、甘蔗之產區氣候、土壤條件必須配合。

(4) 需要生產力高之加工設施，如糖廠、菸廠、製茶廠。

2. 特用作物與食用作物在栽培利用上之差異

	特用作物	食用作物
(1) 種類	多、分布廣，包括熱帶至溫帶，尤其亞熱帶及熱帶，且廣泛栽培。	全球主要之糧食作物大約 24 種。
(2) 栽培	因產品高價故栽培需要集約化，且因有特殊設備需求，故生產成本較高。	不需加工設備，作物收穫後可直接食用。
(3) 產地	因作物加工產品之品質會受到栽培環境氣候土宜、加工環境條件影響，故有其特殊的產地。	適應性較大。
(4) 產物價格	雖然生產利益大，但價格變動亦大，故栽培時宜事先評估。	價格相對較穩定。

3.

試說明何謂「糖料作物」？全球主要兩大糖料作物為何、其生長氣候土宜有何不同？如何判斷其收穫適期？

　　糖料作物指供製糖之作物，以甘蔗（sugar cane）及甜菜（sugarbeet）為主。全球糖的產量甘蔗約占 60%，甜菜約占 40%。

1. **氣候土宜**：甘蔗（*Saccharum officinarum*）是禾本科（Gramineae）、蜀黍族（Andropogoneae）、甘蔗亞族（Sacchareae）、甘蔗屬（*Saccharum*）多年生作物。甘蔗原產於熱帶，亞熱帶亦可栽培。主要分布於北緯 30 度至南緯 30 度、南北迴歸線內，約 20℃等溫線區域。年均溫 25～27℃。年雨量 1,000～2,000 毫米，且分布於生長旺盛期為宜。收穫期宜乾燥低溫，利於糖分累積。最適合之土壤為黏壤土及較重的沖積土，或是保水性好之較黏重土壤或壤土。

   甜菜（*Beta vulgaris*）是藜科（Chenopodiaceae）甜菜屬（*Beta*）作物，源自地中海沿岸，祖先為野生種濱海甜菜（*B. maritima* L.）。甜菜分布於北緯 35～60 度、南緯 35 度澳洲南部、智利中部、烏拉圭南部少量，主要是分布在北緯 47～54 度，播種至收穫約 170～200 天，需要累積溫度 2,400～3,000℃。種子

發芽與幼苗發育宜 12～14℃，繁盛期 17～19℃，成熟期以多日照、冷涼（10～12℃）為宜，日夜溫差大為佳。最適日照 10～14 小時，對水分敏感，需 350 毫米降雨量。土壤宜排水良好、地力佳之微鹼性（pH 7.0～7.5），含適當腐植質、表土深厚、心土物理性佳、地下水位 1 公尺之壤土，其次為砂壤土及腐植壤土。

甘蔗係利用其地上莖部，甜菜則利用其肥大的根部提煉蔗糖，其他作物如甜高粱、糖槭（糖楓），則可提煉糖蜜。糖料作物通常從其萃取精煉之蔗糖（sucrose）中取得甜汁，在美國最常見的是甜菜，從其大的新鮮主根中萃取糖分。在全球其他重要的糖料作物還有甘蔗，如早期臺灣也曾有大面積栽培成為出口重要農產品。最近幾年，甜高粱因利用於酒精燃料生產而獲利。甘蔗與甜高粱之糖分取自莖稈，而玉米或高粱之果糖則萃取自穀粒部位。

2. **收穫適期：** 收穫適期以收穫部位（甘蔗為蔗莖，甜菜為肥大根）之含糖量達最高為原則。就甘蔗而言，收穫宜在葉色變黃、下位葉脫落、僅梢頭部有少數綠葉、莖變硬等特徵出現時；蔗莖含糖量可利用手提錘度計測定蔗汁糖度，錘度（Brix）最大時，表示蔗汁糖度最大。甜菜則在莖葉黃化萎凋時採收，自最初葉痕處切離莖葉與根。

4.

請說明比較綠肥作物與覆蓋作物，並說明兩類作物在環境親和性栽培的應用。

綠肥作物與覆蓋作物可用於改善土壤質地、保護土壤、提供養分，以及增進生態系統的平衡，其能增加田間植物多樣性，同時創造生物多樣性與生態系的良性循環，是未來友善農耕及永續農法中維持生態系平衡的最主要的輔助作物。綠肥作物與覆蓋作物，其定義如下：

1. **綠肥作物：** 將作物的莖葉翻耕土中，增加土壤的養分和有機質及改良土壤物理性者，統稱為綠肥作物。這些作物通常種植在休耕地或不耕作的土地上，其生長過程中能夠固定大氣中的氮並將其固定於土壤中。以豆科作物作為綠肥作物

最多，例如大豆、田菁、紫雲英；非豆科綠肥作物則有黑麥、蕎麥、大麥、油菜等。此外，尚包括苜蓿、紅豆薯、扁豆等。在環境親和性栽培中，綠肥作物可以幫助減少化學肥料的使用，同時提供有機質，改善土壤結構，減少水土流失。

2. **覆蓋作物**：覆蓋作物是種植在主要作物種植之田間或作物成熟後的土地上，凡可覆蓋地面，保護土壤，蓄積水分，避免土地受雨水沖刷及免受風蝕，並抑制雜草生長的作物，統稱為覆蓋作物。此類作物尤其在坡地及等高線上栽培具有防止土壤沖刷效果。覆蓋作物的茂密植被可以減少土壤的曝露，有助於保持土壤的水分和養分。常見的覆蓋作物包括黑麥、燕麥、油菜、葛藤、紫雲英、田菁、太陽麻、魯冰（黃花羽扇豆）等。

　　在環境親和性栽培中，綠肥作物和覆蓋作物都有以下的應用：

1. **保護土壤質地**：綠肥作物和覆蓋作物都有助於保護土壤，減少土壤的侵蝕和流失，提高土壤質地。

2. **提供有機質**：綠肥作物在生長過程中增加土壤中的有機質含量，有助於改善土壤的保水能力和保肥能力。

3. **減少化學肥料和農藥的使用**：這兩種作物都可以減少對化學肥料和農藥的需求，從而減少對環境的汙染。

4. **增加生態多樣性**：綠肥作物和覆蓋作物的種植可以增加農田的生態多樣性，吸引有益的昆蟲和生物，有助於維護生態平衡。

　　總之，綠肥作物和覆蓋作物在環境親和性栽培中都扮演著重要的角色，有助於改善土壤質地、保護土壤，減少化學品的使用，同時促進生態平衡。

5.

請說明生產茶菁之茶樹在臺灣栽培之種類、氣候、土宜條件為何？以及不發酵、部分發酵、全發酵茶之製造方法？（參考王慶裕。2018。茶作學、製茶學二書。）

---

1. 茶樹（*Camellia sinensis* L., tea plant）是山茶科（Theaceae）、山茶亞科

（Theaideae）、山茶族（Theeae）、山茶屬（*Camellia*）中重要的茶種（*C. sinensis*）作物。其下之亞種主要有小葉種（small-leaf variety）與大葉種（large-leaf variety），小葉種又稱中國小葉種（*Camellia sinensis* var. *sinensis*），而大葉種又稱為阿薩姆種（*Camellia sinensis* var. *assamica*）。其他亞種則分布於中國華南、華中、雲貴及雲南半島、印度等地。

2. 目前臺灣國內種植之主要茶樹品種依序為：青心烏龍、青心大冇、台茶 12 號（金萱），其餘少量種植之品種包括：武夷、青心柑仔、硬枝紅心、鐵觀音、佛手、水仙、大葉烏龍等。主要用於製造包種茶與烏龍茶的青心烏龍、台茶 12 號（金萱）、台茶 13 號（翠玉）、台茶 19 號（碧玉）、台茶 20 號（迎春）、四季春等，以及製作紅茶的台茶 8 號、18 號（紅玉）、台茶 21 號（紅韻）、台灣山茶，均屬種植面積較大的品種。

  一般而言，大葉種屬於小喬木，具有明顯主幹，而枝條由主幹分生，其葉片含有之多酚類（polyphenols）與其中之兒茶素（catechins）較多，適合製作紅茶；小葉種則屬於灌木，無明顯主幹，於近地面位置長出許多分枝，因葉片所含之多酚類與其中之兒茶素較少，適合製作綠茶、包種茶與烏龍茶。

3. 茶樹喜溫暖溼潤氣候，平均氣溫 10℃以上，茶芽開始萌發，生長最適溫度為 20～25℃（或是 18～25℃），不宜超過 40℃或是低於 0℃；年平均降水量要在 1,000 毫米以上，最好在 1,800～3,000 毫米之間。茶樹喜光耐陰，但光照強度不可太大，適於在漫射光下生育，在臺灣國內坡地茶園因海拔高於平地，氣候環境頗適合茶樹生長；通常樹齡可達一、二百年，但經濟採摘下年齡一般最多為 40～50 年。現今全世界用於生產茶葉之茶樹，主要變種（又稱為「品種」，variety）有印度阿薩姆、中國、柬埔寨幾種。

4. 適合茶樹生長之土壤一般是土層深度達 1 公尺以上，不含石灰石且排水良好的砂質壤土（sandy loam），有機質含量至少 1～2% 以上、最好超過 4%，且通氣、透水、保肥與保水性良好、陽離子交換能力（cation exchange capacity, CEC）宜高。土壤中之含鈣量應低於 1,000 mg/kg，茶樹屬於嫌鈣性作物，且不耐淹水。

5. 茶樹生長之土壤 pH 值以 4.5～5.5 為宜。茶樹所需地形條件主要有海拔、坡地、

坡向等，例如坡地向南可增加光照及避風。隨著海拔升高，氣溫和溼度都有明顯的變化，在一定高度的山區，雨量充沛，雲霧多，空氣溼度大，漫射光強，有利於茶樹生育，但在 1,000 公尺以上，宜注意寒害或凍害。一般坡度不宜太大，宜在 30 度以下。例如日月潭魚池附近之茶區。

6. 製茶學所稱的「發酵」（fermentation），與一般食品科學的發酵（如釀造酒、豆腐乳、醬油等）不同，其中並無微生物參與作用，只是茶菁葉肉細胞內之酵素氧化作用。茶葉製程中所謂「發酵」係指茶菁在採收後，在日光萎凋（outdoor wither; sun wither）與室內萎凋（indoor wither）過程中，茶葉內部水分逐漸減少，內容物〔酵素反應基質（substrate）〕濃度逐漸增加時，因細胞膜通透性降低、氧化酵素與反應基質作用、氧氣進入葉片細胞內而引發之「酵素性氧化作用」（enzymatic oxidation），此過程主要由氧化酵素蛋白（oxidative enzyme protein）進行催化反應。

一旦茶菁經過殺菁（fixation），包括炒菁（stir fixation）、蒸菁（steaming）之過程，則酵素蛋白受到破壞，失去酵素活性後，茶葉則進行「非酵素性氧化作用」（non-enzymatic oxidation），僅能進行單純之化學氧化反應，又稱為後氧化反應。上述兩階段之氧化反應使茶葉衍生出不同的茶類。

7. 不發酵茶係指製茶過程中，新鮮茶菁採摘後，於短時間內即進行高溫殺青，使其氧化酵素蛋白變性（denaturation）、失去酵素活性，之後再經揉捻整形後乾燥，即可完成製茶程序。例如常見之綠茶（green tea）即屬於不發酵茶。在臺灣國內製作綠茶之主要茶樹品種為青心柑仔，此品種主要產地在新北市三峽區，適製綠茶，如碧螺春與龍井茶。

8. 部分發酵茶之製作基本程序，包括日光萎凋、室內萎凋（靜置、攪拌）、炒菁、揉捻、乾燥等步驟。相較於不發酵茶與全發酵茶之製作，部分發酵茶需要更多的經驗累積，才能根據發酵過程中之香氣變化、茶葉外觀色澤改變，決定適當之發酵時間。

9. 全發酵茶包括紅茶類與黑茶類，其中紅茶類製作基本程序，包括萎凋、揉捻、發酵、乾燥等步驟，其過程不需要殺菁。製作全發酵茶通常以大葉種，例如以阿薩姆品種之茶菁為原料，早年在臺灣國內也曾採用黃柑品種，此品種原大量

分布於桃園、新竹、苗栗，適製紅茶，之後部分地區以茶業改良場推廣適製紅茶之台茶 1 號取代。之後又有台茶 18 號（紅玉）及 21 號（紅韻）等優良品種。

6.

請回答下列有關茶樹生長與茶葉品質相關問題：

（一）比較不同繁殖法培育之茶苗在形態上與栽培上之差異。（**2023 普考**）

（二）請說明高海拔與中低海拔生產之清香型烏龍茶品質之差異與可能的原因。

（一）比較不同繁殖法培育之茶苗在形態上與栽培上之差異。（**2023 普考**）

　　茶樹是異交作物，繁殖方法包括有性及無性繁殖；利用種子繁殖的後代，其外表形態、收量與品質均與親本不同。目前均用無性繁殖方法來保持母樹之優良性狀，以利栽培管理。茶樹自古以種子繁殖，近代才經由選育、扦插來進行良種繁殖。由於扦插苗不具實生苗的主根，根群分布在淺層土壤，一旦肥料與水分滲入土層深處，就失去再利用的機會，並面臨缺乏養分的困境；又由於基因型態相同，受特殊病蟲害的危害率也大。（參考王慶裕。2018。茶作學。）

（二）請說明高海拔與中低海拔生產之清香型烏龍茶品質之差異與可能的原因。

　　清香型烏龍茶是臺灣著名的茶類之一，主要生產於臺灣的高海拔地區，如阿里山、凍頂等。此種茶的製作工藝融合了綠茶和烏龍茶的特點，茶葉經過萎凋、炒菁、揉捻、發酵等步驟，然後再經過高溫烘焙。清香型烏龍茶具有清新花香和獨特的清香，似輕度發酵之包種茶，口感醇厚，滋味鮮爽，是臺灣茶的代表性品種之一。

　　高海拔日夜溫差大且平均溫度低，茶樹葉片生長較慢且較紮實，此種茶菁製成的茶湯清香且細膩回甘；而低海拔地區因為溫差相對較小，此種茶菁製成的茶湯澀度較高，香氣較清、韻味較淺。高海拔和中低海拔地區生產的清香型烏龍

茶，在品質上可能會有一些差異，這是由於不同的種植環境和氣候條件對茶葉的生長和發育產生影響，以及當地之製茶環境差異所致。以下是可能的差異：

1. **香氣和風味**：高海拔地區的氣溫較低，日夜溫差較大，這些條件有助於促進茶葉中香氣和芳香化合物的累積。因此，高海拔地區的清香型烏龍茶通常具有更為複雜、豐富的香氣和風味。

2. **茶葉形狀**：高海拔地區的茶樹生長緩慢，茶葉較為細嫩，葉片相對較小而緊實，這有助於茶葉中的芳香化合物更好地保存。

3. **茶湯色澤**：高海拔地區因日照較少，茶葉內的儲藏色素相對較少，茶湯呈現淡黃色，並且相對清澈。

4. **茶葉成分**：高海拔地區的茶葉中，咖啡因和胺基酸的含量相對較高，且兒茶素含量減少，減少茶湯苦澀味，這也與茶葉品質特色有關。

5. **生長環境**：高海拔地區由於氣溫較低，相對溼度較大，茶樹生長環境較為優越，這些條件有助於茶樹充分吸收有機物質，提高茶葉的品質。此外，高海拔與中低海拔之製茶環境差異也是影響茶葉品質之重要因素，除了日照不足可能影響日光萎凋外，因為溫度與相對溼度差異，顯著影響烏龍茶製程中之發酵反應與結果。因此高山茶之製作多偏向輕度發酵之清香型烏龍茶。

　　總之，高海拔地區生產的茶菁製成之清香型烏龍茶通常品質更為優越，香氣複雜而持久，茶湯味道清新醇厚，而中低海拔地區的茶葉品質也不差，但可能在香氣和風味方面較為簡單。這些差異讓茶葉愛好者有機會品嘗到不同風味特色的茶葉，並品味來自不同產地的獨特之處。

7.

說明下列有關茶栽培與製茶之相關問題：

（一）茶種子繁殖設立採種園需注意哪些事項？

（二）新茶園設置考慮之因素。

（三）焙火之目的為何？試述焙火溫度與茶葉品質之關係。

（四）何謂不發酵茶？半發酵茶？全發酵茶？其發酵程度為何？

（一）茶種子繁殖設立採種園需注意哪些事項？

1. 茶樹實生苗是指利用種子繁殖而長成的苗木，與一般扦插苗相比較，前者具有明顯主根系，可深入土層，耐旱性較強，於幼木期環境適應能力較一般扦插苗強。茶樹種子屬於異儲型種子，發芽率低，萌芽天數約需 50～150 天，茶改場已建立茶實生苗繁殖模式，可提高發芽率及縮短育苗時間，並經評估適合推廣於有機茶園種植（資料來源：茶改場，茶樹實生苗技術之開發與應用，林祐瑩、胡智益。https://www.tbrs.gov.tw/ws.php?id=4732）。茶樹於育種過程中需要進行種子繁殖，是建立採種園的重要步驟之一。

    茶樹雜交種子播種後之實生苗，須經過四個階段選拔淘汰及性狀檢定後，才提出審查命名。這四個階段之名稱與選拔重點如下，若採種園應指區域試驗之前階段，則包括下列前三階段：

(1) 茶苗初步選拔（苗圃）：雜交後於隔年果實成熟後，採收新鮮果實取出種子隨即播種，發芽後注意茶苗之培育。移植前先調查生長勢，淘汰弱勢茶苗後，定植於單株選拔圃。

(2) 單株選拔（單株選拔圃）：單株選拔主要針對育種獲得的雜交後裔或變異個體進行評估，選拔符合育種目標的優良單株。

    單株選拔圃除定植新個體外，人工雜交族群需種植兩親本及對照品種。

    幼木期調查所有單株萌芽期、生長勢、同一雜交組合之成活率，並進行初步篩選；定植 4～6 年，對於入選的單株每年調查萌芽期、單株產量、生長勢，並進行製茶試驗及感官品評。

(3) 品系比較試驗（品系比較試驗圃）：品系比較試驗係利用單株選拔獲得的優良單株，經過無性繁殖後，再與對照品種在相同條件下進行比較評估試驗。

    每個試驗品系加對照品種在田區需採用隨機排列方式，單行定植，每行 10 株，3～5 重複，行距 1.5 公尺，株距 0.5 公尺。

    幼木期調查萌芽期、芽色、茸毛密度、生長勢、同一品系成活率；定植 4～6 年，每年調查茶芽、茶樹特性，並分析茶葉化學成分（總兒茶素、咖啡因、總游離胺基酸、目標化學成分），並進行製茶試驗及感官品評。

(4) 區域試驗（總場及各分場區域試驗圃）。

2. 在設立茶樹種子繁殖採種園時需要注意的一些事項，尚包括：

(1) 品種選拔：選拔適合當地氣候和土壤條件的茶樹品種。不同品種在生長速度、產量、抗病性等方面可能有所不同，要根據需求進行選拔。

(2) 種子採集：選擇健康、成熟的茶樹果實進行種子採集。種子的品質將直接影響後續幼苗的生長和品質。

(3) 種子處理：對於某些茶樹品種，種子可能需要經過種子處理，例如浸泡、晒乾、種皮去除等，以提高發芽率和幼苗的生存率。

(4) 種子播種：在適當的時候進行種子播種。播種床的選擇和準備非常重要，確保提供適當的土壤和營養條件。

(5) 育苗管理：經常檢查並管理育苗期間的環境條件，包括土壤溼度、光照、溫度等。給予足夠的水分和養分，確保種子能夠順利發芽並生長成健康的苗木。

(6) 病蟲害防治：監控和防治育苗期間的病蟲害，採取必要的控制措施，以防止病害對幼苗造成傷害。

(7) 選拔和定植：在幼苗達到適當生長階段時，進行選拔和定植。選拔優質的幼苗，定植到採種園中，確保種植基質和間距適當。

(8) 護理和管理：在採種園中進行定期的護理和管理工作，包括修剪、追肥、病蟲害防治等，以確保茶樹的健康生長和種子生產。

(9) 記錄和評估：定期記錄茶樹的生長情況、產量、品質等數據，以便評估種子繁殖的效果和改進措施。茶樹種子繁殖在採種園栽培和觀察的時間長短會受到多種因素的影響，包括茶樹品種、氣候條件、栽培管理措施等。

(10) 專業指導：在設立茶樹種子繁殖採種園時，最好能夠尋求專業的茶葉種植指導和建議，以確保取得最佳的結果。

　　總之，設立茶樹種子繁殖採種園需要仔細計畫和管理，確保種子的生長和發展環境符合茶樹的需求，從而獲得優質的種子用於後續茶樹種植。

深入閱讀

（資料來源：邱俊翔、胡智益，茶改場，茶樹育種流程介紹。https://www.tbrs.gov.tw/ws.php?id=4734）

　　育種是指利用農業技術改良作物的遺傳特性，以育成利用價值較現有品種更高的栽培品種。先創造遺傳變異，再選拔具優良性狀的個體，最後固定優良性狀及繁殖後裔，即可獲得優良的品種。

　　茶樹為異交植物，選擇優良的茶樹種原作為親本進行雜交育種，由現有種原基因庫（本地種原、外地種原、野生種）選取適當親本，藉由雜交過程創造遺傳變異，經過長時間育種程序選拔與區域試驗，證實其生產力與品質均有經濟栽培價值，方能選育為新品種，再加以扦插繁殖推廣。

　　上述茶樹雜交種子播種後之實生苗，須經過四個階段選拔淘汰及性狀檢定後，才提出審查命名。這四個階段之名稱與選拔重點如下：

1. **茶苗初步選拔（苗圃）**：雜交後於隔年果實成熟後，採收新鮮果實、取出種子、隨即播種，發芽後注意茶苗之培育。移植前先調查生長勢，淘汰弱勢茶苗後，定植於單株選拔圃。

2. **單株選拔（單株選拔圃）**：單株選拔主要針對育種獲得的雜交後裔或變異個體進行評估，選拔符合育種目標的優良單株。

   單株選拔圃除定植新個體外，人工雜交族群需種植兩親本及對照品種。

   幼木期調查所有單株萌芽期、生長勢及同一雜交組合之成活率，並進行初步篩選；定植 4～6 年，對於入選的單株每年調查萌芽期、單株產量、生長勢，並進行製茶試驗及感官品評。

3. **品系比較試驗（品系比較試驗圃）**：品系比較試驗利用單株選拔獲得的優良單株，經過無性繁殖後，再與對照品種在相同條件下進行比較評估試驗。

   每個試驗品系加對照品種在田區需採用隨機排列方式，單行定植，每行 10 株，3～5 重複，行距 1.5 公尺，株距 0.5 公尺。

   幼木期調查萌芽期、芽色、茸毛密度、生長勢及同一品系成活率；定植 4～6 年，每年調查茶芽、茶樹特性，並分析茶葉化學成分（總兒茶素、咖啡因、總游離胺基酸、目標化學成分），並進行製茶試驗及感官品評。

4. **區域試驗（總場及各分場區域試驗圃）**：區域試驗為將新品系種植於各主要茶區，並調查生育及病蟲害情形，以評估未來推廣種植的區域。

優良品系及對照品種在田區採用隨機排列方式，單行定植，每行 10 株，3～5 重複，行距 1.5 公尺，株距 0.5 公尺。

試驗地區以本場（桃園市楊梅區埔心）、北部分場（新北市石碇區）、東部分場（臺東縣鹿野鄉）、中部分場（南投縣魚池鄉）為區域試驗地，以手採及機採採摘。

選拔出表現最優異具有經濟生產價值的品系，方可申請命名。

5. **品種命名及品種權申請**：品種命名及品種權向農業部農糧署申請，由農糧署召集植物品種審議委員會，經委員同意及確認對照品種後，進行為期兩年性狀檢定試驗，由檢定機關作成檢定報告書後，提經審議委員會審定新品種可區別性、一致性及穩定性之認定，同意後始獲得新品種權。

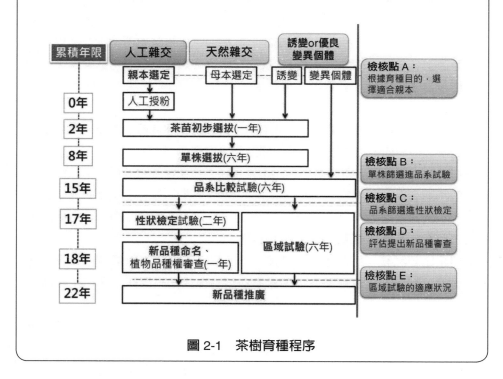

圖 2-1　茶樹育種程序

（二）新茶園設置考慮之因素。

　　建立一個新的茶園是一個複雜的過程，需要考慮多個因素，以確保茶樹的健康生長和產量。以下是在新茶園設置時需要考慮的一些重要因素：

1. **地點選擇**：選擇適合種植茶樹的地點至關重要。地理位置、海拔高度、氣候條件、降雨量、陽光照射等都將影響茶樹的生長和品質。茶園應選擇於溫暖多雨之處，以 20～25℃，年降雨量在 1,800～3,000 毫米，且年中雨量分布均勻之地區較適於茶樹生長。

2. **土壤環境**：確定土壤的性質和養分狀況，以確保茶樹可以獲得足夠的養分和水分。土壤 pH 值 4.5～5.5、排水情況和土壤結構都是重要因素。茶園土壤宜選擇土層深厚、土壤物理性良好的土壤，氮、磷、鉀、鈣、鎂等茶樹所需的養分在合適的範圍，有機質豐富；土壤 pH 4.5～5.5 的土壤較佳，土壤 pH 高於 5.5 或土壤鈣含量超過 800 mg/kg（ppm）時則不利於茶樹生長。

3. **開墾整地**：整地時應利用大型機具，將茶園表土及底土充分翻耕，打破硬盤土層（犁底層），挖掘深度最好可達 1 公尺深，日後方不致發生排水不良，導致根系生長不佳，在翻耕過程中應將石礫撿拾乾淨，而後利用曳引機將茶園整平。山坡地開墾首重水土保持，坡度小者，可沿等高線種植，坡度大者建議施作平臺階段。仰角超過 28° 以上之坡地已超限利用，不適合種植茶樹。

4. **品種選擇**：選擇適合當地氣候和土壤條件的茶樹品種。不同品種在生長速度、產量、品質、抗病性等方面可能有所不同。

5. **種子或苗木來源**：選擇優質的種子（考慮育種目的）或扦插苗木來源，確保種植材料的品質和健康。

6. **茶樹種植**：每年 11 月至翌年 3 月下旬之間的下雨時期均可種植，以行距 150～180 公分，株距 40～50 公分，每公頃定植 12,000～14,000 株為基準，選擇雨後、氣溫較低、土壤溼潤時較好，儘量避免晴天種植，若必須於晴天種植，應先將土壤溼潤，種植後再行澆水，使根部充分與土壤接觸。

種植後為減少葉片水分蒸發，應於植株離地面 20 公分處行水平式剪枝。為防止乾旱保護幼苗，於幼苗兩側敷蓋稻草或其他乾草，以防止水分蒸發。茶樹在幼年期植冠（canopy）尚未鄰接時，茶行間因光照充足相當容易滋生雜草，此時可以利用雜草抑制蓆、稻草、花生殼等資材敷蓋，減少人工除草的成本。品種選擇主要依茶園經營的目標及所在環境條件而定。

7. **栽培方法**：選擇適合的栽培方法，包括栽培方式、種植密度、間距、植株排列等。種植時行距以 150～180 公分，採取南北向開溝，使日照平均，溝寬 30～35 公分，深 30～50 公分，先於溝底施用腐熟有機質基肥，再覆蓋上一層表土，經 20～30 天後種植，若種植溝不施用基肥，則以隨挖隨種爲宜。

8. **灌溉和排水**：考慮灌溉系統的建立，確保茶樹獲得足夠的水分。同時要確保排水系統良好，以避免水分聚積導致根部腐爛。在開墾茶園時，農路及灌溉系統的位置即應及早規劃，便於農用搬運車、資材及相關機具進出。灌溉系統依農路而設立，儲水塔建議設立於茶園最高處，在灌溉時可以提供穩定的壓力。灌溉系統依地形、水源及成本再行考量。

9. **病蟲害管理**：考慮病蟲害的防治措施，制定預防和治療計畫，以確保茶樹的健康。

　　在設置新茶園時，最好能夠尋求專業茶葉種植指導和建議，並根據當地的氣候和栽培條件進行調整，以確保取得最佳的結果。

（部分資料來源：蘇彥碩、劉千如、邱垂豐，茶改場，茶園開墾與種植。https://www.tbrs.gov.tw/ws.php?id=4673）

（三）焙火之目的為何？試述焙火溫度與茶葉品質之關係。

　　茶葉焙火是茶葉製成毛茶後用不同溫度慢慢烘培，使得茶葉減少水分及菁味，由清香轉變爲濃香的作用。焙火過程不僅對茶葉的外觀和香氣有影響，還能夠提高茶葉的保存性和品質。依焙火的程度，茶葉可分爲不焙茶（俗稱生茶）、輕中焙茶（俗稱半生熟）及重焙火茶（俗稱熟茶）。通常愈接近生茶愈清香，也較能喝出茶的原味。反之則更醇厚、滋味重、耐泡。焙火目的如下：

1. 降低水分含量以確保存放期間的品質。

2. 改善或調整茶的色、香、味、形。茶本身的香氣不足，可藉由溫度來提高火香增加滋味，是屬於化學變化。尤其高溫烘焙下與還原醣所產生之梅納反應，更增加風味。

　　焙火溫度與茶葉品質之間存在緊密的關係，這取決於茶葉的種類、用途、特定的茶葉加工方法。以下是焙火溫度與茶葉品質之間的一些關係：

1. **香氣和風味的形成**：焙火過程可以使茶葉中的芳香化合物被激發和釋放，從而

形成獨特的香氣和風味。適當的焙火溫度和時間能夠使茶葉的香氣得到保留和提升。

2. **減少非酵素性氧化反應**：焙火因水分減少有助於減少茶葉中的非酵素性氧化反應。此對於保持茶葉的新鮮度和色澤至關重要。

3. **茶葉顏色和外觀**：適當的焙火溫度可以使茶葉呈現正確的顏色和外觀，如綠茶需要保持翠綠色，而烏龍茶和紅茶需要具有特定的色澤。

4. **口感和滋味**：焙火溫度會影響茶葉的口感和滋味。過高的溫度可能導致苦澀味與火味增加，而過低的溫度可能無法帶來足夠的滋味。

5. **保存性**：適當的焙火可以減少茶葉的水分含量，從而延長茶葉的保存期限。過多的水分可能會導致茶葉發霉或變質。

6. **茶葉品質一致性**：控制焙火溫度和時間可以確保茶葉的一致性，確保不同批次的茶葉在品質上相似。

　　總之，焙火溫度在茶葉加工過程中扮演著關鍵的角色，能夠對茶葉的香氣、風味、外觀、保存性、品質產生深遠的影響。根據不同的茶葉類型和加工方法，需要控制不同的焙火條件，以達到最佳的品質。

（四）何謂不發酵茶？半發酵茶？全發酵茶？其發酵程度為何？

　　茶葉的發酵程度是指茶葉在加工過程中經歷的酵素性氧化（又稱發酵）程度。主要是包括茶葉中兒茶素等多酚類，經多酚氧化酶（polyphenol oxidase）與過氧化酶（peroxidase）等反應氧化。根據發酵程度的不同，茶葉可以分為不同的類型，包括不發酵茶、半發酵茶、全發酵茶。以下是這些茶葉類型的解釋和其發酵程度：

1. **不發酵茶**：不發酵茶一般製程為茶菁直接經殺菁，破壞茶葉內之酵素蛋白活性，而抑制酵素性氧化作用。不發酵茶主要以綠茶為主，臺灣綠茶產地以北部為主要產區，如碧螺春及龍井等，其中以條形為主，少數為片狀。綠茶為當天現採，茶菁略微萎凋失水後，直接以高溫進行短時間殺菁，抑制酵素活性，防止茶葉氧化反應，因此顏色多呈現鮮綠色。不發酵茶的製作過程通常包括停止酵素活性的殺菁步驟，例如蒸菁、炒菁、烘菁。著名的綠茶包括龍井茶和日本

煎茶。

2. **部分發酵茶**：部分發酵茶之茶葉氧化程度介於不發酵茶與全發酵茶之間，其茶葉生產工藝變化較大。部分發酵茶首重香氣及滋味，對於茶菁品質特別要求，因此製茶過程會依照茶菁品質特性、環境溫溼度情況，製造不同特性之部分發酵茶種類。

部分發酵茶種類繁多，為臺灣最主要生產的茶類，發酵程度則以茶葉中兒茶素等多酚類物質氧化程度進行估計，將未氧化之綠茶所含之兒茶素等多酚類含量定為 100%，若由發酵最淺的白茶，茶菁採栽後萎凋，其茶葉中所含兒茶素與綠茶相較尚有 90%，因此其茶葉發酵度約為 10%。接著為較低度發酵的包種茶與高山烏龍茶，經日光萎凋後，進行低度發酵，其發酵程度約為 8～25%，由於發酵度低，茶湯水色較淺，氣味清香。凍頂烏龍茶發酵程度約 25～30%、鐵觀音茶發酵程度約 40%，而東方美人茶發酵的程度則有 50～60%。

部分發酵茶之產製過程，在茶菁採摘後，先以日光或熱風萎凋，後續再於室內進行萎凋，於萎凋時進行均勻攪拌與靜置，其目的在使茶葉均勻失水，攪拌過程中促進酵素性氧化反應進行，使茶葉產生特有之色香味，此一步驟除了決定部分發酵茶的氧化程度，亦決定此部分發酵茶品質好壞的關鍵。

3. **全發酵茶**：茶菁經適當萎凋失去水分後，進行揉捻破壞茶葉組織，使茶葉細胞內酵素釋出，於控制適當相對溼度下，使酵素與茶葉內容物進行氧化反應，經足夠反應時間後，茶葉即達到完整發酵（氧化）。

全發酵茶以紅茶為主，臺灣主要以中部南投為產區，以大葉種為主要生產品種，少量以小葉種產製。紅茶依最後茶葉樣態分條形及碎形兩類，在茶菁採摘後經適度萎凋，及以切碎揉碎或不切進行揉捻與解塊之製程，在揉捻與解塊的反覆程序中茶葉進行發酵氧化，後續在高相對溼度下進行氧化補足反應，待形成紅茶特有香氣及色澤時，即以高溫停止酵素活性，並乾燥製成產品。

8.

請說明生產茶菁之茶樹在臺灣栽培之種類、氣候、土宜條件為何？以及不發酵、部分發酵、全發酵茶之製造方法？

1. **茶樹在臺灣栽培之種類、氣候、土宜條件**：茶樹（*Camellia sinensis* L., tea plant）是山茶科（Theaceae）、山茶亞科（Theaideae）、山茶族（Theeae）、山茶屬（*Camellia*）中重要的茶種（*C. sinensis*）作物。其下之亞種主要有小葉種（small-leaf variety）與大葉種（large-leaf variety），小葉種又稱中國小葉種（*Camellia sinensis* var. *sinensis*），而大葉種又稱為阿薩姆種（*Camellia sinensis* var. *assamica*）。其他亞種則分布於中國華南、華中、雲貴及雲南半島、印度等地。

目前臺灣國內種植之主要茶樹品種依序為：青心烏龍、青心大冇、台茶 12 號（金萱），其餘少量種植之品種包括：武夷、青心柑仔、硬枝紅心、鐵觀音、佛手、水仙、大葉烏龍等。主要用於製造包種茶與烏龍茶的青心烏龍、台茶 12 號（金萱）、台茶 13 號（翠玉）、台茶 19 號（碧玉）、台茶 20 號（迎春）、四季春等，以及製作紅茶的台茶 8 號、18 號（紅玉）、台茶 21 號（紅韻）、台灣山茶，均屬種植面積較大的品種。一般而言，大葉種屬於小喬木，具有明顯主幹，而枝條由主幹分生，其葉片含有之多酚類（polyphenols）與其中之兒茶素（catechins）較多，適合製作紅茶；小葉種則屬於灌木，無明顯主幹，於近地面位置長出許多分枝，因葉片所含之多酚類與其中之兒茶素較少，適合製作綠茶、包種茶與烏龍茶。

茶樹喜溫暖溼潤氣候，平均氣溫 10℃ 以上茶芽開始萌發，生長最適溫度為 20～25℃（或是 18～25℃），不宜超過 40℃ 或是低於 0℃；年平均降水量要在 1,000 毫米以上，最好是在 1,800～3,000 毫米之間。茶樹喜光耐陰，但光照強度不可太大，適於在漫射光下生育，在臺灣國內坡地茶園因海拔高於平地，氣候環境頗適合茶樹生長；通常樹齡可達一、二百年，但經濟採摘下年齡一般最多為 40～50 年。現今全世界用於生產茶葉之茶樹，主要變種（又稱為「品種」，variety）有印度阿薩姆、中國、柬埔寨幾種。

適合茶樹生長之土壤一般是土層深度達 1 公尺以上，不含石灰石且排水良好的砂質壤土（sandy loam），有機質含量至少 1～2% 以上、最好超過 4%，且通氣、透水、保肥與保水性良好、陽離子交換能力（cation exchange capacity, CEC）宜高。土壤中之含鈣量應低於 1,000 mg/kg，茶樹屬於嫌鈣性作物，且不

耐淹水。

茶樹生長之土壤 pH 值以 4.5～5.5 為宜。茶樹所需地形條件主要有海拔、坡地、坡向等，例如坡地向南可增加光照及避風。隨著海拔升高，氣溫和溼度都有明顯的變化，在一定高度的山區，雨量充沛，雲霧多，空氣溼度大，漫射光強，有利於茶樹生育，但在 1,000 公尺以上，宜注意寒害或凍害。一般坡度不宜太大，宜在 30 度以下。例如日月潭魚池附近之茶區

2. **不發酵、部分發酵、全發酵茶之製造方法**：製茶學所稱的「發酵」（fermentation），與一般食品科學的發酵（如釀造酒、豆腐乳、醬油等）不同，其中並無微生物參與作用，只是茶菁葉肉細胞內之酵素氧化作用。茶葉製程中所謂「發酵」係指茶菁在採收後，在日光萎凋（outdoor wither, sun wither）與室內萎凋（indoor wither）過程中，茶葉內部水分逐漸減少，內容物〔酵素反應基質（substrate）〕濃度逐漸增加時，因細胞膜通透性降低、氧化酵素與反應基質作用、氧氣進入葉片細胞內而引發之「酵素性氧化作用」（enzymatic oxidation），此過程主要由氧化酵素蛋白（oxidative enzyme protein）進行催化反應。

一旦茶菁經過殺菁（fixation），包括炒菁（stir fixation）、蒸菁（steaming）的過程，則酵素蛋白受到破壞，失去酵素活性後，茶葉則進行「非酵素性氧化作用」（non-enzymatic oxidation），僅能進行單純之化學氧化反應，又稱為後氧化反應。上述兩階段之氧化反應使茶葉衍生出不同的茶類。

不發酵茶係指製茶過程中，新鮮茶菁採摘後，於短時間內即進行高溫殺青，使其氧化酵素蛋白變性（denaturation）、失去酵素活性，之後再經揉捻整形後乾燥，即可完成製茶程序。例如常見之綠茶（green tea）即屬於不發酵茶。在臺灣國內製作綠茶之主要茶樹品種為青心柑仔，此品種主要產地在新北市三峽區，適製綠茶，如碧螺春與龍井茶。

部分發酵茶之製作基本程序，包括日光萎凋、室內萎凋（靜置、攪拌）、炒菁、揉捻、乾燥等步驟。相較於不發酵茶與全發酵茶之製作，部分發酵茶需要更多的經驗累積，才能根據發酵過程中之香氣變化、茶葉外觀色澤改變，決定適當之發酵時間。

全發酵茶包括紅茶類與黑茶類，其中紅茶類製作基本程序，包括萎凋、揉捻、發酵、乾燥等步驟，其過程不需要殺菁。製作全發酵茶通常以大葉種，例如以阿薩姆品種之茶菁為原料，早年在臺灣國內也曾採用黃柑品種，此品種原大量分布於桃園、新竹、苗栗，適製紅茶，之後部分地區以茶業改良場推廣適製紅茶之台茶 1 號取代。之後又有台茶 18 號（紅玉）及 21 號（紅韻）等優良品種。

9.

請敘述下列有關茶品質與採摘及製茶相關問題：

（一）茶葉色與製茶品質之關係為何？

（二）日照強弱對茶品質與適合調製之茶有何影響？

（三）臺灣茶採摘一般分成哪六回？

（四）何謂日光萎凋及室內萎凋？其主要目的為何？

（五）炒菁（殺菁）與揉捻之目的？

（一）茶葉色與製茶品質之關係為何？

因題目問茶葉色與製茶品質之關係，故推測此處所指茶葉應指成茶，非指茶菁。成茶茶葉的色澤與製茶品質之間存在著密切的關係，茶葉的顏色可以反映出茶葉（指茶菁）的生長環境、製茶技術和品質。以下是茶葉色澤與製茶品質之間的一些關係：

1. **葉片鮮綠色**：新鮮茶葉（茶菁）通常呈鮮綠色，這表示茶葉在生長過程中獲得足夠的陽光、及適當的營養供應。此種鮮綠色通常與高品質的茶葉相關，因其含有較多的葉綠素和其他有益成分。成茶呈現之鮮綠，則與發酵程度有關，如不發酵茶綠茶，其茶底、茶湯均偏綠。

2. **褐色或暗綠色**：成茶褐色或暗綠色的茶葉可能暗示了茶菁生長過程中的壓力或缺乏，包括陽光不足、缺乏養分、或其他不利因素，這可能會影響茶葉的品質，使其味道和風味不如鮮綠色的茶葉。當然，隨著部分發酵茶或全發酵茶之發酵程度增加，成茶茶葉顏色也會加深。

3. **茶湯的色澤**：成茶茶葉的色澤通常會影響茶湯的色澤。優質成茶茶葉通常會沖

泡出明亮、透明的茶湯，而品質較差的茶葉可能會產生混濁或暗色的茶湯。隨著發酵程度增加，茶湯顏色也會從微綠、綠黃、淡黃、深黃、黃褐、褐色、轉為深褐色。

4. **發酵或氧化程度**：發酵程度不同的茶類（如部分發酵茶烏龍茶、不發酵茶綠茶、全發酵茶紅茶等）的製作過程中會進行不同程度的發酵或氧化，這會導致成茶茶葉顏色的變化。例如，烏龍茶部分發酵，呈現褐色或深綠色，而綠茶則保持較鮮綠色。此外，毛茶完成後之烘焙過程也會改變色澤，使顏色加深。

5. **儲存和保存**：成茶茶葉的顏色可能會受到儲存和保存條件的影響。適當的儲存能夠保持茶葉的色澤和品質。不良的儲存條件可能導致茶葉變質和失去品質。建議以低溫真空包裝儲藏有利於保存。

總之，成茶茶葉的色澤可以提供判斷茶葉品質和製作過程良窳的一些線索，但其僅是判斷茶葉品質的一個參考項目。茶葉的品質還受到其他因素，如茶菁的新鮮度、茶湯的香氣、滋味、水色等的影響。

（二）日照強弱對茶品質與適合調製之茶有何影響？

日照的強弱對茶的品質和適合的茶類有著重要的影響，不同茶種對日照的需求也有所不同。以下是日照強弱對茶品質和適合調製茶類的影響：

1. **日照強度對茶品質的影響**：茶樹在較弱的光照下也能達到較高的光合效率，所以具有耐陰的特性，並不需要太高的光照強度，因此當光照強度超過一定範圍時，茶樹行光合作用不升反降，但茶樹生長期處於不良光照時，也無法維持正常的生長發育。

研究指出在適當減弱光照時，茶芽中的氮化物會明顯提高，而可溶性醣和茶多酚則會相對減少，但是茶葉的特色物質——茶胺酸，以及與茶品質有密切關係的穀胺酸、天門冬胺酸、絲胺酸等，在遮光條件下其含量均有明顯的增加。顯示光照較弱，茶葉品質香氣高、滋味甘醇、湯汁圓潤，反之生長在日照較烈，有直射光照射的地區，品質則較差。

太陽光是由紫外線、紅外線、可見光三大部分所組成，其中可見光是由紅、橙、黃、綠、藍、靛、紫等七種不同單色光所組成，為茶樹進行光合作用製造

碳水化合物的主要光源，其中又以紅、橙光被葉綠素吸收最多，其次為藍光、紫光。紅外線雖然不能直接被葉綠素吸收，但是能作為土壤、水分、空氣、葉片的熱量來源。至於紫外線雖然對茶樹生長具有抑制作用，但是經紫外線照射下的葉片含氮化合物較多，反而利於芳香物質的形成，這也是茶樹生長在高山森林或雲霧中有較佳品質的原因。（資料來源：行政院農業部茶葉改良場）

2. **不同茶種製茶的日照需求**：不同發酵程度茶葉之加工製程中，茶菁會萎凋脫水，經攪拌使葉緣損傷促進發酵外，全發酵茶經由揉捻造成葉片組織破壞，進一步使茶葉內化學成分氧化，主要包括兒茶素等多酚類，經多酚氧化酶（polyphenol oxidase）與過氧化酶（peroxidase）等反應，因此茶葉可因製程不同造成程度不同之發酵，區分成不發酵茶、部分發酵茶、全發酵茶。

(1) 不發酵茶：一般製程為茶菁直接經殺菁，破壞茶葉內之酵素活性，而抑制酵素氧化作用，並無需日光萎凋步驟，製程亦無日照需求。不發酵茶主要以綠茶為主，臺灣綠茶產地以北部為主要產區，如碧螺春及龍井等，以條形為主，少數為片狀。綠茶為當天現採，茶菁略微萎凋失水後，直接以高溫進行短時間殺菁，抑制酵素活性，防止茶葉酵素性氧化反應，因此顏色多呈現鮮綠色。

(2) 部分發酵茶：部分發酵茶之茶葉發酵氧化程度介於不發酵茶與全發酵茶之間，其茶葉生產工藝變化較大。部分發酵茶首重香氣及滋味，對於茶菁品質特別要求，製茶過程會依照茶菁品質特性、環境溫溼度情況，製造不同特性之部分發酵茶種類。

部分發酵茶種類繁多，為臺灣最主要生產的茶類，發酵程度則以茶葉中兒茶素等多酚類物質氧化程度進行估計，將未氧化之綠茶所含之兒茶素等多酚類含量定為 100%。若由發酵最淺的白茶，於茶菁採栽後萎凋，其茶葉中所含兒茶素與綠茶相較尚有 90%，因此其茶葉發酵度約為 10%。其次為較低度發酵的包種茶與高山烏龍茶，經日光萎凋後，於室內萎凋進行低度發酵，其發酵程度約為 8～25%，由於發酵度低，茶湯水色較淺，氣味清香。凍頂烏龍茶發酵程度約 25～30%、鐵觀音茶發酵程度約 40%，而東方美人茶發酵的程度則有 50～60%。

部分發酵茶之產製過程，在茶菁採摘後以日光或熱風萎凋，後續再於室內進行萎凋，於萎凋期間進行均勻攪拌，其目的在於使茶葉均勻失水，在攪拌過程中促進氧化反應進行，使茶葉產生特有之色香味，此一步驟除了決定部分發酵茶的氧化程度，亦決定此部分發酵茶品質好壞。此製程之日光萎凋有日照需求，若陰天或日照不足只能改以室內熱風萎凋，影響茶葉品質。

(3) 全發酵茶：茶菁經適當萎凋失去水分後，進行揉捻破壞茶葉組織，使茶葉內多酚類等物質與氧化酵素釋出混合，經調整適當相對溼度，使酵素與茶葉內容物進行氧化反應，於足夠反應時間後，使茶葉完整發酵氧化。此製程之萎凋步驟主要在室內進行，對於日照無特別需求。

全發酵茶以紅茶為主，臺灣主要以中部南投為產區，以大葉種為主要生產品種，少量以小葉種產製。紅茶依最後茶葉樣態分條形及碎形兩類，在茶菁採栽後經適度萎凋，及以切碎揉碎或不切進行揉捻與解塊之製程，經揉捻與解塊反覆程序中茶葉進行發酵氧化，後續在高相對溼度下進行氧化補足反應，待形成紅茶特有香氣及色澤時，即以高溫停止酵素活性，並乾燥製成產品。

（三）臺灣茶採摘一般分成哪六回？

茶葉依茶樹種類、溫溼度、海拔高度等，會有不同的採摘週期，採收的次數也不一樣。一般依季節分為春茶、夏茶（第一次、第二次）、秋茶（第一次、第二次）、冬茶（冬片茶）。

1. 春茶

俗稱頭茶、春仔茶，在 3 月中旬至 5 月中旬採製。

春季溫度適中、雨量充沛，再加上茶樹經秋冬季之休養生息（茶樹在 18°C 以下呈現休眠狀態），使得春茶芽葉肥壯，維生素含量較高。此外，由於春茶季節氣溫相對較低，有利於芳香物質的合成與積累，所以茶葉的香氣也較高。

春茶還可分成「明前茶」、「雨前茶」、「穀雨茶」。

2. 夏茶

第一次夏茶（俗稱頭水夏仔、二水茶）：5 月中旬至 6 月下旬採製。

第二次夏茶（俗稱六月白、大小暑茶）：7 月上旬至 8 月中旬採製。

　　因為夏季氣溫高，茶樹芽葉生長迅速，能溶解於茶湯的浸出物相對減少，使得香氣不如春茶濃郁。但也因日照強烈，所含兒茶素及咖啡因較高，適合用來製造全發酵的紅茶，在發酵過程中會降低夏茶的苦澀味，製作出來的茶略帶甜香，滋味濃強。

3. 秋茶

　　第一次秋茶：8 月下旬至 9 月中旬採製。

　　第二次秋茶（俗稱白露茶）：9 月下旬至 10 月下旬採製。

　　秋茶的生長季節秋高氣爽，有利於一些芳香物質的合成與累積，但終因生長期比春茶短，鮮葉內有效成分的累積相對要少，所以品質介於春茶與夏茶之間，香氣和滋味較為平庸。

4. 冬茶

　　俗稱尾水仔，在 10 月下旬至 11 月下旬採製。冬片仔則在 12 月下旬至次年一月採收。

　　水色及香味較春茶淡薄，但製成清香型之烏龍茶與包種茶，香氣細膩少苦澀為其特點。乾葉外觀顏色略呈淺翠綠，粗茶的雜質較多，整體顏色較不均勻。而沖泡時香氣較偏淡香型，滋味雖不如春茶濃郁，卻較為柔順見長。

　　茶葉在冬茶採收後，因為氣溫下降，茶葉生理代謝及機能亦逐漸緩慢，幾乎呈休眠狀態，但近年來因地球暖化而提早冒出新芽，此時採收的茶就稱為「冬片茶」。「冬片茶」又稱為「六水或七水仔茶」，由於冬季日夜溫差大，日照較短，使其茶葉較不苦澀，茶湯甘甜醇厚，是臺灣中低海拔的特色茶。

（四）何謂日光萎凋及室內萎凋？其主要目的為何？

　　日光萎凋（sun withering）和室內萎凋（indoor withering）是製茶過程中兩種不同的「萎凋」方法，主要是為了減少茶葉的水分含量和促進酵素反應活性。以下是兩種萎凋方法的解釋和主要目的：

1. 日光萎凋：係將新採摘的茶菁置於陽光下曝晒一段時間的方法。新鮮的茶葉會在陽光下逐漸失去部分水分，並開始進行一些生理和化學變化。這種方法常見於一些部分發酵茶的製作過程中，至於不發酵茶綠茶與全發酵茶可不經日光萎

凋製程。

主要目的：

(1) 降低茶菁的水分含量：茶菁採摘後，含有較高的水分。進行日光萎凋有助於減少茶菁中的水分，為後續的製茶步驟做準備。

(2) 促進酵素反應：透過日光萎凋，減少水分同時也提高後續發酵反應之反應基質濃度，且細胞膜通透性開始改變有利於酵素與反應基質結合，故整體酵素反應可以得到刺激，有助於後續的氧化、發酵過程。

2. 室內萎凋：係將新採摘的茶葉於完成日光萎凋後，置於特定的保溼控溫室內環境中，繼續進行水分的控制，一方面使葉柄及枝梗中的水分向葉片擴散，和進一步的萎凋處理。通常在採摘或完成日光萎凋後，茶葉會在通風良好的室內地方進行室內萎凋。

主要目的：

(1) 控制水分含量：室內萎凋可以更精確地控制茶葉中的水分含量，確保茶葉達到適當的水分，以利控制不同程度的發酵。通常控制溫度 20～24℃、溼度 70～80% 左右。

(2) 萎凋均勻：室內萎凋經由攪拌靜置以及浪菁機協助，可以使茶葉均勻地萎凋，以確保後續製茶過程中的一致性。攪拌是用雙手取茶，輕微翻攪，使茶菁因相互摩擦而破壞葉緣細胞，讓空氣易於進入葉肉組織內，以促進醱酵。藉由攪拌動作也有助於茶葉「走水」均勻。

(3) 促進酵素反應：透過室內萎凋，控制水分同時也有利於發酵反應所需反應基質與酵素結合，故整體酵素反應可以得到刺激，有助於後續的氧化、發酵過程。

(4) 使葉片變為適合揉捻：因全發酵茶如條形紅茶於揉捻之前未經殺菁，水分仍須經過較長時間室內萎凋去水，方能進行揉捻。

總之，無論是日光萎凋還是室內萎凋，主要目的是改變茶葉的水分含量，促進酵素反應，並為後續的製茶步驟創造良好的條件，以確保製成優質的茶葉。不同的茶種和製茶方法可能會選擇不同的萎凋方式，以達到特定的風味和品質目標。

（五）炒菁（殺菁）與揉捻之目的為何？

炒菁（殺菁）和揉捻是製茶過程中的兩個重要步驟，對茶葉的品質和風味有著關鍵影響。以下是炒菁和揉捻的目的：

1. 炒菁（殺菁）：炒菁是將採摘的茶菁在高溫下迅速加熱，破壞相關氧化酵素蛋白活性，停止茶葉的自然發酵（氧化）過程，也稱為「殺菁」。此步驟是不發酵茶及部分發酵茶在製茶過程中早期的步驟，對控制茶葉的氧化程度和風味有關鍵影響。

主要目的：

(1) 停止氧化：炒菁的主要目的是迅速停止茶葉的氧化過程，以保持茶葉的鮮綠色，防止茶葉變成褐色。

(2) 停止酵素活性：高溫能夠使茶葉中的酵素活性迅速停止，防止茶葉中的酵素進一步影響茶葉的化學組成。

(3) 保留香氣：炒菁能夠捕捉茶葉的天然香氣，為後續的揉捻和其他製茶步驟鋪平道路。

2. 揉捻：揉捻是將經過炒菁的茶葉進行機械或手工揉捻，以破壞茶葉的細胞結構，釋放出茶葉的汁液和化學成分，同時形成茶葉的外形和結構。

主要目的：

(1) 形成外形：揉捻有助於形成茶葉的外形和形狀，為不同類型的茶提供特定的外觀，如條形、半球形、球形。揉捻之後必須配合初乾去除部分多餘水分，才能定型。

(2) 促進化學變化：揉捻可以破壞茶葉的細胞，讓茶葉內部的汁液與空氣接觸，進行氧化、發酵或其他化學反應，進而影響茶葉的風味。

(3) 提高茶湯品質：揉捻有助於茶葉中的成分均勻分布，提高茶湯的香氣和風味。

總之，炒菁和揉捻是製茶過程中的兩個重要步驟，能夠影響茶葉的氧化程度、風味、品質。這些步驟的細節和方式可能因茶種、地域、製茶方法而有所不同，但整體目的是確保製成具有優質風味的茶葉。

10.

栽培稻品種依生長習性之生態型，可區分為幾類？而依其適應性及利用特性，又可區分為幾類？

　　栽培稻品種依生長習性之生態型，一般可以區分為三類：

1. **水稻：**水稻是以水田為主要生長環境的稻類，需要大量的水分供應生長。水稻的生態型特點包括長葉片、長穗、生長快速、對水的需求量較高。大部分栽培稻種屬於這個生態型。

2. **旱稻：**旱稻是在旱地或少水環境下生長的稻類。相對於水稻，旱稻的葉片較短，根系較發達，耐旱能力強。旱稻可以在少水或無法灌溉的地區種植，適應性較強。

3. **水旱兼用稻：**水旱兼用稻具有介於水稻和旱稻之間的生長習性，既可以在水田中栽培，也可以在旱地上生長。這類稻對水的需求量和耐旱能力介於水稻和旱稻之間，是一種適應性較廣的稻類。

　　另外，栽培稻品種依其適應性及利用特性，也可以進一步區分為幾類：

1. **早熟（生）稻：**早熟稻是在較短的生長季節中成熟的稻類，生長週期較短。這種稻類通常適應於生長季節較短或氣溫較低的地區。

2. **中熟（生）稻：**中熟稻是在中等生長季節中成熟的稻類，生長週期介於早熟稻和晚熟稻之間。這種稻類在氣候溫和的地區通常表現出較好的生長和產量。

3. **晚熟（生）稻：**晚熟稻是在較長的生長季節中成熟的稻類，生長週期較長。這種稻類通常適應於生長季節較長或氣溫較高的地區。

　　以上僅為一般性的分類，實際上還有其他特殊類型的稻種存在，具體分類可能會因地區和品種的不同而有所變化。

11.

說明三種特用作物山藥、薄荷、胡椒收穫調製、成分與用途。

　　特用作物是指種植和栽培出來的植物，其主要目的是爲了收穫和利用其特定部分，例如根、葉、花、果實部位中所含之特定成分；包括油料作物、澱粉料作物、嗜好料作物、香辛料作物、纖維料作物、糖料作物等均屬之。以下是三種常見的特用作物：山藥、薄荷、胡椒，及其收穫、調製、成分、用途的說明：

1. 山藥

收穫：山藥主要收穫其塊根，這些塊根可以在地下生長。通常在秋季當植物的葉子枯萎時採收。

調製：山藥可以生食或加工成各種食品，如燉湯、蒸煮、炒菜等。也可以製成山藥粉或精華提取物。

成分：山藥含有豐富的澱粉、膳食纖維、蛋白質、維生素、礦物質。

用途：山藥在許多亞洲國家被視爲營養豐富的食材，具有提高免疫力、調節腸道功能、促進消化和改善疲勞等益處，也被用於製作藥物、保健品和美容產品。

2. 薄荷

收穫：薄荷主要收穫其葉片，這些葉片可以乾燥或使用新鮮的形式。

調製：薄荷葉可以用於製作茶、精油、糖果、口香糖、牙膏等產品。精油可以透過水蒸氣蒸餾法從薄荷葉中提取。

成分：薄荷含有主要成分爲薄荷醇（menthol）、薄荷腦（menthone）、及其他植物化合物如檸檬烯（limonene）等。

用途：薄荷具有清涼的香味和味道，常被用於茶飲、糖果、口腔護理產品中，能夠提供舒緩口腔和消化道不適的效果。此外，薄荷精油也常被用於藥物、香料、護膚品中。

3. 胡椒

收穫：胡椒主要收穫其成熟的果實，可以是綠色、紅色、黑色的胡椒粒。

調製：胡椒可以磨碎成粉末，也可以使用整粒的形式。磨碎的胡椒粉是常見的調味料，而整粒的胡椒粒則可用於烹飪中。

成分：胡椒的主要活性成分是辣椒素（piperine），具有辛辣的味道和香氣。

用途：胡椒是一種廣泛使用的調味料，被用於各種菜肴的烹調中，不僅能增添辛

辣的風味，還具有促進食慾、改善消化、抗氧化等益處。此外，胡椒也被用於製作藥物、護膚品、香料。

12.

請詳述臺灣原生種雜糧作物臺灣藜之生長特性及栽培管理方式。

臺灣藜（學名：*Chenopodium formosanum*）為一年生草本雙子葉植物，幼苗與小葉灰藋（*Chenopodium ficifolium* Smith）極為相似；但子葉較大，葉單葉互生，葉形變化較大，同一株上有菱形、卵狀、卵狀三角形；葉片為灰綠色、深紫色、淺紅色，粗鋸齒緣，主脈紫色，葉柄帶紫色，而幼葉和芯均為紅色。

臺灣藜又名紅藜，為莧科藜亞科藜屬的植物，是臺灣特有物種，並被臺灣原住民馴化為栽培植物。其生長強健、耐旱性佳，是臺灣的一種原生種雜糧作物，也是傳統的食用作物之一，通常在海拔 1,000 公尺以下的地區生長。其分布於全臺灣各地，但以臺東縣及屏東縣最多，主要種植於大武山系東西兩側山地部落，為排灣族及魯凱族原住民族傳統栽培的作物。

臺灣藜常見於原住民族部落，被當作是小米、玉米的伴生作物，最高可長至 2.8 公尺，對乾旱或貧瘠土地的適應力相當強，生長期短，3～6 個月便進入成熟期。臺灣藜易栽種，蘊含豐富營養與糖類，成為部落重要的糧食作物，包括用於熱量補給、小米酒釀酒原料。

臺灣藜的生長特性：

臺灣藜具有三大特色，包括：果穗與葉片色彩繽紛、營養豐富、無重大病蟲害，是一種值得加以發展的特色作物。臺灣藜地方品系平均株高約 1.2～1.8 公尺，主穗長而下垂，田間直立高度約 1.5 公尺。自幼苗定植至抽穗，依品系不同各需 1.5～2.5 個月，不同品系由抽穗至轉色則需 2 週至 1 個月不等。轉色過程由莖稈至頂生果穗及側生技穗，各品系均具有橘紅、桃紅、橘黃等果穗顏色，或由單穗具淺桃紅混橘黃色者所組成。從果穗轉色至成熟採收間隔長達 1～1.5 個月，深具觀賞價值。此外，尚包括下列特性：

1. **環境適應性**：臺灣藜生長於低海拔地區，尤其在溫暖潮溼的氣候下表現較好。

2. **耐旱性**：臺灣藜具有一定的耐旱性，能適應一些乾旱的環境。

3. **繁殖能力**：臺灣藜生長迅速且繁殖能力強，能夠快速占據空間。

4. **野生特性**：臺灣藜屬於野生植物，因此它的野外遺傳資源具有重要的保存價值。

　　臺灣藜的栽培管理方式：

1. **品種選擇**：選擇健康、無病害的種子進行播種。目前原住民部落所栽植之臺灣藜，因栽培年代久遠，品種已混雜，又經世代流傳應用，來源已不可考，可能是早期移民自中國或其他地區攜入。目前，臺東區農改場正積極進行新品種的育種工作，選育質佳優良品種推廣栽培。

2. **土壤條件**：臺灣藜適應性、抗逆境性強，對自然條件要求不高，最適於壤土、砂質壤土、黏壤土等結構良好，有機質含量高、質地鬆軟之土壤；因此，栽植地宜配合休耕或輪作豆類綠肥以培養地力。整地前可施用有機質肥料，每公頃 2,000～3,000 公斤，於播種前 7～10 天施用較佳，並於整地時施入，可有效促進植株生長。

3. **播種與育苗**：在適當的季節，將種子均勻地撒播於耕種的田地中。以精選後之種子播種。臺灣藜之播種期，有春、秋兩作，春作播種期為 2 月上旬至下旬，秋作為 8 月上旬至下旬，播種量每公頃 15～25 公斤。一般農民為防颱風侵襲，僅種植春作一期作。播種方式有撒播與條播兩種，採用撒播者，發芽後植株生長較不易整齊；若採用條播，則先以 70 格育苗盤育苗，發芽後約 20 天苗高 10 公分時，以 50×30 公分之行株距定植於本田，移植後植株生長較為整齊。

4. **灌溉與排水**：保持土壤溼潤，特別是在種子發芽初期和幼苗生長期間需要適當的灌溉。臺灣藜因葉片較大，因此需水亦較為殷切。若水源充足時，應視土壤狀況適度灌水，以確保植株生長良好，尤其是營養生長期及抽穗開花期最為需要，至穗轉色期及種子成熟期則需水較少。

5. **病蟲害防治**：注意病蟲害的防治，避免它們對作物造成損害。臺灣藜適應性強，蟲害發生之情形不多；蟲害有蕪菁夜蛾、銀葉粉蝨、番茄斑潛蠅等；但一般而言，其生長期間的病蟲危害，並不足以影響其產量。

6. **除草**：及時除草，避免雜草與臺灣藜爭奪營養和水分。移植後一個月，可以小型中耕除草機進行中耕除草，除有效防除雜草外，疏鬆土壤能讓臺灣藜植株更有效吸收土壤中的水分與養分。

臺灣藜移植本田後生長期間，闊葉性雜草容易造成遮蔭，減少臺灣藜植株的光合作用，影響後續生長；若發現闊葉性雜草，用手拔除或鋤頭進行挖除。植株長至 60 公分後進入快速營養生長期，即可有效減少雜草的危害。

7. **收穫及處理**：當臺灣藜長到合適的高度時，進行收穫。收穫後，可以乾燥臺灣藜的穗頭，取出種子保存下來，或者將莖葉用作食用。

臺灣藜播種發芽後植株生育歷經營養生長期、抽穗期、開花期、結實期、穗轉色期等。其中抽穗期明顯受播種方法影響，密植之撒播法較疏植之條播法為慢，前者需 45～50 天，後者則較早約 40～45 天；開花期亦有類似之趨勢。至於抽穗後之轉色，於播種後 60～70 天開始，轉色後田間常可見豔紅、桔紅、洋紅、粉紅、金黃、菊黃、橙黃等顏色。

轉色後期至種子成熟期，依季節及品系而不同，一般為播種後 90～100 天即可成熟。熟時割取藜穗，一般農民置於帆布上曝晒，但應注意勿混入細小碎石，以免影響籽實品質；曝晒後可用傳統之杵臼或棍棒敲打方式，分離藜籽與藜梗，並以風選去除渣葉等，再行乾燥後即可貯存或利用。臺灣藜脫殼作業則以小米脫殼機進行，脫殼後採真空包裝方式販售或保存。

8. **保育**：保護臺灣藜的野生族群，促進其野外遺傳資源的保育和永續利用。

臺灣藜具有豐富的營養價值，富含蛋白質、纖維、維生素等營養成分，因此在傳統上被視為一種重要的雜糧作物。然而，由於現代農業生產主要集中在少數主要作物上，臺灣藜逐漸被忽視。因此，為了保護臺灣藜的遺傳資源和促進其永續利用，需要進行相應的保育和研究工作。

13.

請寫出下列作物：蓖麻（castor bean）、紅花（safflower）、荸薺（water chestnut）、蒟蒻（konjak）等之所屬科別、原產地及主要用途。

下列作物的所屬科別、原產地及主要用途如下：

1. 蓖麻（castor bean）

科別：大戟科（Euphorbiaceae）

原產地：蓖麻原產於非洲東部和東南亞地區，現已廣泛分布在全球各地。

主要用途：蓖麻的種子含有油脂，可以提取蓖麻油，被廣泛用於工業上的潤滑
　　　　　劑、機油、樹脂等產品。蓖麻油也被用於醫藥和化妝品產品中。此
　　　　　外，蓖麻種子的毒性很高，也可用於製作殺蟲劑。

2. 紅花（safflower）

科別：菊科（Asteraceae）

原產地：紅花原產於西南亞地區，現已在全球廣泛種植。

主要用途：紅花花瓣中含有紅色素，可以用於食品加工中作為天然色素，也用於
　　　　　製作染料和化妝品。紅花的種子中含有油脂，可以提取紅花油，用於
　　　　　烹飪或製作醫藥產品。

3. 荸薺（water chestnut）

科別：鼠李科（Trapaceae）

原產地：荸薺原產於亞洲地區，特別是中國和印度，現已在全球廣泛栽培。

主要用途：荸薺的葉子和種子可作為食用，是一種常見的蔬菜，可生吃或烹飪使
　　　　　用。荸薺的種子生長在水中，因此又被稱為「水果」，可作為沙拉、
　　　　　炒菜或罐頭保存。

4. 蒟蒻（konjak）

科別：天門冬科（Araceae）

原產地：蒟蒻原產於東亞地區，特別是日本、中國、印尼。

主要用途：蒟蒻的根莖是食用部分，經過加工後可作為食品添加劑，如蒟蒻粉、
　　　　　蒟蒻絲等，也可製成蒟蒻米食用。蒟蒻含有豐富的澱粉和膳食纖維，
　　　　　被視為一種健康食品，常被用於減肥飲食。此外，蒟蒻也用於製作醫
　　　　　藥和化妝品。

14.

請說明臺灣紅藜（Taiwan quinoa）所屬科別、栽培之最適行株距、採收適期及收穫後之調製方式？

　　請參考本章第 12 題解答。

15.

請說明作為綠肥大豆應具備之基本特性。〔部分資料來源：臺南區農業專訊第 21 期：4～9 頁（1997 年 9 月）綠肥用大豆之栽培技術〕

　　豆科綠肥作物之栽培不僅可以覆蓋表土，防止雜草叢生及表土沖刷流失之外，深根性大豆尚可將心土養分移運於表土，以供淺根作物吸收。翻埋分解後所形成的短鏈酸類使土壤中難溶解之植物養分變爲可溶態，可直接提供後期作物吸收利用，而部分不易分解的纖維及木質素將轉變成黑色腐植質，成爲土壤中的有機質，可調和土壤的理化性質，對土壤改良效果非常顯著。

　　豆科綠肥作物中以大豆適應性最爲廣泛，不論春、夏、秋、水田或旱田均適宜栽培，其根群發達，側根通常橫向擴展至 40～75 公分後再向下伸長，深可達 180 公分，可固結土粒，增加土中水分及養分蓄積，減少土壤水分蒸發損失與養分之淋溶流失，而主根及側根附近地表處所形成之根瘤大而密集，固氮效率佳，不施肥情況下每公頃每期作就能增加 20～200 公斤的氮素，且莖葉繁茂，對雜草抑制效果亦大，具備長期間覆蓋與保育雙重作用。

　　大豆綠肥機械掩埋作業操作容易，無植株過高或過老的時間限制，掩埋後腐熟快而完全，對後作生育初期無不良影響，爲極佳之綠肥作物。而綠肥作物之推廣，種子穩定充分供應是成功與否的主要關鍵。綠肥用大豆栽培容易，種子生產費用又較其他豆科綠肥低廉，國內可逕行採種，無需仰賴國外進口，且可避免進口種子挾帶外來病原菌之憂慮，值得發展爲國內春、夏作主要綠肥作物。

　　綠肥大豆最好具備如下基本特性：

1. 固氮能力：綠肥大豆具有固氮能力，能夠與根部的根瘤菌共生，將大氣中的氮

轉化爲可供植物吸收利用的氮化物，有助於提供土壤中的氮營養，減少對化學氮肥的需求。選育鮮草產量高、固氮能力強之品種，增加有機質及氮素投入量。

2. **生育期長短不同之品種，可供農民選擇**：在密集耕作栽培，農田休閒期短，可選擇生育期短之品種；而果園、長期休耕地、鹽漬地之地力改良、雜草防除，則可選擇生育期長之品種，減少農民播種及掩埋次數，以降低所需的金錢及勞力。

3. **選育適應性強的品種**：沿海鄉鎮之農業土地，長期遭受鹽分侵蝕，土地生產力普遍低落或閒置荒廢，宜選育適應性強之綠肥用大豆品種，以恢復沿海地區土地的生產力。

4. **降低種子生產成本**：過去臺灣國內所需綠肥種子，大部分仰賴國外進口，成本較高，應克服自行採種之困難，設置採種圃，以降低種子生產成本，使綠肥推廣成果更落實。

5. **快速生長**：綠肥大豆應具有快速的生長速度，能夠在短時間內迅速長出茂密的植株，以便在一個生長季節內充分發揮其綠肥效益。

6. **高營養價值**：綠肥大豆的植株應富含營養物質，包括氮、磷、鉀等元素，這些元素能夠在作物生長過程中被吸收，提供給後續作物的生長需要。

7. **良好的根系發展**：綠肥大豆的根系應該能夠迅速生長並穿透土壤，有助於鬆動土壤、增加土壤通氣性和保水性。

8. **耐受逆境能力**：綠肥大豆應對一定程度的逆境，如乾旱、病蟲害等，有一定的耐受能力，以確保其能夠在不利的環境條件下存活和發揮作用。

9. **易分解性**：綠肥大豆的植體在經過生長後應容易分解，這樣可以迅速將其有機質釋放到土壤中，提供有機質和營養物質，改善土壤結構和肥力。

綠肥大豆的主要目的是改善土壤品質、增加土壤肥力，並爲後續作物提供養分。因此，選擇合適的綠肥大豆品種，確保其具備上述基本特性，可以更好地實現其綠肥效益。

16.

請闡述下列四種作物薏苡、仙草、黑豆、木鱉果所屬科別、原產地及在臺灣這些作物育種改良最主要的負責場所。

　　以下是薏苡、仙草、黑豆、木鱉果的所屬科別、原產地、以及在臺灣育種改良主要的負責場所：

1. 薏苡

科別：禾本科（Poaceae）。

原產地：薏苡原產於越南、泰國、印度及緬甸等東南亞、熱帶亞洲一帶。

育種改良場所：臺灣的薏苡育種改良主要由臺中區農業改良場進行。

2. 仙草

科別：唇形科（Labiatae）。

原產地：仙草原產於臺灣及中國（浙江、江西、廣東、廣西西部），為臺灣原生
　　　　植物。

育種改良場所：臺灣的仙草育種改良主要由桃園區農業改良場進行。

3. 黑豆

科別：豆科（Fabaceae）。

原產地：黑豆原產於東亞，包括中國和日本。

育種改良場所：臺灣的黑豆育種改良主要由臺南區農業改良場進行。

4. 木鱉果

科別：葫蘆科（Cucurbitaceae）。

原產地：木鱉果原產於臺灣、中國南部、東南亞、澳洲東北部等地區，主要分布
　　　　在臺灣本島和澎湖。

育種改良場所：臺灣的木鱉果育種改良主要由臺東區農業改良場進行。

　　這些作物在臺灣的育種改良通常由政府相關機構和農業研究機構進行，旨在改進作物的品質、產量、抗病性等性狀，以適應不同的栽培環境和市場需求。

17.

能源作物的使用與栽培有何規範？

　　能源作物係指可利用作物生生不息的能量生產方式，將太陽能經光合作用轉化成植物之化學能（燃料之熱能），此種能量之轉化可在常溫常壓下進行，是一種極具希望與效率的能源生產方法。此種能源具備下列優點：

1. 提供低硫燃料。
2. 提供廉價能源（於某些條件下）。
3. 將有機物轉化成燃料可減少環境汙染（如垃圾燃料）。
4. 與其他非傳統性能源相比較，技術上的難題較少等。

　　能源作物中主要之農藝作物，包括：

1. 生質酒精作物

(1) 甘蔗（C4 植物）：世界上生產生質酒精的最主要作物。

(2) 甜高粱（C4 植物）：種植優勢為需水量低及生長期短。

(3) 甘藷：與甘蔗相比較，甘藷生育期短。

(4) 甜菜：溫帶及高冷地植物。

2. 生質柴油作物

(1) 大豆（固氮植物）：大豆、向日葵、落花生、油菜同列為世界四大油料作物。油分含量 17～24%。

(2) 落花生（固氮植物）：含油率高達 45～50%。

(3) 向日葵：具田間觀賞功能。含油率為 58%。

(4) 油菜：具田間觀賞功能。世界油菜栽培面積超過 2,700 萬公頃，含油率 35～45%。

(5) 其他農藝作物：紅花、棉花籽油。

　　能源作物應具備之特性包括：

1. 生長快、生產力高、生育期間短。

2. 環境適應性廣、容易栽培。

3. 高生質量與轉化能源效率高。

4. 生產成本低，搬運容易。

　　能源作物的使用與栽培通常受到一系列的規範和指導原則影響，這些規範旨在確保能源作物的種植和利用對環境、可持續性、食品安全具有正面影響。以下是一些可能的規範和指導原則：

1. **可持續性**：能源作物的栽培應該符合可持續性的原則，不傷害土壤環境、水資源、生態系統。這可能包括限制農藥和化肥的使用、避免過度開採水資源，並確保農地的可恢復性。

2. **生態影響評估**：在大規模種植能源作物之前，可能需要進行生態影響評估，以評估該作物對當地生態系統的影響，並制定適當的措施以減輕負面影響。

3. **土地使用**：確保能源作物的種植不會導致大面積的食用作物土地轉為種植能源作物，從而減少食用作物之供應量，而影響糧食安全和價格。

4. **社會影響**：考慮能源作物的種植對當地社區的影響，確保不會損害農民和當地居民的生計和權益。

5. **法規遵循**：遵守當地的法律法規，包括土地使用法規、環境法規、農業法規等。

6. **多功能性**：考慮將能源作物種植與其他農業活動結合，如農田水利、水汙染控制等，以實現多功能性土地利用。

7. **保護生物多樣性**：確保能源作物的種植不會對當地的生物多樣性造成嚴重損害，並能保護野生動植物的棲息地。

8. **科學研究和監測**：支持有關能源作物種植和利用的科學研究，並建立監測系統以監測生態和環境的變化。

　　這些規範和指導原則可能會因地區、國家、特定能源作物的類型而有所不同。能源作物的可持續栽培和利用是確保能源和環境可持續發展的重要一環。

18.

栽種薏苡的環境為何？

薏苡生長適合高溫多溼且日照充足的氣候，稍冷涼的地區仍可栽培，但產量相對較低。臺灣國內以中南部地區較適合薏苡栽培，尤以高屏地區早春栽培最適合。薏苡對土壤的選擇並不嚴格，但選擇合適的栽培土壤有利產量，通常以保持適當溫度、土壤水分且有灌溉設施的砂質壤土或富含有機質的壤土最適合。氮素過多的肥沃土壤，因莖葉容易徒長，易發生葉枯病而結實不良，不適宜栽植。

薏苡籽實成熟前因易脫粒，如在季節風強勁的沿海地區栽培時，應設置防風設施、或選擇無季節風影響之季節栽培。此外，因連作會極度消耗地力且容易發生病蟲害（螟蟲及葉枯病），故薏苡不適合連作。

薏苡之栽培方法可分為水田式移植及旱田直播二種，兩者各有利弊，前者須進行育苗與水田式整地及插植作業，生產成本較高，且生育日數較長，但其產量比旱田直播栽培增加 22～43%，後者較省工，每公頃可以節省工資 10,200 元，但產量較低。目前臺灣大半採用旱田直播栽培法。

19.

說明苧麻繁殖法、收穫適期徵狀、收穫次數、收穫方法及調製。

苧麻（也稱作大麻苧、草木麻等）是一種天然纖維作物，常用來製造紡織品和其他產品。以下是有關苧麻的繁殖、收穫、調製等相關資訊：

1. **繁殖法**：苧麻通常是通過種子繁殖的。種子可以直接撒播在準備好的種植床或田地上，或者可以先在育苗箱中種植幼苗，然後將幼苗移植到田地上。苧麻對土壤要求不高，但適宜的土壤為疏鬆、排水良好的壤土。苧麻常用種子或分地下莖（吸枝法）、分株、扦插、壓條等法繁殖，一年可收三次。

2. **收穫適期徵狀**：收穫時機取決於苧麻的用途。一般來說，苧麻的纖維主要集中在植株的莖部。如果是為了獲取纖維，通常在植株開花前，當植株的莖部開始變得粗壯時，就可以進行收穫。另外，莖部的葉片也可以用於食用，因此收穫時可以選擇採收葉片的青苧麻。

3. **收穫次數**：苧麻的收穫通常可以分為多次進行，具體次數視栽培和用途而定。通常會在植株的生長週期內進行一到二次或更多的收穫。

4. 收穫方法：苧麻的收穫方法包括手工和機械收割兩種。手工收穫時，可以使用鐮刀或割刀將植株的莖部切斷。機械收穫通常使用切割機或機械收割機來進行。

5. 調製：收穫後的苧麻莖部需要進行一系列處理步驟，以獲取適合製作纖維的材料。這些步驟可能包括：

(1) 脫葉：將莖部上的葉片和枝條去除。

(2) 水浸處理：將莖部浸泡在水中，軟化纖維，使其更容易分離。

(3) 分離纖維：將軟化的莖部進行擊打或機械處理，以分離出纖維。

(4) 晒乾：將分離出的纖維晒乾，以減少含水量。

(5) 其他處理：可能還包括漂白、染色等後續處理步驟，根據最終產品的需求。

　　莖部韌皮纖維有光澤，耐霉、易染色，為重要的紡織作物。

　　需要注意的是，苧麻的栽培和處理過程可能會因地區、品種、用途而有所不同，性喜陽光和溫暖溼潤氣候，但也耐旱及半陰。苧麻之莖富含纖維，可製繩索或織麻布是人造纖維工業未發達前的重要麻布原料，嫩莖葉及根部可作蔬菜。在進行苧麻的種植和處理時，最好參考當地的栽培指南和專業意見。

> ### 20.
> 請說明下列作物學名、原產地、主要用途及在臺灣栽培生產潛能。

1. 尼羅草

學名：*Acroceras macrum*。

原產地：南非。

主要用途：當作禾本科牧草飼養牛羊。

臺灣栽培生產潛能：北部地區如桃園、新竹一帶改種尼羅草以取代盤固拉草，餵飼牛、羊也有不錯的效果。

2. 甜高粱

學名：*Sorghum dochna*。

原產地：非洲。

主要用途：當作醣類作物可製糖。

臺灣栽培生產潛能：甜高粱具有生長快速的優點，平均 100～120 天即可收成，作物含有高糖分及澱粉質，高粱穗可生產甜高粱白酒，每公頃約 500 公斤；莖稈出酒率為 8～10%，每公頃可生產 5,000～6,000 公升，很適合作為能源作物。

3. 亞麻

學名：*Linum usitatissimum*。

原產地：中東。

主要用途：纖維作物。

臺灣栽培生產潛能：二期稻作後，播種後 75 天即可開花，花朵為淡藍色，授粉後隨即開始結果莢及種子發育，盛花期約維持 2 週，亦是相當細緻優美的裡作景觀植物。亞麻富含植物雌激素中木酚素，亦可以當作保健植物。

4. 蓖麻

學名：*Ricinus communis*。

原產地：非洲。

主要用途：種子榨取蓖麻油，製成潤滑油，生質柴油。

臺灣栽培生產潛能：可以栽培當作能源作物。

5. 紅藜

學名：*Chenopodium formosanum*。

原產地：紅藜是臺灣特有原生種藜麥，與南美洲藜麥有近親關係。在 2008 年正名為臺灣藜。

主要用途：糧食作物。

臺灣栽培生產潛能：由於紅藜具有高營養價值，近年美國、日本、丹麥、加拿大等國均大力研究，希望將其開發成廣泛食用的新興糧食作物。進口藜麥的主要產地為南美洲，最早是印第安人的主要糧食作物，又稱印地安麥、奎藜、灰米、小小米，是南美洲高地特有穀物，顏色有白色、黑色與紅色三種。

> **21.**
>
> 請說明丹參、薑黃、茶、紫錐菊等作物之學名、英文俗名、利用部位、利用成分及栽培繁殖法。

1. 丹參

學名：*Salvia miltiorrhiza*，英文俗名：salvia。

利用部位：根部。

利用成分：其根部已分離出來的化合物成分主要包含脂溶性的二萜類成分與水溶性的酚酸成分，其中脂溶性成分已有 50 多種二萜類化合物已鑑定出來，大部分為丹參酮類，包括丹參酮 I（tanshinone I）、丹參酮 IIA（tanshinone IIA）、丹參酮 IIB（tanshinone IIB）、隱丹參酮（cryptotanshinone）等，為脂溶性成分中的主要活性成分，而丹參根部呈現深紅色就是因為丹參酮類存在於根表皮所致。

栽培繁殖法：以分根、蘆頭繁殖為主，亦可種子播種和扦插繁殖。

2. 薑黃

學名：*Curcuma longa*，英文俗名：turmeric。

利用部位：根莖。

利用成分：薑黃的主要有效成分為薑黃素（curcumin）、去甲氧基薑黃素（demethoxy curcumin）、去二甲氧基薑黃素（bidemethoxycnrcumin）三個成分，合稱為類薑黃素（curcuminoids）。

栽培繁殖法：薑黃以根莖繁殖，種莖之選擇以直徑約 2.5～3.0 公分大小、無病蟲害、完整無損傷的根莖為主。薑黃於每年 3～4 月種植，至年底或翌年 1 月時可收穫根莖使用。其性喜氣候溼潤、陽光充足、雨量充沛之環境。在土層深厚、土質疏鬆肥沃、排水良好的砂質壤土中生長良好，可與作物輪作，忌連作。

在水分管理上，遇天氣乾旱、土層乾燥時應進行灌溉，在雨季時則要做好排水工作，以免引起根莖或塊根腐爛。種植後約 8～10 個月

可收穫，收穫時期為 12 月至翌年 2 月收穫根莖。當植株莖葉逐漸枯萎，塊根已生長充實，即可採收。收穫時間不可過早，過早收穫塊根不充實，影響產量。

3. 茶

學名：*Camellia sinensis*，英文俗名：tea。

利用部位：嫩葉或新生葉片（茶菁）。

利用成分：多酚類化合物、兒茶素類、類黃酮類。

栽培繁殖法：扦插法為主，為操作簡便成本低廉之快速育苗方法，目前已成為農民採用之方式。

4. 紫錐菊

學名：*Echinacea purpurea*，英文俗名：purple coneflower。

利用部位：根、葉、花均可利用。

利用成分：紫錐花具有機能性的成分包括酚酸、多醣體、烷醯胺、聚乙烯、醣蛋白等，其中酚酸、多醣體和烷醯胺是研究的重點，和調節免疫系統有很大的關聯性。

栽培繁殖法：紫錐菊可用種子、根冠分株、或根部繁殖。商業化栽培以種子繁殖最為簡單易行，也是目前最普遍運用的繁殖方法，惟紫錐菊為異花授粉作物，且種子在花器上的成熟期相當不一致，會影響種子的發芽率與發芽整齊度。

22.

回答下列有關油料作物相關問題：

（一）胡麻為何要行摘心？摘心主要進行於哪個期作？

（二）試述向日葵向日運動之特徵。

（三）向日葵品種主要有美國系與蘇俄系，試述兩者之差異。

（四）臺灣生產之油茶有哪兩個種？其特性為何？

（五）落花生主要之育種場所及目前推廣之品種三種。

（一）胡麻為何要行摘心？摘心主要進行於哪個期作？

　　胡麻生產過程中，植株生育旺盛（尤其是在春作）時，其植株頂端的花蕾大多不能發育成正常的蒴果或種子充實過晚，或秋作生育後期氣溫低於 18℃時，頂端的花蕾多為無效花，如要使胡麻末端蒴果飽滿，降低未成熟種子比率，並提高產量，可在始花後 21〜30 天以鐮刀除去植株頂端部分，主要可防止植株徒長和倒伏，減少養分浪費，使植株中、下部的蒴果內種子成熟度一致，此步驟稱為摘心，又稱去尾或打頂。在摘心過程中，如果植株生長勢佳、生育時間充足，可只將頂心去除，若株勢較差，可將頂端 3〜4 公分的幼小花蕾去除。

（二）試述向日葵向日運動之特徵。

　　因為向日葵（*Helianthus annauus*）的花部會朝著太陽的方向轉動，所以稱為向日葵；此行為被稱為「向日性」（heliotropism），不同於趨光性（phototropism）。趨光性是指植物朝向光源的方向生長，如燕麥芽鞘之生長；而向日性則是跟著太陽的方向移動。研究發現，未成熟的向日葵植株，早上花部會面向東方；之後隨著時間開始由東方向西方緩慢轉動，約至傍晚則面向西方。晚上會再由西方向東方轉動，於次日清晨則又面向東方。此向日反應與生物時鐘有關。

（三）向日葵品種主要有美國系與蘇俄系，試述兩者之差異。

　　向日葵的品種主要可以分為美國系和蘇俄系，這兩者之間有一些明顯的差異，包括外觀、生長特性和用途。以下是美國系和蘇俄系向日葵之間的主要差異：

1. 美國系向日葵

(1) 花朵特徵：向日葵的花朵通常較大而豐滿，花瓣多數，色彩豐富多樣，可以是黃色、橙色、紅色等多種色調。

(2) 植株高度：向日葵的植株高度多變，有些品種可以達到相當大的高度，高度差異較大。

(3) 花盤結構：向日葵的花盤通常是大而蓬鬆的，花心呈凸起狀，花粉和花蜜豐

富，吸引了較多的花蜜授粉昆蟲。

(4) 用途：向日葵主要用於觀賞和園藝用途，其豐富的色彩和多樣的花型使其成
為花園中的受歡迎植物。種子含油率低於 30%。

2. 蘇俄系向日葵

(1) 花朵特徵：向日葵的花朵較小，花瓣數量較少，色彩較為單一，主要以黃色
為主。

(2) 植株高度：向日葵的植株通常相對較矮，高度較一致，一般不會像美國系那
樣有較大的高度差異。利於機械收穫。

(3) 花盤結構：向日葵的花盤相對較為平坦，花心較為凹陷，花粉和花蜜較少，
吸引的花蜜授粉昆蟲也較少。

(4) 用途：向日葵主要用於農業生產，特別是向日葵籽的生產。蘇俄系向日葵的
種子含有豐富的油脂，含油率 40～44%，可以用於榨油和食用，也作為動物
飼料。

　　總之，美國系向日葵和蘇俄系向日葵在花朵特徵、植株高度、花盤結構、用
途等方面存在明顯的差異。這些差異使得這兩個品系分別在觀賞和園藝以及農業
生產領域有不同的應用價值。

（四）臺灣生產之油茶有那兩個種？其特性為何？

　　目前臺灣栽培的油茶主要有以下兩種：

1. 油茶（*C. oleifera* Abel）：由中國引進，臺灣俗稱大果油茶，中國俗稱油茶、
茶子樹、茶油樹、白花茶等，為常綠小喬木，樹高可達 6 公尺，在臺灣主要栽
植於中南部地區，一般樹齡需達 6 年以上才開始有較佳的茶籽產量。果熟期在
9～10 月，適當的採收節氣在農曆寒露及立冬之間（約國曆 10 上旬～11 月上
旬）。在中國，適合栽植於溫暖溼潤的氣候，能耐貧瘠土壤，以酸性黃或紅壤
為佳，一般栽植後 3～4 年即可開花結實，至 15 年後進入盛產期，豐產可持續
至 70～80 年，百年後結實才開始衰退。
本種的種子含油率 25.2～33.5%，種仁含油率 37.9～52.5%，茶油供食用或工業
用；果殼及種殼可提煉皂素、糠醛等，或製成活性炭；木材主要供作小農具或

家具等；另因本種植株耐火性佳，故亦供作防火林帶樹種。

2. **短柱山茶**（*C. brevistyla* (Hayata) Coh.-Stuart）：臺灣俗稱小果油茶，本種過去一直以細葉山茶（*C. tenuifolia* (Hayata) Coh.-Stuart）為其學名，然長久以來多有學者認為細葉山茶與短柱山茶難以明確分辨；直到 2012 年蘇夢淮探討分析此兩種的分類關係，結果顯示此兩種的形態變異高度重疊且呈連續性的變異，故應視為同種，並以發表的先後順序，將此兩種合併處理為 *C. brevistyla*（短柱山茶）。本種為常綠小喬木，樹高可達 7 公尺，產於臺灣、中國（福建、浙江、江西、廣東、廣西、安徽）等地。

在臺灣原生於中低海拔山區。本種在臺灣主要經濟栽培於北部地區如新北市、桃園縣、新竹縣、苗栗縣等地。果熟期在 10 月，適當的採收季節為農曆寒露之後（國曆 10 月中下旬）。小果油茶果實較小，通常每果僅 1 種子，但近年栽培種果實常有 2～4 粒種子者。其含油率較大果油茶者為高，以成熟度較佳的果實而言，約每 10 公斤生果（含果殼）可乾燥成 4.2 公斤的茶籽（含種殼），榨出約 1 公斤的茶油。

大果油茶在中國栽培歷時久遠，所開發培育出來的品種繁多，如軟枝油茶、寒露子、中降子、霜降子等，於局部地域各有其生產特性。小果油茶在臺灣雖有一些農民品系在各地流傳栽培，但仍未有正式登錄的品種，未來小果油茶品種選育及栽培上仍有很長的路要走。

（資料來源：林業試驗所植物園組副研究員楊正釧）

（五）落花生主要之育種場所及目前推廣之品種三種。

臺灣市場上將花生型態依花序部位及直立與匍匐性，分為：

1. **西班牙型**（**Spanish type**）：分支少，小粒，種子 2 粒，葉片大，葉色淡，早熟，耐病強，直立型。

2. **維吉尼亞型**（**Virginia type**）：分支少，大粒，種子 2 粒、葉色稍濃，中早熟，耐病強，半直立或匍匐性。

3. **瓦倫西亞型**（**Valencia type**）：分支多，葉片小，小粒，種子 3～4 粒、葉色濃，晚熟，耐病強，直立性。

4. **路德型**（**Runner type**）：分支多，葉片小，大粒，種子 2 粒、葉色濃，晚熟，耐病強，匍匐性。

　　日治時代為增加供應所需，由臺灣總督府農業試驗所負責花生增產改良工作，目標均以增加生產力及油分含量；臺南區農業改良場（主要之落花生育種場所）於 1927 年即首創改良品種，由蒐集各地栽培之在來種進行純化分離，1931 年選出優良品系，命名「台南白油豆 1 號至 5 號」，而當年也開啟花生雜交育種工作，可惜於第二次世界大戰中，育種材料損失或混種而中斷，1946 年後由於食用油原料缺乏需要急增，經濟重要性提高，因此，育種工作倍受重視。由於主要用途為食用油，育種目標以豐產、高油脂為首要任務，1961 年由越南永隆省引進，以純系選種法自 Giay 品種中，選成熟早、莢果光滑、豐產、高油脂之「台南選 9 號」，於 1966 年正式命名推廣，栽培面積曾占總栽培面績之 80% 以上，為臺灣花生純系選種最成功之例子，至今仍維持部分栽培面積。

　　而後 1986 年育成莢果及籽粒特大之「台南 11 號」，西班牙型，外觀佳、籽粒飽滿、莢果成熟一致、兩期作均可栽培、直立且適合機械採收，推廣後深受農民好評，栽培面積占總面積之 90% 以上，稱霸臺灣長達 15 年之久，直到 1998 年命名「台南 14 號」品種出現之後才逐漸被取代。

　　目前主要流通品種有：台南選 9 號、台南 14 號、台南 16 號、台南 17 號、台南 18 號等，以下為各品種特性簡介：

1. 台南選 9 號

(1) 植株性狀：屬西班牙型，植株直立，主莖長，分枝數中等（5～8 枝），花呈黃色，小葉倒卵圓形，大而薄淡綠色，莢長約 2.66 公分，莢殼薄，表面較光滑，果腰淺，籽粒長橢圓形，種皮薄，淡粉紅色，無休眠性，千粒重約 435 公克。

(2) 農藝性狀：適於砂壤土、壤土、砂土栽培，早熟。春作宜於 1 月下旬～3 月上旬播種，初期生育較緩，生長勢較其他推廣品種強，始花期約在發芽後 30～40 天，中期生長旺盛，生育 110～125 天可收穫；秋作於 7 下旬～9 月上旬為播種適期，初期生育較迅速，發芽後 20～25 天進入始花期，後期則生長停止，生育期 95～105 天可收穫；感染萎凋病及葉斑病。

(3) 優點及缺點：產量高適應區域廣，莢殼薄，籽粒飽滿，剝實率高，炒熟後風味佳，口感細緻，香味獨特，1968 年選育命名推廣，為 1986 年台南 11 號育成推廣前的主要栽培品種，至今仍有特定消費族群喜好，屬小粒種，產量不如台南 14 號穩定，機械採收時，因子房柄較不易脫落，子房柄等夾雜物較多，且莢果較易在土中發芽。

2. 台南 14 號

(1) 植株性狀：屬西班牙型，植株直立，主莖長，分枝數中等（5～8 枝），花呈黃色，莖呈淺綠，小葉呈倒卵圓形，莢形大且有網紋，略有腰，中筒形，籽粒為長橢圓形，種皮淡粉紅色，不具休眠性，春作千粒重 707.3 公克，秋作為 681.1 公克。

(2) 農藝性狀：適於排水容易，含適量有機質的砂質壤土，不適宜黏重土壤栽培。春作宜於 1 月下旬～3 月上旬播種，出土後 30～40 天進入始花期，生育 120～135 天即可收穫；秋作 7 月下旬～9 月上旬播種為最適，出土後 25～30 天即進入始花期，生育 105～120 天即可採收。

(3) 優點及缺點：開花結莢較集中，脫莢容易，適合機械收穫，不適於黏重土壤栽培（機收莢果淺留在土中較多），在自然發病情形下，葉部病害耐性略佳，屬抗病品種，莢果與籽粒均大，外觀品質風味及組織均佳，屬大粒種，自 1998 年命名推廣，迅速取代台南 11 號後，成為市場最主要栽培品種，占全國約百分之 70 以上之種植面積，為目前國產花生加工產品最主要原料來源之品種，香味口感略差於台南選 9 號，與國際市場原料區隔性略嫌不足，未來如開放自由貿易後，面對進口衝擊影響較大。

3. 台南 16 號

(1) 植株性狀：屬瓦倫西亞牙型，植株直立，花呈黃橙色，分枝數少（3～4 枝），葉呈深綠，小葉呈長倒卵圓形，莢形大且網紋深而明顯，每莢含 3～4 籽粒，籽粒為長圓桶形，種皮黑（深紫）色，不具休眠性，春作千粒重 432 公克，秋作為 432 公克。

(2) 農藝性狀：適於排水容易，含適量有機質的砂質壤土，不適宜黏重土壤栽培。晚熟，春作宜於 1 月下旬～3 月上旬播種，出土後 35～40 天進入始花

期，生育 130〜150 天即可收穫；秋作 7 月下旬〜9 月上旬播種爲最適，出土後 25〜30 天即進入始花期，生育 120〜135 天即可採收。

(3) 優點及缺點：植株植立，脫莢容易，適合機械收穫，不適於黏重土壤栽培（機收莢果淺留在土中較多），在自然發病情形下，葉部病害耐性佳，屬抗病品種，籽粒中等，果莢長而外觀優美，種皮顏色獨特，品質風味及組織均佳，焙炒後口感香酥，適合做帶殼焙炒加工原料，唯產量不及台南 14 號豐產穩定，且植株高度較台南選 9 號、台南 14 號高，易倒伏，田間栽培管理過程，對生長抑制劑使用依賴性高。2008 年命名，2010 年、2014 年陸續完成品種技術轉移民間推廣及利用。

4. 台南 17 號

(1) 植株性狀：屬瓦倫西亞牙型，植株直立，花呈黃橙色，分枝數少（3〜4 枝），葉呈深綠，小葉呈長倒卵圓形，莢形大且網紋深而明顯，籽粒爲長圓桶形，種皮具深紫／肉色相間斑紋，不具休眠性，春作千粒重 443 公克，秋作爲 434 公克。

(2) 農藝性狀：適於排水容易，含適量有機質的砂質壤土，不適宜黏重土壤栽培。晚熟，春作宜於 1 月下旬〜3 月上旬播種，出土後 35〜40 天進入始花期，生育 30〜150 天即可收穫；秋作 7 月下旬〜9 月上旬播種爲最適，出土後 25〜30 天即進入始花期，生育 120〜135 天即可採收。

(3) 優點及缺點：植株植立，脫莢容易，適合機械收穫，不適於黏重土壤栽培（機收莢果淺留在土中較多），在自然發病情形下，葉部病害耐性佳，屬抗病品種，籽粒中等，果莢長而外觀品質風味及組織均佳，蒸煮後口感 Q 綿，爲目前蒸煮與冷凍鮮食花生主要原料來源。與台南 16 號相似，產量不及台南 14 號豐產穩定，且植株高度亦較台南選 9 號、台南 14 號高，易倒伏，田間栽培管理過程，對生長抑制劑使用依賴性高。2008 年命名，2010 年取得品種權，2014 年陸續完成品種技術轉移民間推廣及利用。

5. 台南 18 號

(1) 植株性狀：屬西班牙型，植株直立，主莖長，分枝數中等（5〜8 枝），花呈黃色，小葉倒卵圓形，大而薄淡綠色，莢長約 2.66 公分，莢殼薄，表面較光

滑，果腰淺，籽粒長橢圓形，種皮淡粉紅色，不具休眠性，春作千粒重 652
公克，秋作為 551 公克，剝實率高。

(2) 農藝性狀：適於砂壤土、壤土、砂土栽培，早熟。春作宜於 1 月下旬～3 上
旬播種，初期生育較緩，生長勢較其他推廣品種強，始花期約在發芽後 30～
40 天，中期生長旺盛，生育 110～125 天可收穫；秋作於 7 月下旬～9 月上旬
為播種適期，初期生育較迅速，發芽後 20～25 天進入始花期，生育期 95～
110 天可收穫。

(3) 優點及缺點：開花結莢較集中，脫莢容易，適合機械收穫，不適於黏重土壤
栽培（機收莢果淺留在土中較多），在自然發病情形下，葉部病害耐性略
佳，屬抗病品種，莢果與籽粒均大，外觀品質風味與台南選 9 號相近，口感
細緻，香味足且大粒，產量高、穩定，2012 年命名，2015 年取得品種權並完
成品種技術轉移民間推廣及利用。

〔資料來源：陳國憲、楊藹華、蔡孟旅、陳昇寬、鄭安秀、江汶錦。2017。臺灣花生栽培
技術及收穫調製。臺南區農業改良場技術專刊 106-1（NO.167）〕

23.

有關糖料作物，請說明何謂甘蔗的「高貴化」過程？甘蔗的分類及其特
性？甘蔗之種植栽培方式？甘蔗和甜菜之加工製糖工序？

---

1. 荷蘭育種學家提出了「高貴化」的甘蔗育種理論，就是用不同甘蔗屬的野生種
和栽培種作為父本，與高貴種母本進行雜交。所謂高貴種，就是甘蔗熱帶種，
這種甘蔗汁多味甜，皮軟少纖維，簡直就是為產糖而生。

目前幾乎所有的甘蔗栽培種都是由甘蔗熱帶種與兩到三個種反覆雜交，產生的
後代與熱帶種繼續回交而成。割手密（禾本科甘蔗屬下的一個種。原產於印
度，其與甘蔗同，會將糖分儲存於莖部，莖的基部嚐起來略帶甜味，所以稱作
甜根子草）、細稈甘蔗（印度種）都參與與熱帶種反覆交流基因。

2. 甘蔗的分類及特性

學名：甘蔗的學名是 *Saccharum officinarum*。

特性：甘蔗是一種多年生的高大草本植物，具有堅韌的節狀莖。它生長迅速，
　　　喜歡溫暖潮溼的氣候和肥沃的土壤。甘蔗的莖部含有豐富的甜汁，可提
　　　取糖分。

3. 甘蔗的種植栽培方式

(1) 選擇品種：選擇適合當地氣候和土壤條件的甘蔗品種。

(2) 繁殖：甘蔗可通過節段繁殖。將甘蔗莖段插入土壤中，使其發芽生根。

(3) 栽培：甘蔗需要充足的陽光和水分，並要保持土壤溼潤。它需要定期施肥和
　　除草。甘蔗生長期為 10～12 個月。

(4) 收穫：成熟的甘蔗莖會轉變成金黃色，可進行收穫。收穫後，甘蔗莖的葉子
　　會被割去，然後將莖段進行加工製糖或保存種植下一季。

4. 甘蔗和甜菜的加工製糖工序

　　甘蔗和甜菜是兩種主要的糖料作物，其加工製糖工序有一些不同。

(1) 甘蔗加工製糖工序：

　　a. 壓榨：將甘蔗莖壓榨，提取出甘蔗汁液。收穫的甘蔗通過壓榨機械擠壓，
　　　將汁液分離出來。這個步驟被稱為「壓汁」，並且甘蔗通常會經過多次壓
　　　榨以確保提取盡量多的汁液。

　　b. 濃縮：將甘蔗汁液加熱和蒸發，使其濃縮成蔗漿。

　　c. 結晶：將蔗漿冷卻和攪拌，使糖結晶出來。將濃縮後的甘蔗汁液冷卻，使
　　　糖結晶形成。結晶的糖分稱為原糖或結晶糖。

　　d. 脫色和精製：結晶糖經過過濾和洗淨去除雜質和色素，然後進行脫色和精
　　　製，最終得到純淨的糖。

(2) 甜菜加工製糖工序：

　　a. 破碎：將收穫的甜菜根進行破碎和剁碎，使其釋放汁液。

　　b. 提取糖漿：將破碎的甜菜進行水浸或煮沸，使糖分溶解在水中，形成糖漿。

　　c. 清潔和澄清：將糖漿進行濾清和沉澱，去除雜質。

　　d. 濃縮和結晶：將清潔的糖漿經過蒸發濃縮，然後冷卻攪拌，使糖結晶出來。

　　e. 脫色和精製：結晶糖經過脫色和精製過程，去除雜質和色素，最終得到純
　　　淨的糖。

　　值得注意的是，甘蔗在糖業中的地位較高，因爲它的糖分含量較高，生產的糖量也較大。而甜菜則在一些地區被廣泛種植，尤其在歐洲地區。

24.

請問在茶園中種植及利用黃花羽扇豆（魯冰花）有何功用及如何利用之？其所扮演之角色爲何？（參考王慶裕。2018。茶作學。）

　　黃花羽扇豆於茶園中種植可扮演綠肥作物與覆蓋作物之角色、並可作爲敷蓋資材使用。

1. **綠肥作物**：茶園最常見之冬季綠肥作物爲黃花羽扇豆（又稱爲魯冰），魯冰喜溼潤溫暖的砂質壤土。茶園行間間作綠肥之種子量約 15～25 公斤／公頃。作爲綠肥之用的魯冰可在 9～10 月之間播種，播種前先於茶行中央以中耕機中耕，使土壤鬆軟，再以鋤頭挖深度 15～20 公分播種溝，播種前施用過磷酸石灰作爲基肥，施用量約 200 kg/ha。

   魯冰播種採用條播，株距約 10 公分，若種植太密則分支少、且枝條細長易倒伏；待隔年 3 月間開花盛期時，如擬將魯冰作爲綠肥時，則可直接翻耕埋入土中。若種植魯冰擬採收種子，則可延後至 11 月中旬再行播種，之後於次年 5 月間，俟魯冰之果莢由綠色逐漸轉黃、種子充分成熟時摘其豆莢，但不可延遲太久採收，否則豆莢裂開，種子會散落地面。

   魯冰根部之共生根瘤菌，可固定空氣中游離氮素，其可取代部分化學氮肥，在魯冰花盛開之際，將其全株耕犁翻埋入土，可提供土壤相當的營養成分，其全株中的三要素含量爲氮（N）0.3～0.4%，磷酐（P_2O_5）0.05～0.07%，氧化鉀（K_2O）0.2～0.3%，亦即每公頃茶園種植魯冰當綠肥，相當於施用複合肥料 400 公斤左右，其根、莖、葉完全腐爛後，是微生物良好的養分來源，可增加土壤有機質，改良茶園土壤的物理性。

2. **覆蓋作物**：茶園等作物田間或野外場地所謂「覆蓋」植物通常是指植物生長於該土地上形成遮蔽土地之植物層，其土地上所有的植物，包括草本、木本、蔓藤類植物，統稱爲「植被」（vegetation）或「植生」（vegetation）。例如在茶

園或果園之覆蓋植物（cover plant），常見的有草生栽培（grass cultivation），可用原生草種僅留下少數種類作為草種，或是另以特定草種撒播種植。此外，於茶園中作為綠肥作物之魯冰，於其生長期間植物完全覆蓋地面，亦兼具覆蓋作物之功能，包括：a. 防止茶園土壤受到降水沖蝕；b. 涵養土壤水分；c. 減輕淹水（flooding）傷害；d. 美化環境；及 e. 改善土壤等作用。

3. **敷蓋資材**：魯冰花盛開季節，若將魯冰鮮莖葉割取之後「敷蓋」於茶樹兩旁（不進行翻埋作業），可保持土壤水分，提高幼木茶樹之存活率，此時收割後之魯冰植株則視為「敷蓋」資材。

25.

請說明特用作物棉之相關名詞：a. 籽棉、b. 棉籽、c. 皮棉、d. 毛棉籽、e. 籽棉公定衣分率。

棉農摘下的棉花叫籽棉，籽棉經加工後去掉棉籽的棉花叫皮棉，通常說的棉花產量，一般都是指皮棉產量。籽棉加工成皮棉的比例是 10：3，即每 10 噸籽棉可加工成 3 噸皮棉（ginned cotton）。

籽棉的副產品也具有一定的用途。籽棉經軋棉機加工，使棉纖維與棉籽分離。分離出的棉籽叫毛棉籽，毛棉籽上還有少量的短纖維即「短絨」，短絨利用價值相當高。一般毛棉籽要進入剝絨車間進行剝絨（做種子用的棉籽除外，另外用化學方法處理其上面的短絨）。據工藝要求，剝絨機剝出棉短絨分 I 道絨、II 道絨、III 道絨，I 道絨用於造紙（如錢幣用紙）等，II、III 道絨用於化工，用來生產電影膠片、軍用無煙火藥等。剝完絨後的棉籽叫光籽，經加工後可用作家畜飼料及培養食用菌基料等。

籽棉公定衣分率（conditioned lint percentage of seed cotton）：從籽棉上軋出的皮棉公定重量占相應籽棉重量的百分率。

26.

請詳細比較並說明綠茶與紅茶製作過程。（參考王慶裕。2018。製茶學。）

　　綠茶和紅茶是兩種最常見的茶葉類型，其製作過程有很大的不同。

1. 綠茶製作過程（各種綠茶之詳細製程請參考《製茶學》第 5 章）

(1) 殺青：綠茶殺青之方式包括炒菁（stir fixation）、蒸菁（steaming）、烘菁（hot air fixation），分別採用炒菁機（鍋炒）、蒸氣、熱風方式，以達到破壞酵素蛋白功能之目的。在臺灣國內主要以炒菁方式，而日本綠茶如「煎茶」則採用蒸菁方式殺青。

(2) 揉捻：綠茶經過炒菁之後，茶菁部分失水，葉肉細胞失去膨壓後變得柔軟，此時可藉由揉捻機旋轉加壓進行揉捻，使茶菁逐漸捲曲成爲條索狀，同時也因爲揉捻壓力而破壞葉肉組織、使汁液容易附著於葉片表面，有利於沖泡出味。揉捻時可依照茶菁成熟度而調整揉捻之時間、力道（壓力），幼嫩葉片之揉捻時間宜較短、且壓力不可太大，以免成爲碎片；老熟葉片則需要較長時間、較重壓力，才能使茶菁形成捲曲狀枝條索。揉捻之後隨即解塊，將團聚溼黏之茶葉團塊完全分散，以避免產生悶味及水分無法消散。解塊之後若發現水分太多，則應進行初乾，使茶膜不黏手。若形狀未達標準，必要時再次揉捻。

(3) 乾燥：綠茶茶菁揉捻階段結束後，必須立即以甲種或乙種乾燥機乾燥，乾燥溫度以 80～90℃爲宜，溫度太高易產生火味，而溫度太低則需要乾燥之時間較長，也因此容易產生葉色偏暗、茶湯顏色偏黃。因綠茶著重茶葉顏色翠綠、茶湯顏色密綠色，因此乾燥時間與溫度之掌控相當重要。

2. 紅茶製作過程（各種紅茶之詳細製程請參考《製茶學》第 10 章）

全發酵茶包括紅茶類與黑茶類，其中紅茶類製作基本程序，包括萎凋、揉捻、發酵、乾燥等步驟，其過程不需要殺菁。製作全發酵茶通常以大葉種，例如以阿薩姆品種之茶菁爲原料，早年在臺灣國內也曾採用黃柑品種，此品種原大量分布於桃園、新竹、苗栗，適製紅茶，之後部分地區以茶業改良場推廣適製紅茶之台茶 1 號取代，之後是台茶 18 號、21 號等。

(1) 萎凋：全發酵茶之茶菁萎凋目的是使茶菁內之水分能均勻發散、氧化酵素反應所需基質之濃度增加，使葉片柔軟利於後續之揉捻步驟，經由萎凋過程也有利於形成香氣與滋味。

(2) 揉捻：全發酵茶紅茶中的條形紅茶，其揉捻製程是使用傑克遜揉捻機，目的是將茶葉整形成爲條索狀，並使葉肉細胞內容物能流出，有利於氧化發酵作用進行。

(3) 發酵：全發酵茶製作並未進行殺菁步驟，故其發酵反應係由氧化酵素蛋白調控，此部分爲決定全發酵茶品質之重要關鍵。茶葉經由揉捻破壞細胞膜系後，原本存在於液胞（vacuole）之多元酚（polyphenols）流出，經與多元酚氧化酶（polyphenol oxidase）反應，而完成氧化反應（意即慣稱之「發酵」，實際上不宜以此名詞描述）。茶葉中的多元酚氧化爲茶黃素和茶紅素，使茶葉的顏色變成紅色。

通常全發酵茶進行發酵所需之溫度爲 26～32℃，此溫度範圍內反應最快，溫度不足則反應減緩、所需時間增加；溫度超過則加速反應、但品質下降，甚至產生酸化使品質下降。

(4) 乾燥：全發酵茶製作之最後工序即爲乾燥，主要是將水分含量降至 3% 左右，可使用甲種或乙種乾燥機進行脫水乾燥。烘乾的溫度和時間會根據茶葉的種類和風味需求而有所不同。

綠茶和紅茶的不同製作過程使其在外觀、風味、香氣上有所差異。綠茶保留了茶葉的天然綠色，具有清新的草本味和淡淡的甜味。紅茶則呈現紅褐色，帶有豐富的果香和滋味，具有濃郁的口感。這些茶葉的風味特點主要來自於不同的茶樹品種、酵素氧化程度、製作方法。

問答題

1.

請回答下列有關雜糧作物之相關問題：
　（一）請列舉收穫部位為地下根與地下莖之作物各兩例。
　（二）請列舉我國目前進口量前三位的雜糧作物、進口量與其用途。
　（三）請敘述適合落花生生產之氣候土宜。

（一）請列舉收穫部位為地下根與地下莖之作物各兩例。

　　收穫部位為地下根的作物有：

1. **薯蕷**：地下根莖可食用，是一種主要用於澱粉生產的作物，也可作為蔬菜食用。

2. **紅薯**：地下塊莖為可食部分，具有高營養價值，是一種常見的主食作物。

　　收穫部位為地下莖的作物則有：

1. **蘆筍**：蘆筍的地下莖為可食部分，通常在花苞長成前收穫，是一種營養豐富的蔬菜。

2. **山藥**：山藥的地下莖為可食部分，具有高纖維和膳食纖維的特性，是一種常見的蔬菜和藥用植物。

（二）請列舉我國目前進口量前三位的雜糧作物、進口量與其用途。

　　目前我國進口量前三位的雜糧作物是：

1. **大豆**：進口量大，主要用於食用油、豆腐、豆漿、畜牧飼料等方面。

2. **玉米**：進口量也相當大，主要用於畜牧業的飼料，以及工業上的玉米澱粉、玉米油等。

3. **小麥**：進口量較大，主要用於麵粉、麵條、烘焙等食品加工。

（三）請敘述適合落花生生產之氣候土宜。

落花生適合生產的氣候和土壤條件如下：

1. **氣候**：落花生喜歡溫暖、陽光充足的氣候，生長最適宜的溫度範圍是 20～30℃。其對夏季的高溫和日照要求較高，適合生長於氣候穩定、冬季溫暖的地區。

2. **降雨量**：落花生需要適量的降雨，最適宜的降雨量為 600～1,000 毫米，過多或過少的降雨都可能對生長產生不利影響。

3. **土壤**：落花生偏好疏鬆、排水良好的土壤，適合生長在酸性至中性的土壤。適合種植落花生的土壤應該具有良好的保水性和排水性，並供應足夠的有機質和營養物質。

整體而言，落花生適合在溫暖、陽光充足的地區種植，且需要適量的降雨和適宜的土壤條件，才能獲得較好的產量和品質。

2.

2017 年臺灣種植面積最多與總產值最大之前五名的農藝作物為何？

根據 2017 年的統計數據，臺灣種植面積最多和總產值最大的前五名農藝作物如下：

1. **水稻**：水稻是臺灣的主要糧食作物，也是種植面積最大和總產值最高的農作物。水稻在臺灣具有重要的糧食安全和經濟價值。

2. **玉米**：玉米是臺灣的重要農作物之一，也是種植面積和產值都相當高的作物。玉米在臺灣主要用於畜牧業的飼料供應，也用於工業上的加工，如玉米澱粉和玉米油的生產。

3. **黃豆**：黃豆是重要的糧食作物和油料作物，臺灣進口量較大，用於油脂生產和畜牧業。

4. **落花生**：落花生是一種重要的油料和食用作物，臺灣種植面積相當大，主要用於油脂生產和食用。

5. **高粱**：高粱是一種穀物作物，種植面積較大，主要用於畜牧業的飼料供應。

這些作物在臺灣的農業生產中占有重要地位，對於糧食供應、畜牧業、油脂生產具有重要意義。

> **3.**
>
> 請詳述影響作物分布的因素及臺灣目前糧食作物的分布概況。（2023 高考三級）

　　影響作物分布的因素很多，包括氣候條件、土壤特性、地形地勢、水資源、環境因素、人為因素等。以下是一些常見的影響因素：

1. **氣候條件**：降雨量、溫度、日照時間、季節變化等氣候因素是作物分布的主要影響因素。不同作物對氣候的需求和適應能力不同，某些作物對溫暖和潮溼的氣候較適合，而其他作物則對涼爽和乾燥的氣候更適合。例如咖啡，全球能作為咖啡豆商業性栽培的地區是有限的，主要是受到溫度的限制，因為咖啡樹易受霜害，故緯度偏北或偏南均不適合栽種，以熱帶地區為宜，咖啡生長的區域大約是在南北迴歸線之間，這個地區被稱為「咖啡帶」（coffee zone），全世界的咖啡生產國有六十多國，大部分都位在此區域內，緯度太偏北或偏南的區域都不適合栽種。臺灣地理位置位於北回歸線地帶，剛好界於咖啡帶的範圍內，風土環境符合咖啡生長條件

2. **土壤特性**：土壤的養分含量、質地、排水性、pH 值等特性對作物的生長和分布具有重要作用。不同作物對土壤的需求和適應能力也有所不同，例如茶樹對酸性土壤適應較好（適合茶樹之土壤 pH 值為 4.5～5.5），而其他作物對鹼性土壤適應較好。

3. **地形地勢**：地形和地勢對水分分配和排水系統有影響，進而影響作物分布。山區、平原、河谷、海岸地區等地形差異會對作物選擇和生產方式產生影響。例如臺灣的西部平原地區是廣泛種植水稻、玉米、蔬菜的主要區域。這些平坦的土地提供了灌溉的便利，並且對於多種作物的種植來說都非常適宜。山地地區則有一些特定的作物，如高山茶和蔬果（例如高山蔬菜、櫻桃等）因其特殊的氣候和土壤條件而有利於生長。

4. **水資源**：作物需要水分來生長，因此水資源的可利用性是作物種植的重要因素。降雨量和灌溉設施的可利用性會影響作物的分布和種植方式。例如嘉南平原水稻種植需要嘉南大圳，此爲日治時期最重要的水利工程，當時亞洲地區最大灌溉系統位於嘉南平原，橫跨今日雲林縣、嘉義縣、臺南縣，於 1920～1930 年（大正 9 年至昭和 5 年）由日本水利工程技師八田與一規畫興建，主要引曾文溪、濁水溪溪水灌溉農田，總長現約 1,600 公里，灌溉農田約 1,500 平方公里，使嘉南平原成爲臺灣最大穀倉。

5. **環境因素**：作物生長受到病蟲害、病毒、風害、霜害、風沙等環境因素的影響。這些因素會根據地理位置和季節的變化而有所不同，影響作物的生長和分布。例如臺灣紅茶主要產區爲南投魚池鄉，部分原因即是該地區較無強風，不會造成大葉種茶樹之葉片受風吹而磨損葉片，而桃竹苗地區僅有小葉種茶樹種植。

6. **人爲因素**：土地利用、農業政策、市場需求、農民的選擇等人爲因素也會影響作物分布。農民會根據市場需求、經濟效益、技術能力等因素選擇種植特定的作物，這也會影響作物的分布情況。

　　目前在臺灣，糧食作物的分布概況如下：

1. **水稻**：臺灣是一個重要的水稻種植國家，水稻是臺灣的主要糧食作物之一。國內主要種植區域位於臺灣本島西部平原地區，尤其是臺中、彰化、嘉義等地。由於氣候和土壤條件的適合，以及水資源的豐富，水稻在臺灣的種植非常普遍，年有二期。

2. **玉米**：玉米在臺灣的種植面積相當大，主要集中在臺灣本島西部平原地區。玉米作爲臺灣的重要飼料作物，主要用於畜牧業。另外，玉米也用於食用、工業加工、生物能源等方面。

3. **其他糧食作物**：除了食用作物水稻和玉米之外，臺灣還種植一些其他的糧食作物，如小麥、大豆、高粱等。這些作物的種植面積較小，但在糧食供應和農業多樣性方面仍然具有重要作用。此外，還包括特用作物，如茶樹、咖啡等，以及雜用作物等。

　　總之，臺灣的糧食作物分布受到氣候、土壤、水資源、市場需求等因素的影響。不同作物根據其對這些因素的需求和適應能力，在不同地區種植。

4.

說明臺灣雜糧作物可分為哪幾類？並舉四例秋冬季裡作栽培的主要雜糧作物？有哪些策略可協助發展雜糧特作產業？

1. 雜糧為水稻以外糧食作物之統稱，臺灣生產之雜糧作物有甘藷、落花生、食用玉米、大豆、蕎麥、紅豆、毛豆、胡麻、綠豆、黑豆、薏苡、小米、樹豆等十餘種，是僅次於水稻之大宗作物。雜糧屬廣義的糧食作物，全球生產種類繁多，供食用、飼料用、加工等多元化用途，為提供熱能的重要來源。若以五穀雜糧來分類，則將小麥、水稻列為細糧；而將玉米、蕎麥、燕麥、小米、高粱、藷類等列為粗糧。

2. 秋冬季裡作栽培的主要雜糧作物有落花生、甘藷、紅豆、硬質玉米、薏苡、蕎麥、高粱。

3. 雜糧為土地利用型產業，引導生產區域集中化導入大面積、機械化生產，以克服農村人力問題，且可替代稻米生產面積。而臺灣特作中的茶葉也極具特色，在外銷市場上已具知名度，並受到國人認同，屬攻擊型產業，持續領先研發品種與調製技術，及加入文創等元素，可擴大產業規模。

　　由於雜糧及特作產品具儲存性，國內生產成本較高，消費者對外觀較不易辨別，易受國外低價產品的競爭；但國產雜糧與特作產業具非基改、新鮮、具在地風味特色，藉由推廣地產地消理念，導入產地證明標章（如茶、咖啡等產地或團體標章）、或追溯標示（如生產追溯、產銷履歷、CAS 等），建立市場分流，引導消費者優先選擇質優安全的國產品，可擴大消費量。

　　除上述外，協助發展雜糧特作產業的策略尚包括：

1. 產品多樣化：增加雜糧特作品種的多樣性，滿足不同消費需求，提升市場競爭力。

2. 技術研發：加強對雜糧特作的研究和技術開發，提高產量和品質，降低生產成本。

3. **推廣宣傳**：加強對雜糧特作產業的宣傳推廣，提高消費者對這些作物的認識和接受度。

4. **政策支持**：制定相應的政策和措施，支持雜糧特作產業的發展，包括資金支持、稅收優惠等。

5. **建立產業聯盟**：促進產業內企業間的合作，加強產業鏈的整合和效率，共同開拓市場。

6. **環保耕作**：推動環保耕作方法，減少農藥和化肥的使用，提高產品的安全性和環境友好性。

7. **產地認證**：推行產地認證制度，確保雜糧特作產品的品質和可追溯性，提高消費者信任度。

5.

請詳細說明臺灣一期稻作與二期稻作在產量與稻米品質上之差異及造成這些差異的可能原因。（2023 普考）

　　臺灣稻作一期稻作和二期稻作在產量和稻米品質上存在一些差異。栽植期因各地農作時序的不同而異，一期作約 2～6 月，二期作則約 7～11 月；臺灣南北種植期差異可達一個月以上。水稻營養生長與穀粒充實期間，臺灣北、中、南、東各區域之氣候條件（溫度及日照）具有相當差異，明顯影響稻米生產量及品質。以下是詳細說明這些差異及可能的原因：

1. 產量差異

　　以臺灣第一、二期作稻米生產情形來考量，二期作平均產量及品質均較差。二期作的單位面積產量往往較第一期稻作低 20～50%，二期作減產的主要原因在於氣候條件，因溫度較高，病蟲害發生頻率高，天然災害如颱風、豪雨等較為頻繁，致二期作生產成本明顯高於第一期稻作。此外，氣候也影響水田土壤溫度與水溫，使得稻米產量發生變化，一般的水稻品種的適應溫度是 27℃，溫度越高，水稻產量越低。

(1) 臺灣一期稻作：一期作插秧至收穫時間通常在 2～6 月。一期作的產量較高，

主要是因為生長季節較長，配合長日照高日照量，導致光合作用提高。

(2) 臺灣二期稻作：二期作插秧至收穫時間通常在 7～11 月。二期稻作的產量通常較低，二期稻作結實率低為低產之主要因素，其次為穗數減少及穀粒千粒重降低所致。此外，單位面積有效穗數亦減少。

2. 產量差異可能原因

(1) 氣溫差異：水稻是一種熱帶或亞熱帶作物，生長季節最適平均氣溫為 20～30℃，最低溫度不應低於15℃，因為在此溫度以下水稻許多生長會緩慢或停滯。水稻兩期作的氣溫變化也有所不同。一般在一期作時，其溫度由低溫漸趨於高溫，而在二期作則由高溫趨於低溫。一期作生育初期低溫有利於產生分蘗，使抽穗後葉面積指數達最大，配合高日照量提高光合能力而增加產量。二期作穗數減少之原因，則係生育初期氣溫過高抑制分蘗，且抽穗後逢短日照及低日照量，為其產量限制因素。

研究指出，二期作分蘗初期是在 7、8 月間，此時正值高氣溫及高水溫之條件下進行分蘗生長，此時高溫是抑制分蘗之原因；此外，二期作水稻殘株分解之植物毒性物質，亦影響根部發育，間接也抑制分蘗數。至於二期作結實率及千粒重低之原因，研究者認為係受生育後期（抽穗後）氣溫，尤其是低溫影響所致。研究指出，抽穗前後氣溫降至 20℃以下時是造成穎花稔實障害及不稔粒增加之原因，氣溫愈低其不稔率更嚴重。氣溫下降也會使根活力衰退，影響稔實率及產量。

(2) 日照差異：水稻兩期作的日照時間也有所不同。一般在一期作時，其日照由短日趨向於長日；在二期作則由長日照趨於短日照。二期作抽穗後逢短日照與低日照量，葉面積指數下降，光合能力降低，光合作用和澱粉合成的時間較短，導致二期稻作的稻米品質較差。至於二期作結實率低之原因，研究者依據光合作用試驗結果指出，係生育後期（抽穗前後）日照不足為其限制因素。

(3) 病蟲害壓力：水稻兩期作的病蟲害壓力也可能不同，對稻作產量和品質造成影響。二期作可能更容易受到病蟲害的侵害，進而影響產量和品質。

3. 稻米品質差異

　　稻米品質主要分為碾米性質、米粒外觀、烹調食品質等三部分。碾米性質

係指糙米率、白米率及完整米率，米粒外觀則指米粒之透明度、心腹白等，而烹調食用品質則包括鹼性擴散值、凝膠展延性、直鏈澱粉含量、粗蛋白質含量等特性。稻米品質除受品種、栽培地區、栽培法之影響外，尚因栽培季節之不同而異。

(1) 米粒口感：臺灣一期稻作收穫時期氣溫高，米飯質地較軟而黏、糊化溫度及凝膠展延性較高。而二期作則傾向於更硬一些的口感。這是因為生長期和氣候條件的不同導致米粒內部的澱粉含量和結構有所差異，影響了口感的感受。二期作之直鏈澱粉含量、粗蛋白質含量、及鹼性擴散程度均比一期作高。

(2) 風味特點：一期作被認為具有較為細膩的香氣和口味，而二期作的風味則更加濃郁。這是由於不同的生長環境和氣候條件對稻穀的化學成分和氣味產生了影響。

(3) 米粒外觀：一期作的米粒通常較大、飽滿；而二期作的米粒相對較小，外觀略顯晦暗。這是由於不同生長期和氣候條件下稻穀的生長和發育差異所致。二期稻作的生長季節較短，一般而言，二期作白米之心白、腹白、背白比一期作少，透明度較佳。

(4) 碾米性質：就白米率而言，1984 年二期作的平均值（68.7%）與 1985 年一期作之平均值（68.2%）相近，但 1985 年二期作（64.9%）則明顯比 1986 年一期作（69.1%）低。就完整米率而言，1984 年二期作之平均值（56.9%）比 1985 年一期作（51.2%）高，但 1985 年二期作（48.5%）則比 1986 年一期作（51.1%）低，其品種間之高低順序，亦隨栽培年代及期作而異。

(5) 產量和供應時間：由於一期作在春季種植，生長期相對較長，因此產量較高。而二期作在夏季種植，生長期相對較短，產量較少。這可能導致一期作稻米在市場上更為普遍和易獲取，而二期作稻米則較為有限。

（資料來源：臺中區農業改良場特刊第 24 號，https://www.tdais.gov.tw/upload/tdais/files/web_structure/1157/TC022400.pdf）

4. 稻米品質差異可能原因

(1) 生長季節和環境：一期作生長季節較長，中後期溫度較高，有利於光合作用和澱粉的合成，導致米粒通常較大、飽滿且白米呈現較白、明亮的外觀。二

期作的生長期較短，稻米發育的時間較短，澱粉合成較少，影響稻米的飽滿度和品質。一期作和二期作在種植的季節和氣候條件上有所不同。一期作在春季進行，氣溫較低且降雨較多；二期作在秋季進行，氣溫較高且降雨較少。這些氣候差異對稻米的發育和品質產生影響。

(2) 澱粉組成：一期稻作和二期稻作的稻米澱粉組成有差異。澱粉組成的差異可以影響稻米的白度和透明度。

(3) 光照和溫度：光照和溫度對稻米的品質有重要影響。一期作的光照時間較長，有利於澱粉的合成和稻米的充實度，導致腹白度和背白度較高。溫度對稻米的品質也有重要影響。一期作子粒充實期較高的溫度有助於促進澱粉的合成和稻米的充實，使一期稻作稻米品質較好。

(4) 品種選擇：不同的稻米品種具有不同的特性，包括稻米外觀和品質。在一期作和二期作中，可能配合使用不同的品種，這些品種在白米品質上可能因應期作氣候環境差異而有差異。不同品種具有不同的性狀和品質特點，這也會導致一二期稻作稻米品質的差異。

(5) 栽培管理：栽培管理措施如施肥、灌溉、病蟲害管理等也會對稻米品質產生影響。不同的管理方式導致一期作和二期作在稻米品質上的差異。栽培管理措施的不同也會影響稻米品質。

(6) 病蟲害和疾病防治：一期作和二期作可能會受到不同的病蟲害和疾病威脅，這對稻米品質造成影響。受害的稻株生長不良，影響稻米的品質。

值得注意的是，以上是一些一般性的影響因素，具體的稻米品種、種植區域、種植管理方式也會影響品質。稻米品質的評估還需要考慮到收穫、儲藏、加工等環節。

總之，臺灣的一期稻作和二期稻作在產量和稻米品質上存在差異。一期稻作由於生長季節較長、前期低溫後期高溫、較少病蟲害的威脅，產量和品質較好。二期稻作受到生長季節較短、前期高溫抑制分蘗、病蟲害嚴重，以及後期低溫影響子粒充實等因素的影響，產量和品質相對較低。這些差異主要是由於氣候、日照時間、溫度、病蟲害壓力等因素的影響。

補充說明

　　氣候變遷對於臺灣一、二期稻米品質可能產生以下不同的影響：

1. **生長季節和溫度變化**：氣候變遷可能導致季節模式的改變，包括稻米的一期和二期種植季節。溫度變化可能影響稻米的生長速度、生育期、品質特徵，如米粒大小和口感。

2. **水資源和灌溉**：氣候變遷可能導致降雨模式的改變，可能對稻米的灌溉和水分供應產生影響。缺水或過度灌溉可能對稻米的生長和品質產生不利影響。

3. **病蟲害和疾病**：氣候變遷可能對病蟲害和疾病的發生和擴散產生影響。氣溫升高、降雨模式的改變、氣候極端事件的增加可能導致病蟲害和疾病問題的加劇，進而影響稻米的生長和品質。

4. **品種適應性和選擇**：氣候變遷可能需要稻米生產者調整品種選擇和種植管理策略。特定品種對於環境變遷的適應性和耐受力可能需要更多的關注，以確保在新的氣候條件下獲得良好的稻米品質。

5. **營養價值和米質特性**：氣候變遷可能對稻米的營養價值和米質特性產生影響。氣候因素可能影響稻米中的澱粉、蛋白質、及營養成分含量，進而影響其營養價值和品質特徵。

　　需要注意的是，氣候變遷對稻米品質的具體影響可能因地理位置、具體氣候變化、稻米種植管理等因素而異。這些影響可能是複雜的且與其他因素交互作用，因此更多的研究和監測將有助於理解氣候變遷對臺灣一、二期稻米品質的影響。

共榮植物（synergetic crops）

　　共榮植物是指在同一個生態系統中，相互之間可以互利共生的植物。這種植物之間的關係可以是互補、協助、或保護等。

　　伴榮植物（companion plants，有益植物）係指在間作或混作制度中，並不作為收成對象，但有助於作物成長的植物。而共榮作物則指在間作或混作制度中，除了主要作物外，其他作物仍是收成對象，而其納入栽培有助於主作物與副作物的生長者（資料來源：觀點種子網，http://seed.agron.ntu.edu.tw/cropprod/sustain/plants.htm#%E5%85%B1%E6%A6%AE%E4%BD%9C%E7%89%A9）。主作作物可以是甘藍、芥藍、花椰菜，而共榮作物可以是大豆、菜豆、芹菜、萵苣、菠菜、胡瓜、番茄、馬鈴薯、洋蔥。

　　共榮植物的種植可以帶來多種好處，包括：

(1) 生長促進：某些植物可以釋放出有益物質，促進鄰近植物的生長。例如，一些植物可以釋放出氮素，有助於鄰近植物的氮營養吸收。

(2) 資源利用效率：不同植物的根系結構和營養需求不同，其可在土壤中利用不同的資源，降低競爭並提高資源利用效率。

(3) 害蟲控制：某些植物可以釋放出特定氣味或化學物質，吸引或驅散害蟲，幫助減少害蟲對主要作物的損害。

(4) 防止土壤侵蝕：某些植物的根系可以穩固土壤，防止水土流失和土壤侵蝕的發生。

(5) 生態多樣性：共榮植物的種植可以增加生態系統中的植物多樣性，吸引多種昆蟲和鳥類等生物，維護生態平衡。

　　例如，在農業中，一種常見的共榮植物組合是辣椒、茄子、豆類、葫蘆科植物、瓜類、番茄等植物的組合。這些植物的種植相互有利，可以減少害蟲的侵害，提供陰影和保護，增加土壤肥力，並提高整體的農作物產量和品質。一般瓜果類根部附近種蔥可降低立枯病，而在作物行距大時（如玉米），其中間

可種生長期短的豆科作物，如此可增加收入，且豆科殘株可增加土壤有機質。此外，行間種植快速生長之綠肥，待綠肥約 30～40 公分高時青割掩埋，亦可提高土壤有機質。共榮植物的選擇和組合需要考慮植物之間的相互作用、生長需求和害蟲防治等因素，以獲得最佳的效益。

問答題

1.

請說明農業生態系統（agroecosystems）與天然生態系統（natural ecosystems）之差異性。

回答重點

　　農業生態系統與天然存在之生態系統其基本差異，在於作物生產者會影響作物田間之生態系統，最後改變此系統；而天然生態系統僅受到系統興旺當時環境之影響。天然生態系統基本上屬於封閉系統，植物生長所需因素，尤其是養分，在生態系統內可連續性再循環利用。雖然動物會從土地上移走一些植被，但也可能會將其排放之廢棄物質留下而進入生態系統中。

　　農業生態系統基本上屬於開放系統，作物生產者會從系統中移走作物產物，如穀粒或植物，而以施用土壤肥料形式加入植物養分資源於系統中。由於生產者以管理方式改變系統，所以基本上是屬於受管理的生態系統（managed ecosystem）。與天然生態系比較下，農業生態系之生產力較高、物種多樣性低、物種內之遺傳多樣性低、開放式養分循環、系統穩定性低、受人類高度控制、開花成熟等過程同步化、以及生態學上的成熟度非常不成熟。（參考王慶裕。2017。作物生產概論。）

　　農業生態系統（agroecosystems）和天然生態系統（natural ecosystems）之間存在著一些重要的差異性，主要涉及以下幾個方面：

1. 目的和管理：農業生態系統是經過人為設計和管理的，主要目的是生產農作物、畜牧產品和其他農業產品。農業生態系統的管理包括耕作、施肥、灌溉、

農藥使用等活動，旨在最大化生產效益。而天然生態系統是自然形成的，不受人為干預，其主要目的是維護生物多樣性、生態平衡和自然循環。

2. **物種組成和多樣性**：農業生態系統通常以單一或少數幾種經濟作物為主，其他物種的存在較少。這導致了物種多樣性的降低。相比之下，天然生態系統擁有更豐富的物種組成，包括各種植物、動物、微生物，形成了複雜的生態網絡。

3. **資源利用和能量流動**：農業生態系統通常專注於單一或有限的資源利用，如土壤、水、陽光。這些資源被優先分配給經濟作物的生長和發展。然而，在天然生態系統中，資源利用和能量流動更加多樣和複雜，不同物種之間通過食物鏈和生態互動進行能量和資源的傳遞與交換。

4. **生態服務**：天然生態系統提供了多種生態服務，如土壤保持、水資源調節、氣候調節、疾病調節和生物防治等。農業生態系統在一定程度上也提供一些生態服務，如糧食生產和部分資源保護，但相對於天然生態系統來說，其提供的生態服務較為有限。

總而言之，農業生態系統和天然生態系統之間的主要差異在於其目的、管理方式、物種組成、資源利用、提供的生態服務等方面。雖然農業生態系統是人類為了生產需求而創建和管理的，但仍然可以通過可持續農業實踐來減少對自然生態系統的負面影響，並最大程度地提供生態服務和資源保護。

◆ 名詞解釋 ◆

1. 間作（intercropping）

間作是一種農業種植方式，指的是在同一塊土地上同時種植兩種或多種不同種類的作物。這些不同的作物種植在相同的土地上，彼此之間形成緊密的混合種植模式，而不是像傳統的單作方式那樣將一整塊土地種植單一作物。

間作一般有主作物（main crop）和間作作物（intercrop）之分，如果園中常種植豆科作物、檳榔等，在主要作物兩旁栽種其他作物，可以減少病原和害蟲攻擊主要作物的機率，分散病蟲害的效應。

間作有很多不同的形式，取決於種植的作物種類、密度、布局。常見的間作方式包括：

(1) 隔行間作：在同一行種植兩種或多種作物，作物間的間距可以相等或不等。

(2) 輪作間作：輪流種植兩種或多種作物在同一塊土地上，通常在不同的季節或生長期進行轉換。

(3) 混合間作：將不同的作物混合在一起，形成混合種植的模式，這種方式可以提高土地的利用效率。

間作的好處包括：

(1) 土地的高效利用：經由間作，可以在同一塊土地上種植多種作物，充分利用土地資源，提高產量和收益。

(2) 減少病害和害蟲發生：不同種類的作物混合種植可以降低特定病害和害蟲的發生，減少病蟲害的傳播。

(3) 改善土壤生態系統：不同作物的根系結構和生長特性可以改善土壤結構和營養循環，促進土壤生態系統的健康發展。

(4) 提高農業生態系統的穩定性：當其中一種作物受到不利條件影響時，其他作物可以起到保護和補償作用，提高農業生態系統的穩定性。

然而，間作也需要謹慎規劃和管理，因為不同作物之間可能會競爭土壤、水分和營養等資源，適當的間距和布局是很重要的。成功的間作需要根據作物的特性、土壤條件、氣候等因素進行適當的選擇和組合。

2. 接替間作（relay intercropping）

　　接替間作是一種作物種植系統，其中不同作物在同一塊土地上按照特定的時間順序種植，使得作物之間能夠共享土地和資源，並在時間上實現連續生產。

　　在接替間作中，第一作（前作）和第二作（後作）被種植在同一塊土地上，但種植的時間不同。當第一作接近收穫期時，第二作已經開始種植，使土地上同時存在兩個不同作物。

　　這種種植方式具有幾個優點：

(1) 土地利用效率高：接替間作允許同一塊土地在一個種植季節中種植兩種不同的作物。這樣可以更有效地利用土地資源，提高土地的產出。

(2) 資源共享：第一作和第二作可以共享土地和其他資源，例如陽光、水分、養分。這有助於最大限度地提供資源並減少浪費。

(3) 多樣性和分散風險：接替間作提供了作物多樣性，這有助於減少單一作物失敗的風險。如果一個作物受到病害或災害的影響，另一個作物仍然可以繼續生長和生產。

(4) 環境效益：接替間作有助於保持土壤的健康和生態系統的平衡。它可以減少土壤侵蝕、提高土壤品質，並促進生物多樣性。

　　然而，接替間作也存在一些挑戰和限制，例如種植時間的協調、作物間的競爭、管理的複雜性等。因此，在實施接替間作時，農民需要仔細考慮不同作物之間的相容性和生長需求，並制定適當的管理策略。

　　接替間作是一種具有潛力的種植系統，可以提高土地利用效率、增加農產品多樣性，並為農民帶來經濟和環境效益。

3. 植冠結構（canopy structure）

　　植冠結構是指植物的地上部（shoot）結構，包括整個地上部之葉片、枝條、其他植物結構的分布和排列方式。植冠結構對於植物的生長和發育、光合作用效率、水分利用、營養吸收等具有重要影響。

　　以下是植冠結構的一些重要特徵：

(1) 高度：植物的高度是指植物的主幹或主要支幹的垂直延伸距離。植物的高度會影響到陽光的照射強度和風的影響。

(2) 密度：植物的植冠密度指的是植物在空間上的分布密集程度。植冠密度影響到光的穿透和到達植物下部的能量。

(3) 分枝結構：植物的分枝結構描述了植物枝條的分支方式和排列方式。分枝結構影響到植物的葉片分布、光的接收和水分的利用。

(4) 葉片特徵：葉片的大小、形狀、密度和排列方式也是植冠結構的重要特徵。這些特徵影響葉片的光合作用效率和水分利用效率。

(5) 植冠層次：植冠結構中存在著不同的層次，包括上層、中層、下層。每個層次的植物在光的利用、競爭、資源分配上可能存在差異。

　　植冠結構對於植物的生長和發育非常重要。適當的植冠結構可以最大程度地利用陽光和水分資源，提高光合作用效率和生產力。此外，植冠結構還可以影響風速和溫度的調節，對於植物的生理和生態環境具有調節作用。

　　植物種類、生長條件、生長階段等因素都會導致植冠結構的變化。了解和調整植冠結構可以幫助農業和林業管理者更好地管理植物生長和作物產量。例如，通過修剪、種植密度調節、選擇適合的品種，可以調整植冠結構，提高作物的光合作用效率和產量。

問答題

> **1.**
>
> 在作物播種之前整地，有利於種子發芽及幼苗生長，請詳述整地作業措施之益處。

　　整地是在作物播種之前對土地進行準備和處理的作業，此過程包括破碎土壤、改善土壤結構、清除雜草和植物殘渣等。整地作業對於種子發芽和幼苗生長有多方面的益處，以下是這些益處的詳細解釋：

1. **改善土壤結構**：整地作業可以打散土塊，減少土壤的密實程度，增加土壤孔隙度。這有助於改善土壤通氣性和排水性，使作物根部更容易穿透土壤，而有利於種子發芽和幼苗的生長。

2. **破碎土壤固結層**：有些土壤可能會因長期耕作或其他原因形成固結層，影響水分和根部的滲透。整地可以破碎這些固結層，改善土壤的透水性和滲透性，使水分和養分更容易被根部吸收。

3. **清除雜草和作物殘株**：整地可以將雜草和前一季的作物殘株清除，減少對新生

作物的競爭，防止雜草影響作物種子發芽和幼苗生長。

4. **增加土壤肥力**：在整地過程中，可以將有機質（如堆肥）混入土壤，提供作物所需的營養和養分。這有助於提高土壤肥力，促進作物種子發芽和幼苗的茁壯成長。

5. **平整土地**：整地可以使土地平整，確保作物種子能夠均勻分布在土壤表面，從而促進種子的發芽。

6. **預防病蟲害**：整地可以清除土壤表面的病原體和病蟲害、及其媒介物，減少作物病害的發生機會，保護幼苗免受病蟲侵害。

　　總之，整地作業是作物種植前的重要步驟，經由改善土壤結構、增加土壤肥力、清除雜草和作物殘株等措施，為作物種子發芽和幼苗的生長提供了良好的土壤條件。此有利於作物種子在播種後能夠順利發芽，並促進幼苗的健康成長。

> **2.**
>
> 請說明作畦栽培之原則及目的。

1. 作畦栽培的原則

(1) 畦排整齊均勻：栽種時將土地分成一排排的畦區，畦區之間保持一定的間距，以畦溝分隔，以確保植株有足夠的生長空間和光線。

(2) 保持排水良好：畦區之間的排水渠道（畦溝）應設計良好，應具高低落差，以確保雨水能夠迅速排走，避免土壤湛水或淹水現象。

(3) 有助於管理和操作：畦區的設計和排列有助於農民進行田間作業，如灌溉、施肥、除草等，使管理更加方便。

2. 作畦栽培的目的

(1) 提高土壤通風性和排水性：經由設立畦區，可以增加土壤的通風性和排水性，減少土壤壓實和積水，具有鬆土功能，有助於根系生長和根部呼吸。畦溝比畦面低至少 30 公分，較有助於排水。高畦可降低積水所造成的傷害與影響。

(2) 方便管理和操作：畦區的設計使農民可以更輕鬆地進行灌溉、施肥、除草等

作業，提高作業效率。畦溝可用於行走，避免栽培管理者直接踐踏栽培的土壤，加速土壤堅實。

(3) 減少水分損失：畦區的設計有助於控制水分流動，減少水分的流失，確保作物能夠充分吸收水分。

(4) 提高作物產量和品質：作畦栽培可以確保每株植物都有足夠的生長空間和光線，有利於植株生長和發育，從而提高作物的產量和品質。此外，作畦方便作物分類，休閒栽培可一畦一作物。

(5) 防止病蟲害擴散：畦區之間的空間可以降低病蟲害的擴散速度，有助於控制病蟲害的傳播。

　　總之，作畦栽培是一種有效的農田管理方式，通過合理設計和規劃，可以改善土壤環境、促進作物生長和產量，同時方便農民進行作業和管理。

> **3.**
>
> 請詳述作畦之目的，並比較畦作與平作之利弊。

　　通常作畦是將耕作土地作成栽種作物的平面與通道兩個部分；栽種的平面稱為畦面，通道部分稱為畦溝。畦面上的作物成為畦作，不作畦直接種植的成為平作。作畦時在耕地上挖出一條條長條形溝渠，用來隔開不同的作物行或種植區域。作畦的目的是為了有效地管理和栽培作物，提供良好的生長環境，同時便於農事作業的進行。

1. 通常在耕犁、耙平後，依作物的種類、栽培目的、土壤性質，將土面做成有利栽培的形狀；其目的係使作物根部發育良好、灌溉排水良好、土壤易於風化、增加作物吸收肥料的能力。

作畦的目的包括：

(1) 分隔行列：作畦可以將不同的作物行或種植區域分隔開來，避免混淆和交叉生長，方便作物管理。

(2) 灌溉排水：作畦可以調節土壤的水分和灌排水情況，避免淹水或缺水，保護作物避免遭遇淹水或乾旱逆境。

(3) 便於管理：作畦使得農民可以更輕鬆地進行農事管理工作，如翻耕、施肥、除草和收穫等。

(4) 提高通風性：作畦可以增加土壤表面積，促進土壤通風，有助於植物根系的呼吸和生長。

(5) 防止病蟲害擴散：作畦可以幫助隔離不同作物，減少病蟲害的擴散和傳播。

2. 畦作的利弊

(1) 優點：

　　a. 提高土壤通風性和排水性，有利於植物生長。

　　b. 方便作業管理，如施肥、除草、插秧等。

　　c. 可以防止不同作物之間的混淆和交叉生長。

　　d. 灌排水方便。

　　e. 有自然深耕的效果。

　　f. 晝夜溫差大，植物生長較佳。

(2) 缺點：

　　a. 耕作時需要略施力，增加勞動強度，所需勞力較多。

　　b. 可能需要更多的耕地，因為畦與畦之間需要保留一定的寬度。

　　c. 水分易於蒸散，須注意灌溉。

3. 平作的利弊

(1) 優點：

　　a. 耕作方便，不需特別耕畦，減少了耕作勞動強度。

　　b. 可以節省一些土地，因為不需要保留畦的寬度。

　　c. 土地能充分利用。

　　d. 適於農機具作業。

(2) 缺點：

　　a. 土壤通風性和排水較差，容易造成淹水逆境。

　　b. 管理作業相對較為困難，不利於施肥、除草和收穫作業。

　　c. 排水不良，土壤不易乾燥。

　　在實際應用中，農民會根據不同作物的特性、土地條件、自己的經驗來選擇適合的栽培方式，有時也會結合兩種方式進行栽培，以取得最好的栽培效果。

> **4.**
>
> 水旱田輪作是維持農業生態環境重要的一環，請回答下列相關問題：
> （一）列舉五種臺灣目前常見的水田作物。
> （二）水旱田輪作的優點。

（一）列舉五種臺灣目前常見的水田作物。

1. **水稻**（*Oryza sativa*）：水稻是臺灣最主要的水田作物，也是國人主食之一。臺灣栽培多種水稻品種，包括白米、糯米、香米等。

2. **蓮藕**（*Nelumbo nucifera*）：蓮藕是一種具有營養價值和經濟價值的水生植物，在臺灣的水田中也十分常見。蓮藕的蓮莖和蓮子都是受歡迎的食材，是一種具有食用價值的作物，其根莖被種植在水田中，常用於烹飪和製作各種料理。

3. **芋頭**（*Colocasia esculenta*）：芋頭是臺灣常見的根莖類水田作物，富含澱粉和營養，可用於多種料理。

4. **茭白筍**（*Zizania latifolia*）：茭白筍是一種水生作物，其茭白（即茭白筍的莖）是臺灣的美食之一。

5. **莧菜**（*Amaranthus* **spp.**）：莧菜是臺灣常見的蔬菜，特別是紅莧菜，在水田中種植並具有高營養價值。

（二）水旱田輪作的優點。

　　水旱田輪作是一種作物種植系統，其中水田和旱田在同一塊土地上進行交替種植。這種輪作方式具有以下優點：

1. **提高土壤健康**：水旱田輪作可以幫助改善土壤的結構和養分含量。在水田運作期間，灌溉和淹水有助於提供水分和養分，同時還可以減少土壤中的病蟲害。而在旱田運作期間，土壤可以充分通風，有助於改善土壤的排水和抗病能力。

2. **控制病蟲害和雜草**：水旱田輪作可以打破病蟲害和雜草的生長週期。在水田運

作期間，淹水可以抑制某些病蟲害的發生，並減少偏旱性（陸生）雜草的生長。在旱田運作期間，土壤的乾燥和農耕操作可以控制其他類型的病蟲害和雜草。

3. **提高作物產量和品質**：水旱田輪作可以有效地利用土地和資源，提高作物的產量和品質。水田運作期間，水稻等作物可以充分利用水分和養分，快速生長和發育。旱田運作期間，作物可以在較乾燥的環境中生長，有助於提高作物的品質。

4. **多樣性和營養平衡**：水旱田輪作可以增加作物的多樣性，有助於實現營養平衡。不同作物具有不同的營養需求和生長條件，輪作可以確保土壤中的養分得到均衡利用，減少單一作物耗盡土壤營養的風險。

5. **環境保護和永續性**：水旱田輪作可以幫助減少化肥和農藥的使用，減輕環境的負擔。其可提高土壤的健康狀態，降低農業汙染的風險，並促進農業的永續發展。

　　需要注意的是，水旱田輪作的成功還需考慮作物間的相容性、灌溉管理、作物輪作的時間和順序等因素。農民在實施水旱田輪作時，需要根據當地的土壤條件、氣候、作物需求制定適當的種植計畫。

5.

試說明作物輪作之優劣點。

　　作物輪作是指在同一塊土地上，按照一定的順序或週期，輪流種植不同的作物。這種栽培方式是傳統農業中常見的耕作方式之一，作物輪作可以有效控制作物害物（pest），包括病害、蟲害、草害，因為每一種作物相關之不同栽培作法都會改變各種害物之生命週期。

1. 優點

(1) 土壤改良：不同的作物對土壤的營養需求不同，輪作可以避免單一作物長期連作導致土壤中特定養分的耗盡，從而改善土壤肥力。輪作經由土壤管理方式也可有效維持作物產量，例如輪作有助於保持土壤中之有機質與氮素含

量，尤其豆科作物與固氮菌共生可增加土壤氮素。紫花苜蓿經過 2～3 年之旺盛生長，可提供後續玉米生長所需的基本氮素。輪作也可保護土壤免於風蝕與水蝕，尤其配合種植多年生作物更為有效。

因為不同作物自土壤中吸收帶走之養分不同，輪作有助於養分平衡而減少施用肥料，例如玉米屬於高氮肥作物，但紫花苜蓿可以增加土壤氮素。此外，作物根部生長習性不同也會改變每年自土壤吸收水分與養分之程度。

(2) 病蟲害防治：輪作可以打破病蟲害的連續發生週期，避免害蟲在連續生長的同種作物上大量繁殖，減少害蟲的發生和損害。作物輪作也可有效管理許多昆蟲與病害。昆蟲如蠐螬（white grubworms）與切根蟲（夜盜蛾；cutworms）會取食禾本科作物根部，而豆科作物則不利於這些昆蟲發育。玉米切根蟲在玉米連作下勢必會快速增加蟲口，若能採輪作制度則可有效控制蟲害。

藉由適當的輪作制度可以將所有疾病控制達相當程度，甚至有許多疾病也可以達到完全控制的效果。例如：藉由簡單地輪作不敏感作物，可以控制禾穀類作物之瘡痂病（scab）、小麥黑粉病（flag smut）、豆類作物之炭疽病與枯萎病（疫病）（anthracnose blight of beans）、棉花之德州根腐病（Texas root rot）。經常性的輪作是控制害物僅有的經濟方法。

(3) 雜草防治：作物輪作也是控制雜草的優良方法。在輪作制度下，約 1,200 種雜草物種中，僅有不到 30 種可以存活。每種作物均有其特別的生長習性與生命週期，若有與作物相當配合的雜草勢必造成很多問題。

利用每年改變栽培方式，種植不同作物即可擾亂雜草生命週期。例如：冬季一年生雜草野生芥菜與山羊草（goatgrass），會影響冬季一年生作物冬小麥與冬大麥生長。此情況若輪作夏季一年生作物，如玉米與大豆，則在初春時節正當冬季一年生雜草開花結實時進行整地與苗床準備工作，則可中斷雜草生命週期。

(4) 提高產量：輪作可以提高作物產量，因為不同作物的生長環境和養分需求不同，能夠更有效地利用土壤資源，提高土壤的綜合利用率。

(5) 多樣性：輪作增加了農作物的多樣性，有利於農產品的多樣性和食品安全。

(6) 市場風險分散：種植不同作物可以分散市場風險，降低單一作物的價格波動對農民收益的影響。

(7) 勞力分配較為平均：因為輪作制度種植不同作物，係每年在不同時間進行種植、栽培、施肥、灌溉與收穫等工作，也使得農場操作中之勞力分配較為平均。輪作制度與連作制度比較，通常前者所需之能量、肥料與勞力之投入較少。

(8) 生態效益：輪作有助於保護和改善農田的生態環境，促進生物多樣性。

2. 缺點

(1) 管理複雜：輪作需要農民合理安排作物的順序和種植時間，並對不同作物的管理方法和特性進行適應，管理複雜度較高。

(2) 技術要求高：不同作物的種植技術和管理方法各不相同，農民需要具備相應的知識和技能。

(3) 增加生產成本：當種植多種作物時必須考慮相關農業機械之需求，此種狀況會增加一些基本投資。

(4) 作物間競爭：不同作物在同一塊土地上種植可能會產生競爭，影響部分作物的生長和產量。

(5) 需要充足的土地：輪作需要有足夠的土地，以便適時轉換作物的種植，而不是長期種植同一種作物。

6.

請說明作物連作制度、其優劣點。並請說明何謂間作？及臺灣農地常用之間作方式。

---

1. 作物連作制度：是指在同一塊土地上連續種植同一種或相同類型的作物。

(1) 連作制度之優劣點：

　a. 優點：

　　(a) 作業簡便：由於連作時種植的作物相同，農民可以運用相同的種植技術和管理方法，減少農業勞動力成本。在外在投入（如肥料、農藥等）較

便宜的地方，當所種植之作物高產且非常適合當地之土壤與氣候時，連作制度通常有利可圖。因為僅需要一種機械，可降低生產者基本投資。

(b) 資源集中：連作可以集中資源，如水、肥料、農藥，對單一作物進行管理，更容易控制。由於僅種植一種作物，也使得生產者成為專家而獲得高產。

(c) 產量穩定：當選擇適合的連作作物時，有可能維持較穩定的產量，因為種植環境和管理方法相對穩定。

b. 缺點：

(a) 病蟲害易發：連作可能導致土壤中特定病原體和害蟲的累積，增加作物罹患病蟲害的風險，降低產量。

(b) 草害易發：連作可能導致雜草世代交替，增加雜草與作物競爭的風險，降低作物產量。

(c) 剋他物質累積：作物可能產生之相剋物質累積，造成作物生育不良及生產力減退。

(d) 土壤營養耗盡：同一種或相同類型的作物連續種植會使土壤中特定營養元素耗盡，影響作物的生長和產量。連作制度下，因作物連續大量消耗相同肥料，必須增加施肥。

(e) 土壤退化：連作可能導致土壤退化，降低土壤的肥力，最終影響農作物的生長和產量。

(f) 水土流失：在坡地上種植行栽連作也會增加水土流失之風險，尤其作物殘株小型如大豆。

連作之弊害程度依作物種類、土壤質地而異，一般禾木科、十字花科、百合科、繖形科等作物較耐連作。豆科、菊科、葫蘆科等作物則不宜連作。又深根性作物比淺根性作物連作之害處大，因前者易使土壤肥力逐漸降低。夏季作物較冬季作物忌連作，此因作物在夏季高溫所形成之有害物質較多，且病蟲害容易蔓延所致。土壤質地以砂質土連作之害處較小，黏土或腐植土較大。

連作雖有許多弊害，但在某些作物生產上仍為目前最盛行之栽培制度。其原因是：(a) 為重要的糧食作物或其經濟價值大，其他作物難以代替者，如臺灣國

內種植之水稻；(b) 連作可提高品質者，如菸草、棉等；(c) 栽培技術的進步可減少連作之不利，且可獲得厚利者。

作物依其耐連作之性質可分為六類，包括：(a) 連作可提高產品品質之作物，如大麻、菸草、棉、甘蔗、洋蔥、南瓜；(b) 連作危害較少之作物，如稻、麥類、玉米、小米、甘藍、花椰菜；(c) 需間隔一年才可在原地栽培的作物，如蔥、菠菜、大豆；(d) 需間隔二年才可在原地栽培的作物，如馬鈴薯、蠶豆、落花生、胡瓜；(e) 需間隔三年才可在原地栽培的作物，如番茄、青椒；(f) 需間隔五年才可在原地栽培的作物，如西瓜、茄子、豌豆。

2. **間作**：即在相同田區同時種植兩種以上不同作物之生產方式，通常這些作物以交替行（alternating rows）或行組（groups of rows）方式種植，以配合農機操作。例如在玉米種植行之間交替種植大豆即為間作。由於不同作物彼此互補，若能適當地選擇作物與管理，可使土地利用獲得最大生產力。例如大豆與玉米間作，大豆可以提供氮素給玉米，而玉米可使大豆避免熱與風之傷害。

間作有主作物（main crop）及間作物（inter crop）之分，此與混作不同。例如在甘蔗行間種植花生，則甘蔗為主作物，花生為間作物。間作後若二種作物之生長狀態難有主副之分時，則亦可視為混作或伴作（companion cropping）。此外，在前作未收穫而後作急待播種時，乃將後作播種於前作行間，亦為間作之一種，譬如臺灣過去曾盛行之稻田糊仔栽培（relay planting）。

糊仔栽培之「糊仔」一詞為臺灣農家用語，形容農作物的種苗種植於糊狀之泥土上。糊仔栽培指水稻未成熟收穫前，於稻株行間先行種植其他作物，待水稻收穫後，行間所種植之作物已長成相當大之植株。

糊仔栽培為臺灣水田冬季裡作所常用之栽培方法，其目的是在不妨礙水稻生育的前提下，使後作能趕上播種期。此種栽培方式過去在臺灣國內曾盛極一時，其中以糊仔甘藷及糊仔甘蔗最為普遍。唯糊仔栽培頗為費工，近年工資高漲，故已少見。一般所稱之「relay planting」是泛指前作（不論何種作物，但糊仔栽培指的是水稻）未成熟收穫前，在其行間栽培其他作物之意，糊仔栽培是其中之一種，也都是間作的一種形式。

田間種植數種不同類型作物，較之僅有一種作物之單作方式，可提供較為穩定

之生態系統。若能有適當之安排設計，每種作物類型將可填充特定的生態區位（ecological niche），且可以降低物種間競爭。雖然在複作制度下每種作物之產量低於單作下之產量，但整個田間之總產量可望增加。

間作制度實施的國家必須考慮農機與人力因素，如美國因大面積作物以農機收穫，故幾乎沒有間作制度。然而，在人力資源充沛之國家，則可採用間作制度，順利完成收穫與分類作物。

7.

請說明何謂間作（intercropping）？何謂糊仔栽培？

間作即在相同田區同時種植兩種以上不同作物之生產方式，通常這些作物以交替行、或行組方式種植，以配合農機操作。例如在玉米種植行之間交替種植大豆即為間作。由於不同作物彼此互補，若能適當地選擇作物與管理，可使土地利用獲得最大生產力。例如大豆與玉米間作，大豆可以提供氮素給玉米，而玉米則可使大豆避免熱與風之傷害。

間作有主作物及間作物之分，此與混作不同。例如在甘蔗行間種植花生，則甘蔗為主作物，花生為間作物。間作後若二種作物之生長狀態難有主副之分時，則亦可視為混作、或伴作。此外，在前作未收穫而後作急待播種時，乃將後作播種於前作行間，亦為間作之一種，例如臺灣過去曾盛行之稻田糊仔栽培（relay planting）。

糊仔栽培之「糊仔」一詞為臺灣農家用語，形容農作物的種苗種植於糊狀之泥土上。糊仔栽培指水稻未成熟收穫前，於稻株行間先行種植其他作物，待水稻收穫後，行間所種植之作物已長成相當大之植株。糊仔栽培為臺灣水田冬季裡作所常用之栽培方法，其目的是在不妨礙水稻生育的前提下，使後作能趕上播種期。此種栽培方式過去在臺灣國內曾盛極一時，其中以糊仔甘藷及糊仔甘蔗最為普遍。唯糊仔栽培頗為費工，因工資高漲，故已少見。一般所稱之「relay planting」是泛指前作（不論何種作物，但糊仔栽培指的是水稻）未成熟收穫前，在其行間栽培其他作物之意，糊仔栽培是其中之一種，也都是間作的一種形式。

　　田間種植數種不同類型作物，較之僅有一種作物之單作方式，可提供較為穩定之生態系統。若能有適當之安排設計，每種作物類型將可填充特定的生態區位，且可以降低物種間競爭。雖然在複作制度下每種作物之產量低於單作下之產量，但整個田間之總產量可望增加。

　　間作制度實施的國家必須考慮農機與人力因素，如美國因大面積作物以農機收種，故幾乎沒有間作制度。然而，在人力資源充沛之國家，則可採用間作制度，順利完成收穫與分類作物。

8.

何謂連作（continuous cropping）？不當連作易引起那些作物生長障礙？

　　連作是指在同一塊土地上連續種植相同的作物多年而不輪作其他作物或休耕。此種耕作方式在一段時間內可能會提高特定作物的產量，但長期而言，會對土壤和作物生長造成不良影響。過去由於非豆科作物連續耕作，導致地力減退，產量低落。化學肥料價格便宜後，連作才可能繼續實施。

　　連作障礙（soil sickness, sick soil），意指生病的土壤，是指在一塊土地上連續種植某種作物一段時間後，即使在正常管理的情況下，亦出現作物生長與發育不良、品質與產量下降的現象稱之。造成此現象之原因，包括：養分失衡或供應不足、土壤酸度增加、缺乏氮素、鹽分累積、剋他作用、土壤中有機腐植質減少、土壤物理性破壞、病原菌及線蟲增加等因素。

　　不當的連作容易引起以下作物生長障礙：

1. **土壤退化**：連作會導致土壤中特定養分的過度耗盡，使土壤貧瘠化。連續種植同一種作物會消耗特定養分，而且可能增加特定病害和害蟲的發生。例如禾本科作物多為好氮肥作物，需要施用足量氮肥。

2. **病蟲害增加**：連作容易使特定病害和害蟲在土壤中累積，並增加其發生的風險。當相同或相近的作物連續種植時，病原體和害蟲有機會在土壤中持續存在，並在下一期作中傳染到新的植物。

3. **病蟲害抗性下降**：連作可能使作物對特定病害和害蟲的抵抗力下降。當作物連

續種植時，它們在面對特定病原體和害蟲時沒有機會發展新的抗性，這會使得作物更容易受到感染和損害。

4. **生長不良**：連作可能導致作物的生長不良和產量下降。由於土壤養分的缺乏或失衡、病蟲害的侵害，作物可能無法獲得足夠的營養和水分，影響其正常生長和發育。

　　為了解決連作對土壤和作物的不良影響，農民應該採取輪作和休耕等措施，適時更換作物，恢復土壤的健康狀態，並保證作物的良好生長。輪作可以幫助平衡土壤養分，減少特定病害和害蟲的發生，提高作物的抵抗力，有助於可持續的農業發展。

　　連作常發生作物的生長不良或缺株的問題，甚至施肥也不能完全改善，常見如幼苗的枯萎及爛根、生長點或新生枝葉不正常或不能伸展，有的則引起病害且枯死等問題。連作的土壤問題發生依作物的種類、土壤、氣候、栽培管理的差異，其嚴重程度不同。有些作物只要連作一次，就有生長不良的問題，例如薑、綠豆、西瓜、青椒、番茄、多年生的蘆筍、桃、蘋果等，尤其是桃及蘋果在原先老株之位置再種植新株時，就有嚴重之缺株問題。而有些作物是需經多次連作才會出現連作之土壤問題，例如許多的蔬菜，如十字花科類，連作數年後即有明顯問題發生。

9.

臺灣水稻栽培多行連作，請詳述連作栽培方式有何優缺點？

　　水稻在臺灣通常採用連作的栽培方式，即在同一塊土地上連續種植水稻。此種栽培方式有其優點，但同時也存在一些缺點。

1. **優點**

(1) 較高的生產效率：連作栽培可以充分利用土地，連續種植水稻可縮短換作的間隔時間，從而增加水稻的生產效率。

(2) 簡便易行：連作栽培相對簡單，農民能夠更加熟悉水稻特定的栽培方法，減少轉換其他作物時所帶來的調整成本。

(3) 適應環境：水稻在臺灣的氣候和土壤條件下，適合連續栽培，農民對於栽培水稻的經驗也更為豐富。

(4) 生產穩定：連作栽培有助於水稻生產的穩定性，減少了因為轉換其他作物而引起的不確定性。

2. 缺點

(1) 土壤資源枯竭：連作栽培容易導致土壤資源的枯竭，因為水稻連續種植會增加特定營養元素的耗損，使土壤貧瘠。

(2) 病蟲害增加：連作栽培容易導致病蟲害的增加。某些水稻病害或蟲害會在連續種植的環境下持續存在，增加發生的風險。

(3) 產量下降：由於土壤資源枯竭和病蟲害問題，連作栽培可能會導致水稻產量下降，並影響作物品質。

(4) 土壤肥力不平衡：連作栽培可能使土壤中特定營養元素的含量過高或過低，影響作物的生長。

　　為了克服連作栽培的缺點，農民可以採取一些措施，如適當施肥、合理輪作、使用耐受病蟲害之品種、進行有機栽培等，來保護土壤資源，增加產量並減少病蟲害的發生。此外，定期進行土壤檢測，了解土壤的養分情況，也是保持土壤肥力和作物健康的重要措施。

10.

何謂「連作制度」？請說明其優劣點。

　　連續栽種作物（連作）制度，意即在相同土地上一年接著一年僅種植一種作物，亦稱為「單作制度」（monoculture system）。連作與輪作相對立，在能源投入較便宜之企業化農耕中，連作制度屬於占優勢之耕作制度。若是土壤能藉由適當的施肥與水土保持以維持生產力，則連作有可能維持高產。連作係根據當地自然環境、農場大小、市場供需、經營利潤等，將耕地栽培作物之方式做適當的安排，逐漸形成的一種栽培制度。

　　在外在投入（如肥料、農藥等）較便宜的地方，當所種植之作物高產且非常

適合當地之土壤與氣候時，連作制度通常有利可圖。因為僅需要一種機械可降低生產者基本投資。由於僅種植一種作物，也使得生產者成為專家而獲得高產。而連作的大缺點是增加雜草、病蟲害而影響作物生長，雖然連作可以獲得最大的收益，但往往會受到一些病蟲害影響而無法採用此種栽培制度。

在坡地上種植行栽連作也會增加水土流失之風險，尤其作物殘株小型如大豆。在此連作制度下，因作物連續大量消耗相同肥料，必須增加施肥。因此，在連作制度下除非在良好管理下增加投入，否則將造成減產與減少收益。

對農民而言，連作可熟悉該作物的栽培技術，但易發生種種弊害，如土壤養分偏失，作物產生之相剋物質累積，造成作物生育不良及生產力減退、病蟲害之發生增加、影響作物之收量與品質等。連作之弊害程度依作物種類、土壤質地而異，一般禾木科、十字花科、百合科、繖形科等作物較耐連作。豆科、菊科、葫蘆科等作物則不宜連作。又深根性作物比淺根性作物連作之害處較大，此因前者易使土壤肥力逐漸降低。夏季作物較冬季作物忌連作，此因作物在夏季高溫所形成之有害物質較多，且病蟲害容易蔓延所致。土壤質地以砂質土連作之害處較小，黏土或腐植土較大。

連作雖有許多弊害，但在某些作物生產上仍為目前最盛行之栽培制度。其原因是：
1. 為重要的糧食作物或其經濟價值大，其他作物難以代替者，如臺灣國內種植之水稻。
2. 連作可提高品質者，如菸草、棉等。
3. 栽培技術的進步可減少連作之不利，且可獲得厚利者。

作物依其耐連作之性質可分為六類，包括：
1. 連作可提高產品品質之作物，如大麻、菸草、棉、甘蔗、洋蔥、南瓜。
2. 連作危害較少之作物，如稻、麥類、玉米、小米、甘藍、花椰菜。
3. 需間隔一年才可在原地栽培的作物，如蔥、菠菜、大豆。
4. 需間隔二年才可在原地栽培的作物，如馬鈴薯、蠶豆、落花生、胡瓜。
5. 需間隔三年才可在原地栽培的作物，如番茄、青椒。

6. 需間隔五年才可在原地栽培的作物，如西瓜、茄子、豌豆。

11.

何謂混作與間作栽培？說明兩種栽培制度之差異及優缺點，並舉出混作與間作栽培最佳組合一種。

　　混作（intercropping）和間作（interplanting）都是農作物生產中的栽培制度，用以描述在同一塊土地上種植兩種或多種不同的作物，以達到增加生產效益、節省土地和資源的目的。儘管這兩種制度相似，但其在作物排列和組合方面仍存在一些差異。

1. **混作**：在同一塊耕地上，同時栽培兩種以上的作物，且作物彼此間並無主副之別者，稱爲混作（mixed cropping）。例如歐美國家許多牧場常採用豆科牧草和禾本科牧草混作。混作其實也是間作的一種方式，又稱爲混合間作（mixed intercropping，混種）；或直接稱爲混作（mixed cropping），係指數種作物不分行列種在同一塊田。另對於生育季節要求條件相近的兩種或多種作物，在同一塊農地上按一定比例混合種植的方式，稱爲混作。

   混作通常是在植株高度差異較大、或採收時間不同的作物間爲之，例如東南亞可可椰子田區間作萬壽菊，以減少地下線蟲危害，就採混合間作模式。混合間作不需設置行列，非常省工，但在採收時常因作物混雜不利田間操作，故在蔬菜作物少用。

2. **間作**：間作即在相同田區同時種植兩種以上不同作物之生產方式，通常這些作物以交替行或行組方式種植，以配合農機操作。例如在玉米種植行之間交替種植大豆即爲間作。由於不同作物彼此互補，若能適當地選擇作物與管理措施，可使土地利用獲得最大生產力。例如大豆與玉米間作，大豆可以提供氮素給玉米，而玉米則可使大豆避免熱與風之傷害。

   一般而言，間作作物最好有生育條件相近、病蟲害不同等特性；如果植株型態高低差異較大，不僅不會互相影響空間利用及光線照射，甚至有互利的情形，更是間作的極佳搭檔。間作作物是指可以在主要作物的間隙種植的快速成長作

物，通常被用作綠肥，當然，也可以兩種作物兼收，例如棉花與花生間種等。

3. **混作與間作的差異**：間作有主作物及間作物之分，此與混作不同。例如在甘蔗行間種植花生，則甘蔗為主作物，花生為間作物。間作後若二種作物之生長狀態難有主副之分時，則亦可視為混作或伴作。此外，在前作未收穫而後作急待播種時，乃將後作播種於前作行間，亦為間作之一種，譬如臺灣過去曾盛行之稻田糊仔栽培。

間作制度實施的國家必須考慮農機與人力因素，如美國因大面積作物以農機收穫，故幾乎沒有間作制度。然而，在人力資源充沛之國家，則可採用間作制度，順利完成收穫與分類作物。（參考王慶裕。2017。作物生產概論，第6章。）

4. **混作與間作的優缺點**：田間種植數種不同類型作物如間作或混作，較之僅有一種作物之單作方式，可提供較為穩定之生態系統。若能有適當之安排設計，每種作物類型將可填充特定的生態區位，且可以降低物種間競爭。雖然在複作制度下每種作物之產量低於單作下之產量，但整個田間之總產量可望增加。

(1) 混作的優點：

　　a. 不需設置行列，非常省工。

　　b. 提高光合與土地利用效率，充分利用空間。

　　c. 在人力資源充沛之國家，有利於採用此制度。

　　d. 降低害蟲和病害的機會，有助於生態平衡。若選用耐旱、耐淹、耐貧瘠、抗性強的作物組合時，還能減輕自然災害和病蟲害的損失，達到穩定產量之效果。

　　e. 增加生產多樣性，減少風險，因為不同作物的生長狀況可能不同。

(2) 混作的缺點：

　　a. 在採收時常因作物混雜不利田間操作，故在蔬菜作物少用。

　　b. 需要更精細的管理，因為不同作物有不同的生長要求。

　　c. 某些作物可能會競爭資源，影響生長和產量。混作會造成作物互相爭奪光照、水分、養分，而且田間管理不便，不符合高產栽培的要求。

　　d. 必須考慮農機與人力因素，大面積作物以農機收穫時，幾乎無此制度。

(3) 間作的優點：（因混作也是間作之一種，故間作優點中也包含混作部分優點）

　　　　a. 提高土地利用效率之外，植冠高度分層，選擇高矮不同的農作物間作，可能提高光的利用率，充分利用空間。

　　　　b. 透過耕作面積降低與合理的作物空間配置，可減少人力移動及裸露空間的雜草防治。

　　　　c. 根系的差異可以提高土壤養分與水分的利用。

　　　　d. 與混作相較，間作更容易管理，因爲每種作物都有較大的種植區域。

　　　　e. 可以針對每種作物的特定需求進行管理，提高產量和品質。

　　　　f. 減少病蟲害，降低農藥使用。例如玉米間種南瓜，南瓜花蜜能引誘玉米螟的寄生性天敵黑卵蜂，藉由黑卵蜂的寄生作用，可以有效地減輕玉米螟的危害。例如玉米間作白菜，由於田間氣溫比淨種田降低 0.5℃ 左右，地面溫度降低 2℃ 左右，可使白菜毒素病減少 20% 以上，白斑病減少 15% 以上，白菜軟腐病、霜霉病的發生也明顯減輕。

　　　　g. 在人力資源充沛之國家，有利於採用此間作制度。

　　　　h. 抗逆境能力的不同，可以增加作物收穫的穩定性。

　　　　i. 減少單一作物因不良氣候等因素減產風險。

　　　　j. 間作常使用的豆科作物，充分利用其固氮能力，不會與另一作物搶奪土壤中的氮肥，更能增加氮肥。

(4) 間作的缺點：（因混作也是間作之一種，故間作缺點中也包含混作部分缺點）

　　　　a. 矮性作物有被遮蔭的風險。

　　　　b. 水分或養分吸收能力弱的作物有減產的風險。

　　　　c. 某些作物可能釋出毒素，影響其他作物，即剋他作用（allelopathy）。

　　　　d. 必須考慮農機與人力因素，大面積作物以農機收穫時，幾乎無此制度。

　　　　e. 不同作物之間也常存在著對陽光、水分、養分等的激烈競爭，因此對株型高矮不一、生育期長短不同的作物進行合理搭配，及調整種植行距，有助於提高間作效果。

5. **混作與間作栽培最佳組合範例**：混作和間作栽培的最佳組合作物範例取決於多種因素，包括地區的氣候、土壤類型、農民的生產目標。以下是一些可能的混作和間作栽培的最佳組合作物範例：

(1) 混作的最佳組合作物範例：

 a. 玉米和豆科植物（例如大豆）：玉米和豆科植物混作是一個常見的組合。豆科植物可以固定氮，改善土壤品質，同時提供額外的生長空間和降低病蟲害風險。

 b. 蔬菜和香草：在蔬菜床中混種不同的蔬菜和香草，有助於提高土壤生態系統的多樣性，同時也可以減少特定病蟲害的風險。

 c. 小麥和紅蔥頭：這種組合可以提高土壤的生育能力，同時還能在同一塊土地上種植兩種不同的作物。

(2) 間作栽培的最佳組合作物範例：

間作作物的選擇最好依下列原則來篩選：

 a. 高莖作物與矮莖作物。

 b. 深根性與淺根性作物。

 c. 需氮肥與不需氮肥作物。

 d. 無相似病蟲害。

 e. 間作作物最好有生育條件相近、病蟲害不同等特性。

  (a) 玉米和大豆：這是一個經典的間作栽培組合，玉米和大豆的生長週期相對不同，有助於資源的有效利用，並提高土壤的健康。

  (b) 小麥和甘藍：小麥和甘藍的組合有助於土壤的肥沃度，而且它們的生長習性互補。

  (c) 馬鈴薯和胡蘿蔔：馬鈴薯和胡蘿蔔的間作栽培可以減少害蟲的侵害，因其有不同的害蟲敏感度。

糊仔栽培也是間作栽培案例，即水稻未成熟收穫前，於稻株行間先行種植其他作物，待水稻收穫後，行間所種植之作物已長成相當大之植株。糊仔栽培為臺灣水田冬季裡作所常用之栽培方法，其目的是在不妨礙水稻生育的前提下，使後作能趕上播種期。此種栽培方式過去在臺灣國內曾盛極一時，其中以糊仔甘藷及糊仔甘蔗最為普遍。唯糊仔栽培頗為費工，近年工資高漲，故已少見。一般所稱之「relay planting」是泛指前作（不論何種作物，但糊仔栽培指的是水稻）未成熟收穫前，在其行間栽培其他作物之意，糊仔栽培是其中之一種，也

都是間作的一種形式。

12.

試述因應水資源匱乏的節水栽培技術及其有效評估指標。

　　因應水資源匱乏，節水栽培技術是一種有效的方法，可以減少水的使用量並提高水資源的利用效率。常見的節水栽培技術及其有效評估指標如下：

1. **滴灌系統**：滴灌是一種節水灌溉技術，通過在植物根系附近滴送水分，使植物可以有效地吸收。評估指標可以包括滴灌系統的灌溉效率、水分利用效率和灌溉均勻性。

2. **微灌系統**：微灌包括滴灌和噴灌等技術，以微小的水滴或細小的噴霧方式供應水分。評估指標可以包括灌溉均勻性、水分利用效率、減少水分損失的程度。

3. **雨水蒐集和貯存**：蒐集雨水是一種有效的水資源利用方式，可以用於灌溉和植物的水需求。評估指標可以包括雨水蒐集系統的容量、蒐集效率、利用率。

4. **覆蓋和保護層**：使用覆蓋物或保護層可以減少土壤水分的蒸發和水分流失，提供土壤保溼和節水效果。評估指標可以包括土壤水分保持率、水分蒸發減少率、保護層的持久性。

5. **植物選擇和管理**：選擇耐旱性較強的植物品種，並進行良好的植物管理，可以減少對水的需求。評估指標可以包括植物的水分利用效率、抗旱性、生長狀態。

　　有效評估節水栽培技術的指標可以包括水分利用效率（水分輸入和作物產量的關係）、灌溉效率（灌溉水量和作物水需求的關係）、灌溉均勻性（灌溉水分在田區內的分布均勻性）、土壤水分保持率（土壤中的有效水分保存程度）、水分利用率（作物對供應的水分的利用效率）等。這些評估指標可以幫助農業生產者評估節水栽培技術的效果，並根據需要調整灌溉管理策略和栽培方式，以最大程度地節省水資源並維持良好的作物生產。

13.

試述根莖類作物高畦栽培、甘蔗增加種植密度、菸草摘心等三項栽培技術目的為何？

　　根莖類作物高畦栽培、甘蔗增加種植密度、菸草摘心是三種常見的栽培技術，各自有不同的目的：

1. **根莖類作物高畦栽培**：根莖類作物（如馬鈴薯、甜菜、蘆筍等）的高畦栽培是將土壤堆高，形成畦頭的種植方式。這種栽培技術的目的主要有兩個：一是增加土壤的排水性，防止根莖類作物的根系遭受過度溼潤而容易腐爛；二是便於根莖類作物的生長管理，包括施肥、除草、病蟲害防治等。高畦栽培可以提高根莖類作物的生長環境，促進根系生長和空氣流通，有助於提高作物品質和產量。

2. **甘蔗增加種植密度**：甘蔗是一種經濟作物，增加種植密度的目的是為了提高單位面積的產量。藉由增加甘蔗的種植密度，可以有效利用土地資源，節省土地資源、提高甘蔗的光合作用總量，增加葉片面積、光能的捕獲量。這樣可以增加甘蔗的生物量累積和糖分產量，提高甘蔗的經濟效益。此外，密植可以減少土壤表面的陽光曝露，從而抑制雜草的生長。

3. **菸草摘心**：菸草摘心是指去除菸草植株的頂端部分，也稱為脫頂（去頂）。此栽培技術主要目的是促進側枝的生長和發育，提高菸草的葉片產量和品質。經由摘心作業，能夠適度控制菸草植株的生長，使光合產物和營養資源集中分配到側枝和葉片的發育，增加葉片的大小和數量，提高菸草的產量和葉片的化學成分。此外，菸草摘心還有助於改善菸草的通風情況和減少病蟲害的發生。

　　這些栽培技術的目的是根據不同作物的特性和栽培需求，以提高產量、品質、經濟效益或病蟲害管理等方面的效果。

14.

請說明氣候暖化對臺灣糧食生產的影響，以及因應對策。

氣候暖化對臺灣的糧食生產產生了多重影響，包括以下幾個方面：

1. **水資源不足**：氣候變暖導致降水不穩定和乾旱頻發，影響了灌溉水源的供應。臺灣是一個水資源相對有限的國家，乾旱對於農業生產的影響特別明顯，尤其是水稻等高水需求的作物。

2. **氣溫升高**：氣候暖化使得臺灣的氣溫升高，對一些作物的生長和產量產生了不利影響。高溫對於作物的花期、授粉、果實發育等過程有不利影響，可能導致減產或品質下降。

3. **病蟲害增加**：氣候變暖會增加病蟲害的發生和傳播。某些病蟲害的生命週期加快，繁殖速度加快，對作物造成更大的威脅。這對農業生產造成了重大挑戰，需要加強病蟲害監測和防治措施。

為應對氣候變化對臺灣糧食生產的影響，可以採取以下對策：

1. **水資源管理**：加強水資源的管理和節約利用，包括改進灌溉系統、提高水資源利用效率、發展雨水蒐集和貯存系統等，以確保農業用水的供應。

2. **品種適應性**：選擇和培育適應性強、抗旱、耐高溫的作物品種，提高作物對氣候變化的適應能力。這包括選育耐旱品種、提高作物耐熱性、推廣適應性強的作物品種等。

3. **病蟲害管理**：加強病蟲害監測和預警系統，及時採取防治措施。這可以包括推廣生物防治、合理使用農藥、增強作物的免疫力等方法，以減少病蟲害對作物的損害。

4. **氣候智慧農業技術**：應用氣象資訊、遙感技術、大數據等技術手段，實現精準農業管理，優化農業生產管理，提高作物生長效率和產量，減少資源浪費。

5. **農業多樣性和生態系統保護**：推廣多樣性農業，增加農作物品種多樣性，減少對單一作物的依賴。同時，保護農業生態系統，維護生物多樣性，促進生態系統的穩定和恢復能力。

　　這些對策的實施需要政府、農民和相關機構的共同努力和合作，以確保臺灣的糧食生產能夠適應和應對氣候變化的挑戰。

15.

請詳述植物組織培養定義及利用植物組織培養技術應用於種苗量產之優點？

　　植物組織培養是一種在無菌條件下培養植物組織或器官的技術，通常使用人工營養基質和植物激素（生長調節劑）來促進植物組織的生長和分化。植物組織培養可以涉及幾種不同的技術，包括培養胚、培養芽體、培養根、培養癒傷組織等。

　　利用植物組織培養技術進行種苗量產有以下優點：

1. **大量繁殖**：植物組織培養可以在相對較短的時間內大量繁殖植物材料，快速增殖大量的種苗。這對於大規模生產種苗、或需要大量繁殖特定品種的植物來說非常有價值。

2. **無性繁殖**：植物組織培養是無性繁殖的一種方法，可確保繁殖後的種苗和母本植株具有相同的遺傳特性。這對於保留和傳遞特定品種的優良性狀非常重要，特別是在農藝和園藝作物的改良和保存中。

3. **控制病原體**：植物組織培養過程在無菌條件下進行，可以有效控制病原體的傳播。這對於繁殖來自病毒感染或其他病原體的植物種材非常重要，以確保繁殖後的植物健康和生長良好。例如馬鈴薯無病毒種苗繁殖。

4. **節省空間**：植物組織培養可以在較小的空間中進行，相比於傳統的苗床和溫室栽培，可以節省大量的土地和資源。這對於有限的土地資源或城市農業來說特別重要。

5. **保存品種**：植物組織培養技術可以用於保存和繁殖瀕危物種、珍稀品種、遺傳多樣性資源。這有助於保護和保存生物多樣性，並促進種源的可持續利用。

　　整體而言，植物組織培養技術的應用在種苗量產方面具有高效、快速、無病原體、遺傳穩定等優點，為農藝、園藝、植物保育等領域提供了一種重要的繁殖工具。

16.

何謂單作栽培（monoculture）、單期作（single cropping）、雙期作
（double cropping）？（參考王慶裕。2017。作物生產概論，第六章。）

單作栽培（monoculture）、單期作（single cropping）、雙期作（double
cropping）是三種不同的農作物種植方式。

1. **單作栽培（monoculture）**：單作栽培是指在一個特定區域或田地中，只種植
一種單一作物的種植方式，此種栽培方式通常用於大規模的農業生產，專注於
種植一種主要作物。優點是能夠集中資源和管理，提高生產效率，簡化管理，
利於大規模收穫和加工。然而，過度的單作栽培易導致土壤貧瘠、病蟲害發生
等問題，進而影響作物產量和品質。

補 充 說 明

　　單作制度（monoculture system）則是指一套關於單作栽培的規劃
和管理體系，包括種植、施肥、病蟲害防治、灌溉等相關作業的方式和方
法。這是一種更廣義的概念，涉及到在單作栽培狀況下所應用的整套管理措
施。這些措施旨在最大限度地提高單一作物的生產效率和品質，同時減少潛
在的病蟲害和營養缺乏的問題。在單作制度中，農民會根據特定單一作物的
生長特性和要求，選擇合適的栽培方法，並採取適當的管理措施。
　　簡言之，「單作」是指單一作物的種植方式，而「單作制度」則是指針
對單一作物所採取的整套規劃和管理體系。單作制度旨在最大化單一作物的
生產效率和品質，同時嘗試減輕可能帶來的問題。

---

2. **單期作（single cropping）**：單期作是指在同一塊農地上一年只種植一次作物
者，又稱為一年一作，例如水稻栽培在臺灣北部多行「單期作」，之後同一農
地不再種植其他作物。通常水田較常見單期作，而旱田則較常見雙期作。

3. **雙期作（Double cropping）**：雙期作則指在同一塊農地上一年種植二次作物
者，包括相同或不同作物，例如臺灣中南部水稻栽培多行此雙期作，甚至早期
在屏東地區施行三期作。旱田如為雙期作，通常多季種植麥類、油菜，夏季種

植大豆、玉米、落花生、甘藷。同時所採用之作物品種多為生育期較短之早熟品種。一般而言，臺灣氣候全年溫暖、雨水充沛、且灌溉系統健全，具備雙期作之環境條件。雙期作常見一年有兩期作之水稻栽培、或是一期水稻一期雜糧，有時候尚配合冬季裡作，合計三期作。

　　施行單期作或雙期作之決定因素，除了氣候環境之季節性變化因素之外，也包括農村勞力、農產品價格、灌溉、雨季等因素。

17.

何謂糊仔栽培與宿根栽培？說明兩種栽培法之優缺點。（參考王慶裕。2017。作物生產概論，第6、20章。）

---

1. 糊仔栽培（relay planting）之「糊仔」一詞為臺灣農家用語，形容農作物的種苗種植於糊狀之泥土上。糊仔栽培指水稻未成熟收穫前，於稻株行間先行種植其他作物，待水稻收穫後，行間所種植之作物已長成相當大之植株。

糊仔栽培為臺灣水田冬季裡作所常用之栽培方法，其目的是在不妨礙水稻生育的前提下，使後作能趕上播種期。此種栽培方式過去在臺灣國內曾盛極一時，其中以糊仔甘藷及糊仔甘蔗最為普遍。一般所稱之「relay planting」是泛指前作（不論何種作物，但糊仔栽培指的是水稻）未成熟收穫前，在其行間栽培其他作物之意，糊仔栽培是其中之一種，也都是間作的一種形式。糊仔栽培目的是在不妨害水稻生育的前提下，使後作能趕上播種期，可縮短栽培時間及節省整地等工作。唯糊仔栽培頗為費工，近年工資高漲。故已少見。

(1) 優點：

　a. 作物高度的分層，可能提高光的利用率，充分利用空間。

　b. 提供間作作物適當的遮蔭。

　c. 使間作作物有更長的生長期。

　d. 根系的差異可以提高土壤養分與水分的利用。

　e. 抗逆境能力的不同，可以增加作物收穫的穩定性。

　f. 水資源利用效率高：糊仔栽培消耗的水比傳統土壤栽培少得多。水可以在

循環系統中重複使用，減少水資源的浪費。

　g. 提早間作作物的採收期，以避免不良氣候，或提高市場售價。

　h. 適當分配農村人力。

(2) 缺點：

　a. 需要較高的技術，播種或水稻採收時要避免傷及主作物或間作物。

　b. 矮性作物有被遮蔭的風險。

　c. 吸水或者養分能力弱的作物有減產的風險。

　d. 可能影響水稻收穫量。

2. 宿根栽培（ratooning）或稱為再生栽培，是在收割單子葉作物時，只割取大部分的地上部，但保留根部及生長中的地上部基部生長點，以便讓作物再繼續生長，並在下一季度重新長出作物的農業栽培法。這種耕作方法廣泛用於水稻、甘蔗、香蕉、鳳梨等作物的栽種上。宿根栽培則是指再生栽培，也就是當主作物收成之後，不重新整地及播種，直接利用原作物的殘株繼續成長特性，進行栽培及收穫。例如再生稻係由前作水稻收割後遺留之稻樁（rice stubbles）葉腋未發育之芽（rudimentary buds）經適當的管理與培育，使其復抽穗結實而得第二次收穫之栽培法。

再生稻因由宿根繁殖，故又稱「宿根稻」（ratoon rice），民間又稱之為「留頭稻」。再生芽萌發位置（節位）多發自前作穗以下第五節位之葉腋，再生芽發生率隨留樁高度增加而提高，因此其適當留樁高度約在 20 公分左右。

(1) 優點：

　a. 藉由不重新整地及播種、育苗及移植（插秧）作業，可減少灌溉用水、節省勞力，降低生產成本（約 25～30%）。

　b. 可以提早抽穗開花，減少季節風害，故為臺灣沿海地區第二期作部分農友樂於採用之栽培法，收穫後並可提早種植冬季裡作或延長綠肥作物種植時間，增加農民收益，改善耕地地力。

　c. 更能利用生長季節及減少作物週期，縮短生育日數，具有提高冬季裡作栽培潛能。

　d. 在栽培時間內單位面積產量提高。

e. 灌溉用水和肥料的使用量少於原慣行作物。

(2) 缺點：

a. 再生稻常因抽穗不整齊，收穫時易發生成熟度不一的現象，影響產量及品質。宿根稻之抽穗期較正常稻不整齊，若以早熟株為標準，收穫時不免因遲熟結果而有不飽滿之青粒。若以遲熟者為標準進行收穫，則早熟稻穗容易脫落，此青粒及脫落常成為減產原因之一。

b. 宿根栽培後之作物產量因發生多數缺株及受其他環境之影響，產量之高低甚不穩定，此為栽培宿根之一大缺點，其產量低於該作物第一季正常栽培的產量。

c. 宿根稻之分蘗數雖有增加，但有效分蘗數目反而減少。

d. 單位面積生產成本增加。

e. 宿根栽培之作物幼苗生長勢不如播種栽培（或插秧）之植株。宿根栽培作物不能永久再生，而且會因為不斷生長而生長密度越來越大、病蟲害和土壤肥力下降而導致產量減少，只能收穫幾個季度。

18.

請說明宿根栽培法及其優缺點？試述適用宿根栽培的五種禾穀類作物及豆類作物栽培較不適宜的原因？

宿根栽培或稱為再生栽培，是在收割單子葉作物時，只割取大部分的地上部，但保留根部及生長中的地上部基部生長點，以便讓作物再繼續生長，並在下一季度重新長出作物的農業栽培法。這種耕作方法廣泛用於水稻、甘蔗、香蕉、鳳梨等作物的栽種上。宿根栽培則是指再生栽培，也就是當主作物收成之後，不重新整地及播種，直接利用原作物的殘株繼續成長特性，進行栽培及收穫。例如再生稻係由前作水稻收割後遺留之稻樁葉腋未發育之芽經適當的管理與培育，使其復抽穗結實而得第二次收穫之栽培法。

再生稻因由宿根繁殖，故又稱「宿根稻」，民間又稱之為「留頭稻」。再生芽萌發位置（節位）多發自前作穗以下第五節位之葉腋，再生芽發生率隨留樁高

度增加而提高，因此其適當留樁高度約在 20 公分左右。

1. 優點

(1) 藉由不重新整地及播種、育苗及移植（插秧）作業，故可減少灌溉用水、節省勞力，降低生產成本（約 25～30%）。

(2) 可以提早抽穗開花，減少季節風害，故為臺灣沿海地區第二期作部分農友樂於採用之栽培法，收穫後可提早種植冬季裡作或延長綠肥作物種植時間，增加農民收益，改善耕地地力。

(3) 更能利用生長季節及減少作物週期，縮短生育日數，具有提高冬季裡作栽培潛能。

(4) 在栽培時間內單位面積產量提高。

(5) 灌溉用水和肥料的使用量少於原慣行作物。

2. 缺點

(1) 再生稻常因抽穗不整齊，收穫時易發生成熟度不一的現象，影響產量及品質。宿根稻之抽穗期較正常稻不整齊，若以早熟株為標準，收穫時不免因遲熟結果而有不飽滿之青粒。若以遲熟者為標準進行收穫，則早熟稻穗容易脫落，此青粒及脫落常成減產原因之一。

(2) 宿根栽培後之作物產量因發生多數缺株及其他環境之影響，產量之高低甚不穩定，此為栽培宿根之一大缺點，其產量低於該作物第一季正常栽培的產量。

(3) 宿根稻之分蘗數雖有增加，但有效分蘗數目反而減少。

(4) 單位面積生產成本增加。

(5) 宿根栽培之作物幼苗生長勢不如播種栽培（或插秧）之植株。宿根栽培作物不能永久再生，而且會因為不斷生長而生長密度越來越大、病蟲害和土壤肥力下降而導致產量減少，只能收穫幾個季度。

　　可用宿根栽培的五種禾穀類作物，包括：高粱、水稻、小麥、薏仁、小米。

　　豆類作物栽培較不適宜宿根栽培的主因：主要是多種豆科植物能夠與根瘤菌共生，將空氣中的氮氣固定下來形成硝酸鹽類，供給植物利用，但使用豆科植物行宿根栽培則會導致土讓氮肥過多而使植株葉片大而薄、莖葉軟弱、植株病蟲害抵抗力降低等不良成長情況發生。

19.

請說明水稻直播栽培方法之分類及水稻直播優缺點。

　　水稻直播是稻田直接播種栽培的方法，稻穀直接播種在田地中，而不是先在苗床育苗，再將秧苗移植到田間。根據不同的播種方式和栽培管理方式，水稻直播栽培可以分為以下兩類：

1. **乾式直播：** 在田地中等量撒播水稻種子，然後再藉由灌溉使土壤達到適合種子發芽和生長的溼潤度。

2. **溼式直播：** 在水田中事先進行灌溉，使土壤達到一定的溼潤度，然後直接撒播水稻種子。

　　水稻直播的優點包括：

1. **節省勞動力和時間：** 相比於傳統的插秧栽培方式，水稻直播不需要進行插秧，節省了勞動力和時間成本。

2. **節水：** 乾式直播中不需要提前灌溉，而溼式直播也可以減少灌溉量，因此相比傳統水稻栽培節省了大量水資源。

3. **降低種苗移植損害率：** 直播栽培不需要將秧苗移植至田地，避免了因移植而造成的秧苗生長不良。

4. **提高產量：** 由於水稻直播種植時稻株的根系較發達，有利於吸收水分和營養，有助於提高產量。

　　水稻直播的缺點包括：

1. **溼式直播可能導致傳染病傳播：** 在溼式直播中，水稻種子暴露在潮溼的土壤中，容易受到病原菌的感染，增加了患病的風險。

2. **種子分布不均：** 水稻直播容易造成種子分布不均勻，影響田間稻株的生長均勻性。

3. **耕作技術要求較高：** 水稻直播需要掌握適當的播種量、播種深度、灌溉管理等技術，不易掌握的情況下，可能導致播種失敗或產量下降。

4. **田間雜草管理困難：** 水稻直播後，田間雜草的生長速度較快，需要進行有效的

雜草管理，否則會影響水稻生長。

　　總之，水稻直播栽培是一種節省勞動力和水資源的水稻栽培方法，但需要仔細選擇適合的栽培技術和管理方式，以最大程度地發揮其優勢並解決潛在的問題。

20.

請問臺灣中南部農民通常在第一期水稻收穫後，第二期作種植旱作物，其意義和優點為何？

　　在臺灣中南部，部分農民通常在第一期水稻收穫後，會選擇種植旱作物，這種農耕方式被稱爲「水旱田輪作」。這種做法有以下幾個意義和優點：

1. **充分利用田間資源**：第一期水稻收穫後，農田中剩餘的土壤和水分仍然可以被充分利用。種植旱作物可以有效地利用這些資源，避免土地閒置，提高土地的利用效率、節約農地供水。

2. **保護土壤**：水稻的栽培對土壤有一定的要求，包括水分和養分供應。種植旱作物可以在適當的時候，爲土壤提供不同的養分需求，有助於保護土壤，減緩土壤的貧瘠化和退化。此外，水田長期處於還原狀態易累積有毒物質；而旱作栽培有利於土壤通氣，恢復氧化態，利於好氧微生物活動。

3. **多樣化收益來源**：種植旱作可以爲農民提供多樣化的收益來源。不同的旱作有不同的市場需求和價格，農民可以根據市場需求和價格選擇種植合適的作物，增加經濟效益。

4. **分散農業風險**：水旱田輪作可以分散農業風險，當一期作水稻的收成不如預期時，第二期作旱作的收成可以作爲補償，減輕農民的經濟損失。尤其當水庫吃緊缺乏農地水田供水時，更顯重要。

5. **提高農業生態系統的穩定性**：水旱田輪作可以提高農業生態系統的穩定性。不同作物之間的輪作可以幫助調節病蟲害、控制雜草、營養的循環，降低病蟲草害發生的風險，增加農作物的抗性和適應性。

　　總之，臺灣中南部農民在第一期水稻收穫後種植旱作物，是一種有效利用土

地資源、節約農地供水、保護土壤品質、提高經濟效益和降低風險的農耕方式。
這種農耕輪作模式有助於促進農業的可持續發展和增加農民的收益。

21.

21.

請說明種子預措目的與方式，及論述三種播種方式之優缺點。

　　種子播種前對種子進行的處理，稱之為種子預措（seed pretreatment），目
的為使播種容易、促進種子發芽、幼苗生長及預防病蟲害。種子預措的主要目的
是為了創造有利於種子發芽和幼苗生長的環境，從而提高作物的產量和品質。

1. 種子預措的方式

(1) 浸種（浸泡）：將種子浸泡（浸潤；imbibition）在水中一段時間，可以幫助
　　種子吸收水分，促進種子內部的生化反應。此外，浸種也可以去除種子所含
　　的抑制物質，提高發芽率。

(2) 切割（刮傷）：對於某些外殼堅硬的種子，可以在種子外皮上輕輕切割或刮
　　傷一部分，以破壞種子的休眠狀態，促進發芽。

(3) 發芽盤育苗法：將種子播種在發芽盤介質中，通過控制溼度、溫度、光照等
　　條件，促進種子的快速發芽和幼苗生長。

(4) 種子處理劑：使用種子處理劑，如生長調節劑、生物肥料、防治病蟲害的化
　　學藥劑，可以促進種子的生長和保護幼苗。

2. 不同的播種方式（直播、移植、播種機械播種）有各自的優點和缺點

(1) 直播：

　　優點：省時省工，不需要特別準備育苗床，適用於大面積種植。減少了移植
　　　　　過程中對幼苗的干擾。

　　缺點：可能導致種子之間的競爭，發芽不均勻。種子浪費。直播方式下，種
　　　　　子暴露在土壤中，容易受到病害和害蟲的影響。

(2) 移植：

　　優點：每株植株有較大生長空間，可以更好地控制幼苗的生長環境。能夠選
　　　　　擇最優良的幼苗進行移植，有助於提高整體產量和品質。幼苗在育苗

床中生長，相對較少接觸土壤，減少了病害和害蟲的傳播風險。

　　缺點：需要額外的育苗和移植工序，時間和成本較高。移植過程可能對幼苗
造成損傷，特別是在操作不當的情況下。

(3) 機械播種：

　　優點：快速且均勻，節省人工勞動。可以實現大規模的播種。機械播種可以
確保種子的均勻分布，提高了發芽和生長的均勻性。可以節省人力勞
力，減少了手工播種的工作量。

　　缺點：需要特殊的播種機械，可能需要調整以適應不同的種子大小和種植條
件。可能需要特殊的技術操作播種機械。

　　選擇播種方式時，需要考慮種子特性、種植規模、育苗環境、勞力成本等因
素，以確保選擇的方式適合特定的種植需求。

◆ **名詞解釋** ◆

1. 滲透調節作用

　　滲透調節作用是指植物對於水分和溶質的調節機制，以維持細胞內外的滲透壓平衡。植物細胞具有半透性細胞膜和細胞壁，能夠控制水分和溶質的進出，以達到細胞內外的滲透壓平衡。

　　當環境中的水分濃度高於植物細胞內部時，細胞外的水分將進入細胞內部，細胞膨壓增加，植物呈現膨大狀態。這種現象稱為減壓作用或吸水作用。相反地，當環境中的水分濃度低於植物細胞內部時，細胞內的水分會釋放到外部環境，細胞膨壓減少，植物呈現萎縮狀態。這種現象稱為增壓作用或排水作用。

　　滲透調節作用在植物生理中具有重要的功能：

(1) 水分調節：通過滲透調節作用，植物能夠在不同的水分環境下調節細胞的水分平衡，避免細胞脫水或過度吸水。這有助於維持植物細胞的正常功能和結構。

(2) 營養物質吸收和運輸：滲透調節作用也影響著植物對於營養物質的吸收和運輸。由於滲透壓差異，根部的細胞內部水分子濃度較高，使得水分和溶解的養分通過滲透作用進入根細胞，然後透過細胞間隙和導管系統進行運輸。

(3) 應對逆境：滲透調節作用在植物對抗逆境的過程中具有重要作用。當植物面臨乾旱、高鹽、低溫等逆境時，其可經由調節滲透壓，來調節細胞內外的水分平衡，以維持正常的細胞功能並減少逆境的傷害。

　　總之，滲透調節作用是植物為了維持適當的水分和溶質平衡所進行的調節機制。其對植物的正常生長、營養吸收、逆境應對等方面具有重要作用。

2. 葉蒸比（transpiration ratio, TR）

　　葉蒸比（又稱為蒸散比）是植物在蒸散過程中消耗的水量與其固定的二氧化碳量之比。TR 是一個衡量植物水分利用效率的指標，表示在植物氣孔開啟進行氣體交換的同時，植物損失了多少水分來獲取二氧化碳。

　　TR 的計算方式如下：

$$TR =蒸散量（水分消耗）／光合作用速率（二氧化碳固定）$$

　　TR 的數值越高，表示植物在獲取二氧化碳的同時損失的水分越多，水分利用效率較低。相反地，TR 較低的植物表示其在進行光合作用時能更有效地利用水分。

　　TR 的大小受到多個因素的影響，包括氣候條件、植物物種、葉片結構等。氣候條件乾燥高熱的地區，植物通常具有較高的 TR，以增加水分吸收和溶質運輸的效率。而在潮溼環境下，植物則通常具有較低的 TR，因為水分相對充足，植物可以更節省地利用水分。

　　葉蒸比對於研究植物的生理特性和適應性具有重要意義。其有助於了解植物的水分利用效率和對水分逆境的反應。此外，葉蒸比還可以用於評估不同作物品種、或栽培系統的水分利用效率，並指導農業生產中的水分管理。

問答題

1.

產生蒸散作用之三要素及影響蒸散作用之環境因子為何？

　　蒸散作用是植物從根吸水經莖部的維管束木質部導管，最後到達地上部的葉部，葉部經由氣孔蒸散出去之過程，產生蒸散作用的三要素是：

1. **水分供應**：植物根系吸收土壤中的水分，通過植物體內的導管系統運輸至葉片。充足的水分供應是蒸散作用的前提，如果土壤水分不足，植物將無法進行充分的蒸散。

2. **氣孔開度**：植物葉片上的氣孔是氣體交換的通道，同時也是蒸散作用的主要途

徑。氣孔的開合程度受到植物內外環境的調節，主要由植物荷爾蒙、光照、溫度、溼度等因素影響。較開放的氣孔有助於增加蒸散速率，而較封閉的氣孔則減少蒸散速率。

3. **外部環境條件**：外部環境條件對蒸散作用有直接影響。以下是一些常見的環境因子：

(1) 光照強度：光照強度越高，植物的光合作用速率就越高，從而促進蒸散作用。

(2) 氣溫：溫度的增加會增快水分的蒸發速率，從而增加蒸散作用。高溫有助於提高蒸散速率，而低溫則降低蒸散速率。溫度愈高，水蒸氣壓愈大，葉片溫度經常高於大氣溫度。

(3) 溼度：相對溼度越低，空氣中的水分含量越少，植物葉片上的水分更容易蒸發，因此蒸散速率越高。

(4) 風速：風速增加可以加速水分的揮發，促進蒸散作用。風速加快，界面層（boundary layer）阻力降低，縮短擴散路徑，蒸散速率增加。此外，風速增加，造成葉片降溫，卻也足以使氣孔關閉。

　　上述這些要素和環境因子相互作用，共同影響著植物的蒸散作用速率。對於植物生長和水分利用的研究與管理上，了解這些要素和因子的影響非常重要。

2.

請試述如何判斷土壤之田間容水量（field capacity）、永久萎凋含水率（permanent wilting percentage）、有效水（available water），對田間土壤結構管理有何影響？

　　判斷土壤的田間容水量（field capacity）、永久萎凋含水率（permanent wilting percentage）、有效水（available water）是透過土壤水分特性曲線來進行的。以下是一般的判斷方法：

1. **田間容水量**（**field capacity**）：田間容水量是指土壤在過去降雨或灌溉後，排除表面排水後，能夠保持的最大含水量。一種常用的方法是，在土壤適當排水後，等待一段時間（通常為 24 小時），然後測量土壤中的水分含量。這時土

壤中的水分量被認爲是田間容水量。

2. **永久萎凋含水率（permanent wilting percentage）**：永久萎凋含水率是指土壤中水分含量降至植物無法再恢復水分吸收並維持生長所需水分的百分比。測量永久萎凋含水率的方法是將土壤含水量逐漸降低，直到植物停止生長並開始萎凋，即便後續再供水也無法恢復。此時的水分含量被認爲是永久萎凋含水率。

3. **有效水（available water）**：有效水是指在田間容水量和永久萎凋含水率之間的範圍，植物能夠有效利用的水分量。計算有效水的方法是將田間容水量減去永久萎凋含水率。

　　田間土壤結構管理與這些水分特性之間有著密切的關係。以下是一些可能的影響：

1. **排水性**：土壤結構良好的土壤通常具有良好的排水性，可以迅速排除多餘的水分，並保持有適當的田間容水量。適當的土壤排水性有助於防止土壤水呈現浸水狀態，並減少植物的氧氣供應不足。

2. **水分保持能力**：土壤的結構可以影響其田間容水量和有效水的含量。良好的土壤結構能夠提供足夠的孔隙空間，使水分能夠滲透並保持在土壤中，提供植物的水分需求。

3. **根系生長**：土壤結構管理也可以影響植物的根系生長。均勻分散的土壤孔隙和良好的土壤結構可以促進根系的生長和發展，有利於植物吸收水分和養分。

　　綜上所述，適當的土壤結構管理對田間土壤的容水量、永久萎凋含水率和有效水的量具有重要影響。透過改善土壤結構，可以提高土壤的排水性和水分保持能力，促進根系生長，有助於提供植物所需的水分環境，進而增加農作物的產量和品質。

3.

說明土壤水分依作物可利用性之分類、影響植物需水量因子及哪些植物構造和栽培管理可增加作物耐淹水性？

1. 土壤水分依據作物可利用性的分類

　　土壤水分對於植物的生長和發育非常重要，然而並非所有的土壤水分都能被作物充分利用。根據土壤中水分的可利用性，可以將其分為以下幾個類別：

(1) 田間容水量（field capacity）：土壤經過充分灌溉或降雨後，過剩的水分經排水或蒸發後，土壤中所保留的水分量。該水分量對植物的生長和發育較為有利。

(2) 凋萎點（wilting point）：土壤中的水分達到一定程度時，植物無法從土壤中吸收到足夠的水分，導致植物發生凋萎。這是土壤中水分的下限，對植物生長不利。

(3) 可利用水分（available water）：田間容水量與凋萎點之間的水分範圍，表示植物可以從土壤中有效吸收的水分量。這是作物所需的水分。

　　根據土壤吸附水分能力的差異，土壤水可分為吸著水（hydroscopic water）、毛細管水（capillary water）、及重力水（gravitational water）三大類。吸著水是土壤粒子表面一層薄薄的水膜，此處的水分緊緊吸附在土粒表面，其吸力強度可達 10,000 大氣壓。毛細管水則藉著表面張力存在於土壤顆粒間的孔隙中，透過水分子間的內聚力及其與土壤顆粒縫隙內壁產生的附著力，往水分少的區域擴散。重力水則是因重力作用下，土壤無法保留的水。

　　水分吸附能力的差異決定了水分子是否可被植物吸收利用。對於可利用的水稱為有效水，或是自由水。相反地，對於不可利用的水則稱為無效水，或是束縛水。吸著水因強力吸附在土壤粒子表面，故無法被植物根部利用，屬於束縛水。而毛細管水因弱吸附性讓植物的根部可以吸收，是最主要的植物水分來源。重力水則是補充性的自由水。原因在於重力水因為不易被土壤吸附，故快速地往深層流失，很少能直接被植物根部吸收利用。但由於重力水最後會流入地下水層，可再次透過土壤間隙的毛細管現象重新往上移動，此時重力水轉變成毛細管水的型態，補充植物可利用的土壤間隙水分。

2. 影響植物需水量的因子

(1) 作物類型：不同作物類型、種類、品種的作物對水分的需求不同。一般來說，蔬菜和水果類作物對水分需求較高，而一些耐旱作物對水分需求較低。

(2) 生長階段：不同生長階段的作物對水分的需求也不同。例如，在生長初期，作物需要較少的水分，而在開花和結實階段，作物對水分的需求通常更高。

(3) 氣候條件：包括太陽輻射、氣溫、相對溼度、水面蒸發量、風速等氣候條件會影響作物對水分的需求。在乾燥炎熱和風速較大的條件下，作物需要更多的水分來抵禦蒸發和脫水的影響。

(4) 土壤條件：包括土壤的質地、排水性、保水能力、含水量等，也會影響作物對水分的需求。不同類型的土壤對水分的保持和供應能力有差異。

(5) 管理措施：田間農耕管理技術及措施也會影響作物需水。

3. 增加作物耐淹水性的植物結構和栽培管理措施

　　淹水會導致土壤空隙充滿水分，且因氧氣在水中的移動慢而產生缺氧逆境，根部呼吸作用轉換成無氧呼吸，能量轉換效率慢，且累積有毒物質，如酒精與活化氧族（reactive oxygen species, ROSs）物質。此外，淹水下韌皮部的運輸變緩，葉部累積澱粉，根部碳水化合物的含量降低。耐淹植物則會產生適應機制，發展出不定根與通氣組織。

　　要增加作物的耐淹性，可以考慮以下與植物結構相關的栽培管理措施：

(1) 形成不定根：改善作物的根系結構有利於耐受淹水。選擇或培育根系發達或易形成不定根的作物品種可以有助於提高作物的耐淹性。淹水下植物的莖基部會形成不定根，這些不定根可以橫向生長。在無氧下根的生長停止，因此不定根橫向生長是一種低氧下的生理反應，而不是無氧下的生理反應。理論上，不定根的形成是一種適應淹水的機制，可利用此新根來取代原有根系的功能。這些不定根形成的部位接近水面，或是與形成通氣組織的莖部相連接，甚至有些不定根具有通氣組織，因而這些不定根可獲得較原始根系更多的氧氣。

研究指出耐淹水的皺葉酸模（*Rumex crispus*）與沼澤酸模（*Rumex palustris*），可以在淹水土壤的上層 10 公分處形成新的耐淹水的根，而不耐淹水的酸模（*Rumex acetosa*），其根之分布則未發生改變。另有研究指出，乙烯與生長素（auxin）被認為與淹水所誘導的不定根形成有關。淹水後所產生的高濃度乙烯會增加植物對於生長素之敏感度，而誘導不定根之形成。此

外，莖基部碳水化合物的累積可能也是另外一種誘導不定根形成的原因。

(2) 形成通氣組織：為了適應淹水狀況下的低氧環境，植物可以在莖基部
（水面上方）形成不定根、或是在淹水狀況下生長的根內形成通氣組織
（aerenchyma）。通氣組織主要是由於皮層細胞瓦解與死亡而形成空腔，該
空腔可作為氣體交換的通道，讓氧氣得以由地上部傳送到缺氧的根中。水生
植物如水稻與野生稻（*Zizania aquatica*），即使生長在排水良好狀況下，根
部亦具有通氣組織，說明該類植物通氣組織之形成會受遺傳控制。淹水狀況
下，水稻根部則可形成更多的通氣組織。乙烯被認為是誘導通氣組織形成之
主要荷爾蒙。

(3) 促進氣生根：某些植物具有氣生根，可以在氧氣供應不足的條件下吸收氧
氣。這些根部通常位於植物莖部或葉部的特定位置。藉由保持這些氣生根的
健康並提供適當的通氣，可以增強植物在淹水條件下的生存能力。但目前
農藝作物並無氣生根，僅出現在其他植物如筆筒樹、雀榕、蝴蝶蘭、印度橡
膠、林投、正榕、海茄苳、水筆仔、臺灣山蘇、爬山虎、高榕、歪葉榕、七
葉蓮等植物。

(4) 莖節伸長：某些植物在受到淹水時會產生莖節伸長，藉由莖部的伸長來適應
水位的變化，以保持氣體通道。

(5) 增加植株的機械強度：有些作物在淹水期間容易倒伏，因此可以採取措施來
增加其機械強度。此可經由適當的栽培管理方法來加強植株的莖部強度，以
減少倒伏的風險。倒伏指數與株高、重心高度、稈長呈極顯著正相關；與莖
粗、壁厚、充實度、抗折力、維管束數目和面積、機械組織、薄壁組織則呈
極顯著負相關。機械組織（mechanical tissue），是指對植物具主要支撐和保
護作用的組織，植株能有一定的硬度、莖幹能挺立、葉片能平展、能經受狂
風暴雨及其他外力侵襲，均與此種組織的存在有關。根據細胞結構的不同，
機械組織可分為厚角組織（collenchyma）和厚壁組織（sclerencnyma）二類。
薄壁組織則是指植株中的活營養組織，由薄壁細胞組成，在植株體內其總體
積最大。薄壁組織分布於植株所有器官，例如根部的皮層、葉肉細胞、形
成層。

(6) 減少葉片表面積：減少作物葉片表面積可以降低水分蒸散速度，從而減少淹水期間的水分需求。此可藉由修剪或選擇具有較小葉片的品種來實現。

(7) 選擇適應性更強的作物品種：可以選擇特定品種來提高作物的耐淹水性。此需要進行品種選拔和試驗，以確定哪些品種最具耐淹條件。

(8) 避免作物種植在低窪地區：避免在易積水的低窪地區種植作物，可以減少淹水的風險。

(9) 合理的密植：在一定程度上，合理的密植可以增加作物之間的相互支撐，減少倒伏的可能性。

(10) 栽培管理方面：將土壤翻耕均勻，再進行作畦作業，或是雨季前及時清淤，保持排水通暢；或溫室設施減少積水均能改善淹水逆境。在栽培管理中，確保良好的排水系統是關鍵。利用在土壤中設置排水溝、排水管道、或提高土壤排水性，可以減少水分聚積，降低淹水的風險。

4.

試說明作物體內水分潛勢（water potential）及其組成因子，並說明決定這些因子之原因？

　　作物體內水分潛勢是衡量植物體內水分狀態的指標，表示水分自由流動的趨勢或驅動力。水分潛勢的數值通常為負值，以 MPa 為單位。作物體內水分潛勢的值越低，表示植物體內的水分狀態越乾燥。

　　水分潛勢（ψ_w）即指水分子所帶有的自由能（free energy）。在植物細胞、組織、器官、土壤、含水溶液等系統中，水分子之移動難易決定於其本身所帶有之自由能。當水分子受到系統中溶質之吸引時，其自由能下降而移動力也下降，因此研究者定義出以常溫大氣壓下純水中之水分子其水分潛勢為 0，而在任何溶液中，其中水分子之水分潛勢為負值。水分子在任何系統中之移動，均由水分潛勢高的位置移往低的位置，直到系統之水分潛勢達到平衡。

　　通常植物與土壤中之水分潛勢為負值，可由下列公式表示：

$$\psi_w = \psi_o + \psi_p + \psi_m + \psi_z$$

式中 ψ_w、ψ_o、ψ_p、ψ_m、ψ_z 分別代表水分潛勢（water potential）、滲透潛勢（osmotic potential）、壓力潛勢（pressure potential）、基質潛勢（matric potential）、重力潛勢（gravity potential）。

　　水分潛勢之單位早期常用「巴」（bar）為單位，之後常以「Pa 或 MPa」表示，1 MPa ＝ 10 bar。（參考王慶裕。2017。作物生產概論。）

　　作物體內水分潛勢的組成因子包括以下幾個方面：

1. **滲透潛勢**：滲透潛勢是由溶解在細胞液中的溶質引起的，是植物細胞與周圍環境之間溶質濃度差異所導致的水分移動的驅動力。溶質濃度越高，滲透潛勢越低，水分向該區域流動的趨勢越大。

   滲透潛勢又稱為溶質潛勢（solute potential），當水溶液中有溶質存在時，會限制水分子移動，減少其自由能，造成水分潛勢下降，此即為滲透潛勢。此時水溶液之滲透潛勢低於純水之滲透潛勢，為負值。當溶質之濃度越高或解離程度越大時，則滲透潛勢越低。

2. **壓力潛勢**：壓力潛勢是由細胞膨壓或壓力引起的，是植物細胞內外壓力差異所導致的水分移動的驅動力。當細胞內存在正壓（如細胞膨壓）時，壓力潛勢為正值，水分會朝著壓力較低的方向移動。而當細胞內存在負壓（如負壓脈衝）時，壓力潛勢為負值，水分會朝著壓力較高的方向移動。

   壓力潛勢係由機械壓力（mechanical pressure）所造成的。當水分進入細胞後，會增加細胞內之壓力潛勢。當水分經過細胞壁與細胞膜進入細胞，會增加細胞膜內總水量，而產生向外之壓力（膨壓），此壓力剛好與細胞壁結構硬度產生之壓力（壁壓）方向相反，此膨壓可使植物保持膨脹以維持其堅硬度（rigidity），否則植物將失去其結構而枯萎。植物細胞中的壓力潛勢通常是正值，在原生質分離的（plasmolysed）細胞中則幾乎為零，細胞壁無從產生反作用力。

   對於作物細胞而言，細胞壁（即機械構造）會對細胞原生質之膨壓產生反作用力（壁壓），即產生壓力潛勢。因單一細胞周圍尚有其他細胞，故壓力潛勢決

定於細胞本身細胞壁構造強度以及來自周圍其他細胞所施予之壓力。在一個開放系統如木質部導管中，水分經由蒸散流拉走時，壓力潛勢則產生負值。此種負壓力潛勢即為張力（tension）。對於土壤而言，此種潛勢顯然較不重要。

補　充　資　料

壓力潛勢

　　在植物細胞中，壓力潛勢主要由下列兩個因素所決定：

1. **細胞膨壓（turgor pressure）**：當植物細胞內的細胞液吸收水分並膨脹時，細胞壁對細胞內水分的壓力稱為細胞膨壓。細胞膨壓的增加會使壓力潛勢增加，促使水分朝著壓力較低的方向移動，例如從根部向上運輸至葉部。

2. **負壓脈衝（negative pressure pulse）**：在特定的植物組織或細胞中，存在負壓狀態，稱為負壓脈衝。負壓脈衝是由於細胞內水分被特殊結構（例如木質部的薄壁細胞）所吸附而形成的，使水分形成拉力。負壓脈衝的存在使得水分能夠從植物體的下部傳送到上部，這種機制稱為上升輸送。

3. **重力潛勢**：重力潛勢是由於重力作用引起的，它是水分受到地心引力的影響而移動的驅動力。重力潛勢一般對植物體內水分的移動影響較小，特別是在較短的時間尺度內。對於較低矮之作物其重力潛勢可忽略，唯有較高大之植物因高度懸殊會受到地心引力之影響，而影響不同高度位置之水分潛能。

4. **基質潛勢**：就土壤水分潛勢而言，基質潛勢是由土壤中顆粒間的毛細現象引起的，它是土壤顆粒與水分之間的吸附力或黏附力所導致的水分移動的驅動力。土壤越乾燥，間隙勢越低，水分向土壤顆粒附近移動的趨勢越大。

　　基質潛勢之產生係因植體內或土壤中之親水性固體顆粒如膠體、土壤黏粒或砂粒、纖維、澱粉、洋菜、明膠等表面會吸附水分子，此時之水分子所帶有之潛能即為基質潛勢，其數值很低，可低至 –300 MPa。一旦低基質潛勢之乾燥物質與水接觸，水分子會立即占滿吸著水位置，達平衡之後即與外界環境有相同水分潛勢。一般生長旺盛組織細胞因水分多，故其基質潛勢可忽略。

　　上述這些因子的決定原因如下：

1. **滲透潛勢**：溶質濃度是滲透潛勢的主要決定因素。當細胞液中溶質濃度較高時，水分向溶質濃度較低的區域移動，以達到濃度均勻。

2. **壓力潛勢**：壓力潛勢主要由細胞的膨壓狀態或壓力決定。細胞膨壓時，壓力潛勢為正值，水分會朝著壓力較低的方向移動。相反，當細胞處於負壓狀態時，壓力潛勢為負值，水分會朝著壓力較高的方向移動。

3. **重力潛勢**：重力潛勢是由地心引力決定的，對水分的移動有一定的影響。在植物的生長過程中，重力潛勢主要影響水分在根部和地下部分的運輸。

4. **基質潛勢**：土壤中的水分與土壤顆粒之間的吸附力或黏附力會影響基質潛勢。當土壤越乾燥，土壤顆粒與水分之間的吸附力越大，間隙勢越低，水分向土壤顆粒附近移動的趨勢越大。

　　總之，作物體內水分潛勢是由滲透潛勢、壓力潛勢、重力潛勢、基質潛勢所組成，也是由於溶質濃度、細胞壓力、重力、植體細胞內親水性固體顆粒如膠體、纖維、澱粉顆粒間的吸附力所引起的。這些因子共同作用決定了植物體內水分的運動和分布。

5.

請說明作物植體內決定水分移動之水分潛勢（water potential）組成因子，以及構成這些因子之原因為何？當作物處於乾旱缺水情況下，如何進行 osmoregulation？此時水分潛勢如何變化，請說明之。

回答重點

1. 說明 water potential 之定義，其組成 water potential ＝ osmotic potential＋matric potential＋ pressure potential (tugor pressure)。

2. Matric potential〔基質（潛）勢〕係指水分子經由吸附與毛細管作用被植物及土壤組成保持之力量（force），此種水分僅能藉由外力移除，故其潛勢值為負值。Osmotic potential（solute potential，滲透潛勢或溶質潛

勢），係指受到溶質濃度影響之水分子潛能。溶質分子會降低水分子之潛能（或自由能），故其值為負值。壓力潛勢或稱膨壓，係因水壓所致，通常係因細胞吸水後膨脹產生之壓力，其數值為正值。

3. 作物在進行 osmoregulation 或 osmotic adjustment 時，係因細胞為了適應乾旱逆境，經由合成一些溶質，例如胺基酸脯胺酸（proline）、甜菜鹼（glycine betaine）、醣類等，藉以改變溶質潛勢，使其數值下降（負值更大）以維持膨壓。

舉例說明 water potential 各項組成之數值變化，以解說 osmoregulation。

　　作物植體內決定水分移動的水分潛勢（water potential）組成因子包括滲透潛勢（osmotic potential）、壓力潛勢（pressure potential）、重力潛勢（gravity potential）、和基質潛勢（matric potential）。這些因子共同影響著水分在植物體內的運動和分布。

1. **滲透潛勢**：滲透勢是由植物細胞內外溶液的溶質濃度差所引起的。植物細胞內含有溶解在細胞液中的溶質，如鹽分和其他有機分子。溶質的存在使細胞液的滲透勢變低，促使水分進入細胞內。當作物處於乾旱缺水情況下，滲透勢會增加，因為細胞內的溶質濃度增加，這會減少水分的吸引力，使水分難以進入植物細胞。

2. **壓力潛勢**：壓力潛勢是由植物細胞內外的壓力差所引起的。細胞內的正壓力（如細胞膨壓）會使壓力潛勢為正值，促使水分從高壓力區域移向低壓力區域。當作物處於乾旱缺水情況下，壓力潛勢會降低，因為細胞內的水分流失，膨壓減小或消失，減少了對水分的吸引力，使水分無法維持在細胞內。

3. **重力潛勢**：重力潛勢是由於地心引力對水分的作用而產生的。在植物的垂直方向上，重力潛勢會影響水分的下降和上升。當作物處於乾旱缺水情況下，重力潛勢對水分移動的影響仍然存在，但由於水分的供應不足，重力潛勢的影響相對較小。

4. **基質潛勢**：基質潛勢是由土壤顆粒與水分之間的吸附力或黏附力所引起的。土壤越乾燥，基質潛勢越低，使得水分朝向土壤顆粒附近移動。當作物處於乾旱

缺水情況下，土壤的基質潛勢會增加，因為土壤的含水量減少，顆粒表面對水分的吸引力增加，使水分更難從土壤中被植物吸收。

當作物處於乾旱缺水情況下，植物會進行 osmoregulation（滲透調節）以應對水分的缺乏。植物會調節細胞內的滲透潛勢，以使其與外部環境保持平衡。植物通過合成和累積特定的有機溶質，如脯胺酸（proline）和可溶性糖類，來增加細胞內的溶質濃度。這樣可以降低細胞內的滲透勢，使水分更容易進入植物細胞，從而維持細胞內的水分平衡。

在乾旱缺水情況下，水分潛勢會變得更低。滲透潛勢增加，壓力潛勢降低，重力潛勢和基質潛勢的影響可能相對較小。這些變化使得水分難以進入植物細胞，並促使植物採取保護機制來減少水分損失，如葉片的氣孔閉合和表皮層的角質化。這些調節機制有助於維持植物體內水分的平衡，以應對乾旱缺水的壓力。

6.

請說明作物生長於田間土壤中，其吸收水分之原理為何？請說明何謂水分潛勢（water potential）、其組成分、構成組成分之原因。

作物生理學上對於水分子之移動，均以自由能之觀點予以解釋，即利用「水分潛勢」（water potential）之概念予以說明。所謂水分潛勢是以水分子之潛能（potential energy）為基礎，描述水分在土壤及植體中的行為及移動，水分移動是由高潛能區域移往低潛能區域。

在土壤及植體中之水分因含有溶質（solutes），而且物理上受外力影響，包括極性吸引（polar attractions）、重力（gravity）、壓力，因此其中水分子之潛能低於純水。在植體及土壤中之水分子潛能即稱為「水分潛勢」，可以希臘字母 ψ_w 表示。使用之單位包括巴（bar）或 pascal（Pa），1 bar $= 10^5$ Pa $= 10^6$ dynes/cm^2，而純水之 ψ_w 為 0 bar。

1. **水分潛勢（ψ_w）**：即指水分子所帶有的自由能（free energy）。在植物細胞、組織、器官、土壤、是水溶液等系統中，水分子之移動難易決定於其本身所帶有之自由能。當水分子受到系統中溶質之吸引時，其自由能下降而移動力也下

降，因此研究者定義出以常溫大氣壓下純水中之水分子其水分潛勢為 0，而在任何溶液中，其水分子之水分潛勢為負值。水分子在任何系統中之移動，均由水分潛勢高的位置移往低的位置，直到系統之水分潛勢達到平衡。

　　通常植物與土壤中之水分潛勢為負值，可由下列公式表示：

$$\psi_w = \psi_o + \psi_p + \psi_m + \psi_z$$

式中 ψ_w、ψ_o、ψ_p、ψ_m、ψ_z 分別代表水分潛勢（water potential）、滲透潛勢（osmotic potential）、壓力潛勢（pressure potential）、基質潛勢（matric potential）、重力潛勢（gravity potential）。

水分潛勢之單位早期常用「巴」（bar）為單位，之後常以「Pa」或「MPa」表示，1 MPa ＝ 10 bar。

2. **滲透潛勢**：又稱為溶質潛勢（solute potential, ψ_s），當水溶液中有溶質存在時，會限制水分子移動，減少其自由能，造成水分潛勢下降，此即為滲透潛勢。此時水溶液之滲透潛勢低於純水之滲透潛勢，為負值。當溶質之濃度越高或解離程度越大時，則滲透潛勢越低。

3. **壓力潛勢**：係由機械壓力（mechanical pressure）所造成的。當水分進入細胞後，會增加細胞內之壓力潛勢。當水分經過細胞壁與細胞膜進入細胞，會增加細胞膜內總水量，而產生向外之壓力（膨壓），此壓力剛好與細胞壁結構硬度產生之壓力（壁壓）方向相反，此膨壓可使植物保持膨脹以維持其堅硬度（rigidity），否則植物將失去其結構而枯萎。植物細胞中的壓力潛勢通常是正值，在原生質分離的（plasmolysed）細胞中幾乎為零，細胞壁無從產生反作用力。對於作物細胞而言，細胞壁（即機械構造）會對細胞原生質之膨壓產生反作用力（壁壓），即產生壓力潛勢。因細胞周圍尚有其他細胞，故壓力潛勢決定於細胞本身細胞壁構造強度，以及來自周圍其他細胞所施予之壓力。在一個開放系統如木質部導管中，水分經由蒸散流拉走時，壓力潛勢則產生負值。此種負壓力潛勢即為張力（tension）。對於土壤而言，此種潛勢顯然較不重要。

4. **基質潛勢**：基質潛勢之產生係因植體內或土壤中之親水性固體顆粒如膠體、土

壤黏粒或砂粒、纖維、澱粉、洋菜、明膠等表面會吸附水分子，此時之水分子所帶有之潛能即為基質潛勢，其數值很低，可低至 –300 MPa。一旦低基質潛勢之乾燥物質與水接觸，水分子會立即占滿吸著水位置，達平衡之後即與外界環境有相同水分潛勢。一般生長旺盛組織細胞因水分多故其基質潛勢可忽略。

5. **重力潛勢**：對於較低矮之作物其重力潛勢可忽略，唯有較高大之植物因高度懸殊會受到地心引力之影響，而影響不同高度位置之水分潛能。

　　水分子從土壤經過根部循木質部進入地上部之葉部，再經由氣孔蒸散進入大氣中，此過程水分子之移動係依循由水分潛勢高的部位往水分潛勢低的部位移動，大體而言以葉部氣孔內與大氣之間的水分潛勢落差最大，也是驅動蒸散作用最大的拉力。

　　水分子在作物植體細胞內或細胞之間的移動，因中間隔著細胞膜或胞器膜，故以滲透方式依照水分潛勢高低方向進出膜系。

7.

請說明水稻各生育期之灌溉排水管理模式？

　　水稻栽培過程中需要經常性供水，但不同生育期之供水狀況有別：

1. **插秧期至分蘗始期**：本時期約為第一期作插秧後 10 天，第二期作插秧後 7 天內。為提高除草劑的藥效並促進水稻成活，田面以維持 3 公分左右水深即可。

2. **分蘗始期至分蘗終期**：本時期水分管理應經常保持 3～5 公分的淺水狀態，以促進根群之發育與早期分蘗。有效分蘗終期於第一期作約在插秧後 38 天左右，第二期作約在插秧後 28 天左右。施用第 1 次及第 2 次追肥時，需控制田間約 1 公分之淺水時施用追肥，俟田間水分完全滲入土壤內後，恢復灌水。

3. **有效分蘗終期至幼穗形成始期**：俗稱的「晒田期」，讓田土乾燥而略呈龜裂狀態，供給氧氣，也因田土乾燥促進稻根向下生長，有幫助稻株後期養分吸收及不倒伏之效。另外也可抑制無效分蘗，促進稻米產量及提升品質。原則上第一期作於插秧後 40～50 天，第二期作於插秧後 30～37 天左右，將田面曝晒至表土以腳踏入不留腳印程度，或有 1～2 公分寬、5～10 公分深的龜裂，晒田程度

以稻株葉片不可捲曲（如發現葉片捲曲，即表示植株缺水，應立即灌溉），其後灌溉管理採輪灌或間歇灌溉 1～2 次，灌水 3～5 公分深即可。

4. **幼穗形成始期至幼穗形成終期**：此時期在水稻抽穗前 22 日開始，對養分與水分需求量高，應採行 5～10 公分之深水灌溉。若施穗肥時，應在幼穗長度 0.2 公分施用，並將田間排水至 1.5 公分水深才施肥，其後在第 2 天行深水灌溉至幼穗形成終期為止，為期約 10 天。

5. **孕穗期**：水稻抽穗前 7～10 天之孕穗期，土壤中氧氣消耗量達到最高峰，故此時期的水雖必要但不可湛水，可採輪灌方式，每 3～5 日輪灌一次，使土壤通氣良好，促進根系之強健。

6. **抽穗開花期**：抽穗開始至齊穗為止的水稻葉面積為全生育期中最大，而在葉部光合作用所貯積的碳水化合物需有充足的水分才可以轉移到稻穀，所以此時期須維持 5～10 公分的水深。

7. **乳熟期至糊熟期**：此一時期由於水稻齊穗後植株最上部三片葉子為主要進行光合作用生產碳水化合物的部位，需仰賴充足的水分輸送光合產物轉存至穀粒，故仍應採用 5～10 公分的深水灌溉至抽穗後第 18 天止。

8. **黃熟期至完熟期**：水稻抽穗後約 18 天開始進入黃熟期，此時上部葉仍繼續進行光合作用合成碳水化合物，所以仍不宜太早斷水，應採用 3～5 天約 3 公分水深之輪灌 2～3 次，直至收穫前 5～7 天排水，以防穀粒充實不飽滿。為生產良質米，收穫前不可太早斷水，避免產生心腹白米及胴裂米。

◆ **名詞解釋** ◆

1. 必需元素

　　植物生長和發育所需的必需元素，是指植物必須從外部獲得並參與其正常
生理過程的元素。這些必需元素可分為兩類：包括大量元素（macronutrients）
和微量元素（micronutrients）。以下是植物的必需元素列表：

(1) 大量元素：

　　氮（N）：用於構建蛋白質、核酸、其他有機分子，對植物的生長和綠
　　　　　　　葉色素的合成至關重要。

　　磷（P）：參與能量轉移和許多代謝過程，促進根系發育和花朵的形成。

　　鉀（K）：調節水分平衡，促進光合作用和蛋白質合成。

　　鈣（Ca）：維持細胞壁結構，參與細胞信號傳遞和根尖生長。

　　鎂（Mg）：組成葉綠素分子，參與光合作用和酶系統。

　　硫（S）：在蛋白質和酶的合成中發揮重要作用。

(2) 微量元素：

　　鐵（Fe）：傳遞電子，參與葉綠素的合成和呼吸過程。

　　錳（Mn）：參與光合作用和酶的活性。

　　鋅（Zn）：促進植物生長和發育的多個酵素系統。

　　銅（Cu）：參與光合作用和酵素活性。

　　鈷（Co）：在植物中催化氮固定和其他代謝過程。

　　鎳（Ni）：鎳在酵素反應中具有催化能力，特別是在氫氧化物酯酶和甲
　　　　　　　基 -CoM- 還原酶等關鍵酵素中扮演著重要角色。這些酵素
　　　　　　　的活性依賴鎳的存在，使其能夠促進特定的生化反應，進而
　　　　　　　參與生物體內的代謝過程。

　　硼（B）：參與細胞壁的形成和葉綠素合成。經由硼橋結構穩定細胞
　　　　　　　壁，增加其結構強度和穩定性。同時，硼參與葉綠素的合
　　　　　　　成，確保葉綠素的正常功能和光合作用的進行。

　　鉬（Mo）：促進氮固定過程和酶的活性。

　　這些必需元素對於植物的生長和發育至關重要，其缺乏或不足可能會導致營養不良症狀，例如葉片發黃、生長受限、花果發育異常等。植物需要從土壤中吸收這些必需元素，並且在適當的比例下進行利用，以維持其健康生長。

問答題

1.

試述植物的根部對鈣（Ca）的吸收、運輸和植物體內的分配。

　　植物根部對鈣（Ca）的吸收、運輸、植物體內的分配是植物養分吸收過程中的重要部分。

1. 吸收

(1) 吸收位置：植物的根系主要負責鈣的吸收。根毛是位於根頂端的細小結構，其表面積大大增加了植物對鈣的吸收面積。

(2) 吸收形式：鈣以離子形式（Ca^{2+}）存在於土壤溶液中。植物經由根部細胞的離子通道或載體蛋白主動吸收鈣離子。

2. 運輸

(1) 根部內運輸：鈣進入根部細胞後，通過根部組織相鄰細胞或細胞壁間的孔道進行運輸。前者細胞內之運輸方式經由原生質聯絡絲（plasmodesmata）運輸被稱為原生質（symplast）路徑。後者稱為非原生質（又稱質外體，apoplast）路徑。

(2) 薄壁組織中的運輸：在根部的薄壁組織中，鈣以溶液中的形式進行運輸。這種運輸方式稱為細胞間液流運輸，植物利用根部細胞的膜系運輸系統和細胞間液流將鈣從根部運輸到植物體的其他部位。

3. 分配

(1) 分配至新生組織：吸收和運輸的鈣會優先分配給植物的新生組織，例如新生根、莖、葉。這些組織需要鈣來支持其生長和發育。

(2) 分配至成熟組織：一旦新生組織獲得足夠的鈣，剩餘的鈣會分配到植物的成

熟組織，例如成熟的根、莖、葉。在成熟組織中，鈣被用於維持細胞結構穩定性和參與許多代謝過程。

總之，植物的根部經由根毛吸收土壤中的鈣離子，然後通過根部細胞間原生質聯絡絲、或細胞間隙液流運輸到植物體內。鈣的分配優先分配給新生組織，然後再分配至成熟組織。鈣在植物體內扮演著維持細胞結構穩定性和參與代謝過程的重要角色。

2.

請說明鉀對作物生長之主要作用為何？作物在缺鉀情況下，對生長有何影響？

鉀（K）對作物生長具有重要的作用，下面是鉀對作物生長的主要作用：

1. **鉀是酵素系統的活化劑**：鉀參與許多植物酵素系統的活化，特別是與酶的磷酸化過程相關。這些酵素系統在植物的生長和代謝過程中有關鍵作用，包括碳水化合物的合成、呼吸作用、蛋白質合成、及 DNA 合成等。

2. **鉀調節離子平衡**：鉀在植物細胞內外的濃度平衡調節中具有重要作用。其參與調節細胞內外的正負離子平衡，維持細胞內外的電位差和細胞膨壓。這對於維持細胞的結構穩定性、保持細胞的水分平衡、及確保正常的細胞機能至關重要。

3. **鉀參與蛋白質合成**：鉀在植物體內參與蛋白質的合成過程，特別是對於酵素的合成具有重要作用。蛋白質是植物生長和發育所必需的重要分子，對於細胞的結構和功能有關鍵作用。

當作物缺乏鉀時，對生長有以下影響：

1. **生長受抑制**：鉀是植物生長過程中的一個關鍵營養元素，缺乏鉀會抑制植物的生長和發育。植物的根系生長受限，莖稈變脆弱，葉片生長緩慢，整體植株的生長受到明顯抑制。

2. **葉片顏色異常**：鉀缺乏會導致葉片的顏色異常，出現葉緣焦枯、葉片黃化、出現灰色斑駁等症狀。這是由於鉀對葉綠素的合成和光合作用有重要影響。

3. **水分調節受損**：鉀對水分的調節有重要作用，缺乏鉀會導致植物的水分平衡受損。植物的抗旱性下降，水分的吸收和運輸能力減弱，易出現水分缺乏和脫水現象。

　　總之，鉀對作物的生長和發育有關鍵作用。缺乏鉀會抑制植物的生長，使植物表現出生理和形態上的異常症狀，並影響水分平衡和營養代謝等機能。因此，維持適量的鉀供應對於作物的正常生長至關重要。

3.

試說明植物對於土壤硝酸態氮素之吸收方式、其在植物體內各部位之流向、代謝及利用。

　　植物對於土壤中的硝酸態氮素（NO_3^-）的吸收主要依賴以下過程：

1. **吸附和解離**：硝酸態氮素首先被植物根表面吸附，然後在根部細胞內解離為硝酸根離子（NO_3^-）。

2. **膜轉運**：硝酸根離子通過植物根部細胞的膜轉運系統進入細胞內部。此涉及葉綠體外膜和內膜之間的膜轉運系統，以及根部細胞內的膜轉運系統。

3. **分配和轉運**：硝酸根離子在植物體內進行分配和轉運，可以從根部運輸到莖部、葉片和其他部位，以供應植物不同部位的生長和代謝需求。

4. **代謝和利用**：硝酸根離子在植物體內進行代謝和利用，可以參與植物的胺基酸合成、蛋白質合成、及其他有機化合物的合成。硝酸根離子還可以進行氮素代謝，包括氨化作用和硝化作用。

　　在植物體內，硝酸根離子的流向和代謝方式如下：

1. **向上運輸**：硝酸根離子經由根部的導管系統向上運輸到莖部和葉片。此提供植物地上部組織的氮源。

2. **葉片內再分配**：一旦硝酸根離子進入葉片，其可在葉片內進行再分配。這涉及到葉片中的維管系統和葉片細胞內的轉運系統。

3. **氮代謝**：硝酸根離子可以參與植物的氮素代謝過程。在氨化作用中，硝酸根離

子被還原爲胺基酸，然後用於蛋白質和其他有機化合物的合成。在硝化作用中，硝酸根離子被氧化爲亞硝酸離子，進一步參與氮素循環過程。

　　總之，植物對於土壤中的硝酸態氮素進行吸收、運輸、代謝、利用，以供應植物的生長和代謝需求。這個過程涉及根部的吸附和轉運、硝酸根離子的分配和轉運、硝酸根離子在植物體內的代謝和利用。

> **4.**
>
> 請說明作物根部吸收硝酸態氮肥後，在植物體內如何進行氮素代謝？以及在細胞內哪些部位進行氮素代謝？

回答重點

1. 說明作物根部吸收硝酸態氮肥後，在植物體內哪些器官部位進行進行氮素代謝，以及過程中在細胞內那些位置進行氮素之轉變。
2. 進行氮素代謝所涉及之相關酵素有哪些。

　　當作物根部吸收硝酸態氮肥後，植物體內進行氮素代謝的過程如下：

1. **吸收與轉運**：根部吸收硝酸態氮肥中的硝酸根離子（NO_3^-），並將其轉運到植物體內。硝酸根離子經由根部的導管系統向上運輸到葉片和其他組織。

2. **還原**：在葉片內部，硝酸根離子被還原爲亞硝酸離子（NO_2^-）。這一步驟由硝酸鹽還原酶（nitrate reductase）催化。

3. **再還原**：亞硝酸離子進一步被還原成胺基酸。此一步驟係由亞硝酸鹽還原酶（nitrite reductase）催化。胺基酸是植物體內重要的氮源，可以用於合成蛋白質、核酸、其他有機化合物。

4. **蛋白質合成**：在胺基酸的基礎上，植物進行蛋白質的合成。氮素在這個過程中被整合到蛋白質的結構中，用於建構合成植物體內的各種蛋白質。

5. **其他代謝途徑**：除了蛋白質合成外，氮素還可以進入其他代謝途徑。它可以參與核酸的合成、鹼基的合成、色素的合成等。

　　在植物細胞內，氮素代謝主要發生在葉部葉綠體、細胞質、根部。以下是一些具體的部位和過程：

1. **葉綠體**：在葉綠體中，氮素被轉化爲胺基酸，並參與葉綠素的合成過程。

2. **細胞質**：在細胞質中，胺基酸被用於合成各種蛋白質，包括結構蛋白、酵素、及其他功能性蛋白質。

3. **根部**：植物的根部是吸收氮素的主要器官。根部的根毛和細胞能夠攝取土壤中的氮素，一旦吸收到氮素，其可在根部進行初步的代謝轉化，或是直接經由導管往上輸送進入植株葉部進行更多的代謝過程。

　　總之，作物根部吸收硝酸態氮肥後，會在植物體內進行氮素代謝，其中包括硝酸根的還原、胺基酸的合成、蛋白質的合成等過程。這些代謝過程主要發生在葉部之葉綠體、細胞質。

5.

請說明作物體內進行氮素代謝所需之關鍵酵素 glutamine synthetase 活性受到抑制後，會產生何種結果？請說明造成這些結果之原因。

　　當作物體內關鍵酵素穀胺醯胺合成酶（glutamine synthetase）的活性受到抑制時，將產生以下結果：

1. **氨毒性**：穀胺醯胺合成酶是氮素代謝的關鍵酵素之一，負責將氨（NH_3）與穀胺酸結合形成穀胺醯胺。如果穀胺醯胺合成酶的活性受到抑制，穀胺酸和氨的代謝途徑受到干擾，導致體內的氨含量增加。過量的氨對植物細胞和組織具有毒性，可能引起細胞壁損傷、細胞膜的損害、代謝異常等。

2. **氮代謝異常**：穀胺醯胺合成酶是氮代謝途徑中的關鍵調節酵素，參與氮的轉化和調節氮素的平衡。抑制穀胺醯胺合成酶活性將導致氮代謝途徑的異常，影響氨的利用和轉化，進而影響植物對氮素的吸收、運輸、和利用能力。

　　這些結果的產生原因如下：

1. **穀胺醯胺合成酶活性受到抑制**：穀胺醯胺合成酶活性的抑制可能是由環境因素（如缺乏營養元素、水分壓力、高溫等）或內部因素（如基因表達調節、酵素

活性受到抑制等）引起的。這些因素可能干擾酵素的正常功能和調節機制，使其活性降低或完全失去，從而影響氮代謝的正常進行。

2. **氮素平衡失調**：穀胺醯胺合成酶的抑制導致氨代謝途徑異常，增加體內氨含量，進而干擾氮素平衡。植物需要平衡吸收的氮素與氮的利用和轉化，以維持正常的生長和代謝。當穀胺醯胺合成酶活性受到抑制時，氮的轉化和利用過程受到干擾，使氮平衡失調，導致植物生長和發育異常。

因此，穀胺醯胺合成酶活性的抑制會導致氨毒性和氮代謝異常，進而對植物的生長和發育產生不利影響。

6.

請說明作物生長之土壤組成中，「有機質」所指為何？所謂「有機質肥料」所指為何？請說明並舉例。

回答重點

1. 有機質是衍生自生物之土壤組成分，這些生物包括微生物如真菌（fungi）、細菌（bacteria）、放射菌（actinomycetes），以及昆蟲、蚯蚓、植物根部、植物殘株、及其他。雖然前述有機質所占的量僅有5%，但實際上土壤中之含量與降雨、溫度與栽培作法有關。當年雨量增加，則土壤可支持較多的植物生長，此可增加土壤有機質。

   當年均溫增加時有利於有機質分解，會使土壤有機質流失而減少。因此，在北美平原（North American Plains）通常土壤有機質由南至北，及由西至東增加。由於翻耕整地作業將有機質併入土壤，可加速有機質分解，所以北美大草原在整地開始之後，其土壤有機質呈現穩定下降。

2. 所謂「有機質肥料」係指施用於土壤後可增加土壤有機質（organic matter）含量的肥料均屬之。土壤有機質包括腐植質（humic substance）及非腐植質二部分，有機質含量高的土壤是優良農業土壤的表徵，因此維持土壤適當約有機質含量是土壤管理重要的項目。

> 土壤有機質的來源包括：
> 1. **動植物殘體**：以植物殘體最普遍，經堆置發酵後即成堆肥（compost）。
> 2. **牲畜糞肥**。
> 3. **汙泥**：植物（或動物）殘體沈積於水中泥土，經發酵後所形成。一般發現於湖泊、排水溝及衛生下水道中。汙泥常含有重金屬，應先檢測後才能使用。
> 4. **垃圾**：經堆積發酵後可作為有機肥料，但必須嚴格執行垃圾分類及嚴格檢測重金屬含量。就現況而言，廚餘垃圾仍不宜作為堆肥的原料。
> 5. **綠肥**：綠肥作物翻埋土中經分解後，亦可增加土壤有機質的含量。

　　有機質指的是土壤中的有機化合物，包括殘餘的植物和動物組織、有機碎屑、微生物的代謝產物等。這些有機物來源於植物和動物的生物活動，通過生物分解作用進入土壤環境。

　　有機質肥料是指從有機來源中提取或合成的肥料，其中含有豐富的有機物質。這些肥料可以提供植物所需的營養元素和有機質，同時改善土壤的結構和水分保持能力。

　　以下是一些常見的有機質肥料的例子：

1. **堆肥**：由堆積的有機廢棄物（如植物殘餘物、動物糞便）經過分解而得到的肥料。
2. **腐植酸肥料**：由腐植質或腐植酸提取而得到的肥料，富含有機物質。
3. **骨粉**：由動物骨骼經過處理和研磨得到的肥料，富含鈣和磷等元素。
4. **魚粉**：由魚類或魚骨經過加工和研磨得到的肥料，含有豐富的蛋白質和微量元素。
5. **豆粕**：由豆類經過壓榨提取油脂後剩餘的部分，含有蛋白質和氮素等營養成分。

　　這些有機質肥料可以提供營養元素，同時改善土壤結構、增加土壤有機質含量，及促進土壤微生物活動，提高土壤肥力和作物生長。

7.

請詳述土壤的性質如何影響礦物元素養分（mineral nutrient）的可利用性。

1. **土壤酸鹼值（pH）**：會影響植物對於營養元素的吸收。

   酸性土壤可能會產生的問題如下：

(1) 鐵、鋁、錳毒害。

(2) 磷容易與鐵、鋁氧化物結合沉澱，植物會有缺磷的現象。

(3) 強酸環境下，土壤有機物不易釋出植物所需的氮、硫、磷等營養。

(4) 強酸環境下，土壤鹽基離子容易流失，硼、鋅、銅、鉬等微量元素也會欠缺。
    在強鹼的環境下，鋁、鐵、錳、鋅、銅這些元素幾無法溶入土壤溶液中，因
    此使植物缺乏這些微量元素。磷在強鹼的環境下則會與鈣結合，形成不溶性
    化合物，植物不易取用，會有缺磷的問題。

2. **土壤有機質**：特別是腐植質具有聚合程度較強、分子量較大、可帶較多電荷等
   特性，因此在穩定土壤構造、吸附水分和養分等方面，均有較佳的表現，可改
   善土壤的形態特徵與性質。

   此外，腐植質也較不容易被細菌分解，可以將碳素固定下來後，保留碳素長達
   數十年、甚至數百年的時間，對於減碳有很顯著幫助。但是若土壤有機物含量
   太高，腐植酸豐富，也有可能使土壤呈現強酸反應，不利於植物的生長。

3. **土壤陽離子交換能力**：係指土壤顆粒與有機物內部和外部表面吸附之陽離子，
   與土壤中（特別是土壤溶液中）可交換之陽離子間，均能自由地交換，一般以
   一公斤的土壤可交換之百分之一莫耳數陽離子為單位（cmol(+)/kg soil）。而因
   土壤中黏粒和腐植質的表面積大，所攜帶的電荷較多，主導了土壤陽離子交換
   能力。不同的有機物和黏土礦物的 CEC 值不同，值越大，表示土壤吸附陽離
   子的能力越強。

   一般影響土壤 CEC 值大小的因子有：

(1) 有機質的含量越多，CEC 越大。

(2) 黏土礦物的種類。

(3) 黏粒含量越多，CEC 值越大。

(4) 土壤礦物的風化程度，風化程度高的礦物含量越多，CEC 值越小。

> ### 8.
> 請建構作物礦物元素養分含量與生長（產量）關係圖，並詳述如何依二者關聯性來安排肥料施用時程，以達到最適化產量目的。

1. 肥料三要素的施用

(1) 就作物品種之特性而言，生長潛力較大之品種需肥量尤其是氮肥，高於生長潛力低者。水稻矮性多分蘗、葉片直立不易倒伏之品種產量高，氮肥之施用量通常應較高，反則較低。

(2) 以作物生長期而言，晚熟品種因生長期長，故需肥量應大於早熟品種，且施肥時期也應適度的調整提早。

(3) 氣候因素考慮，在日照充足時光合成產物之生產潛力增加，如能配合供給多量氮肥，就可將此潛力充分發揮，獲得高產，反之則造成減產。陽光不足時，作物通常需要較高量的鉀素營養，因此增加鉀肥的施用，才能維持作物正常的光合效率。

　　水分是生長的主要限制因子，在水分較缺乏季節，作物的乾物生長量減少，相對的肥料需要量亦應減少。溫度升高時一般作物生長旺盛，且在高溫季節土壤有機物分解也會加速，相對的釋放出氮素較快，根的吸收率也高，所以應減少氮肥施用量；溫度降低時，磷素的吸收受到阻礙，例如同一塊田在不同溫度期種植玉米或高粱時，其缺磷症狀的表現，低溫期較高溫期明顯。

2. 建構關係圖的建議步驟

(1) 選擇作物和元素：首先，選擇想要建構關係圖的作物，以及感興趣的礦物元素，如氮、磷、鉀等。

(2) 蒐集資料：蒐集相關的作物生長和元素含量數據。此可從研究文獻、實驗室測試分析、田間試驗分析中獲得數據。

(3) 繪製圖表：使用選定的數據，繪製一個關係圖，其中 x 軸表示元素養分含量，y 軸表示作物生長（例如產量）。根據數據點的分布，可以繪製出一條直線或曲線，表示兩者之間的關係。

3. 安排肥料施用時程

基於營養元素含量與作物生長之間的關聯性，可以採取以下步驟來安排肥料施用時程，以達到最適化產量目的：

(1) 定期監測元素含量：在作物生長過程中，定期進行營養元素含量測試，以確定營養元素的供應狀況。

(2) 根據作物需求調整肥料施用：如果發現營養元素含量不足，可以根據作物的生長階段和需求，調整肥料的種類和用量。例如，如果作物在生長初期需要較多的氮，則可以在這個階段增加氮肥的施用量。

(3) 避免過量施肥：雖然營養元素對作物生長至關重要，但過量施肥可能導致營養元素的累積，對環境造成負面影響。根據關係圖，可確定營養元素含量達到最佳效果的範圍，避免過度施用肥料。

(4) 分階段施肥：考慮到作物不同生長階段對營養元素的需求變化，可以採取分階段施肥的策略。例如，在生長初期注重氮肥的供應，到了開花期和結實期則需要更多的磷和鉀。

總之，經由建構作物營養元素含量與生長（產量）之間的關係圖，可以更深入地了解營養元素的供應對作物生長的影響，從而適當地安排肥料施用時程，以實現產量最佳化的目標，也記得要根據實際的地理和氣候條件進行調整。

> **9.**
>
> 請說明許多作物不宜種植於酸性土壤（pH 低於 5）的原因。請列舉有哪三種適宜種植的作物？如何改良酸性土壤？

1. 許多作物不宜種植於酸性土壤（pH 低於 5.0）的原因

(1) 養分缺乏：酸性土壤中，一些重要的養分，如鈣、鎂、磷等可利用性下降，會變得難以被植物吸收，進而影響作物的生長和發育。在偏低 pH 下，能存活之植物種類較少。

(2) 毒素釋放：酸性土壤中，一些毒素（例如鋁和錳）會釋放出來，對植物根系及微生物造成損害，抑制其生長與活動。

(3) 微生物活動受限：大部分微生物喜歡中性至微鹼性的環境，當土壤變得過於酸性，微生物的生長速率可能減緩。酸性土壤可能限制土壤中微生物的活動，降低土壤的生物活性，進而影響養分的循環和供應。試驗發現長期施用銨態氮致土壤 pH 降至 3～4 而未校正時，其草生種類較少，土壤中微生物種類亦較少，這可能會降低土壤中的生態系統的穩定性和功能。土壤 pH 低時，許多種菌類的活動會受到阻礙，例如有機物的分解、氨化及硝化作用、根瘤菌的固氮作用都是在土壤接近中性時才能順利進行，pH 太低會阻礙其進行，影響元素的循環作用。

2. 適宜種植於酸性土壤的作物

在臺灣強酸性土壤（pH < 5.5）占總面積的 52% 左右，可栽種某些耐酸性的作物，如茶、鳳梨等，下舉三例說明。

(1) 茶樹（tea）：茶樹是一種常見的耐酸性作物，適合在酸性（pH 4.5～5.5）土壤中種植，中性或鹼性土壤都不能生長。茶葉（茶菁）可以用來製茶。茶樹尚有兩個比較特殊的性質，第一是茶樹屬於耐鋁作物，一般酸性土壤富含鋁離子，對一般植物而言，土壤高鋁含量具有毒性，對茶樹卻相反，健壯的茶樹含鋁可以高達 1% 左右；其次，茶樹是需鈣又嫌鈣的作物，通常在酸性土壤中，鈣含量較少，但鈣也是茶樹生長的必要元素之一，不過所需的量不多，過多反而抑制根系的生長發育，通常土壤活性鈣的含量不得超過 0.5%，太多太少皆不宜。

(2) 馬鈴薯（white potato）：當土壤 pH 值在 4.8～7.0 時，馬鈴薯生長發育均正常，但當土壤 pH 值在 5.0～5.5 時則是最適宜馬鈴薯的生長發育。若土壤 pH 值在 4.8 以下時，部分品種植株會表現早衰減產。此外，當土壤 pH 值高於 7.0 時產量下降，在強鹼性土壤中不適合種植馬鈴薯。當土壤 pH 值在 6.0～7.0 時馬鈴薯生長發育雖然正常，但馬鈴薯瘡痂病發生嚴重，影響馬鈴薯的商品品質。

(3) 油茶（*Camellia oleifera*）：油茶是一種耐酸性（pH 5.0～6.0）、忌鹼性土壤的特用作物，其種子可以提煉苦茶油，用於食用和工業用途。

3. 如何改良酸性土壤

(1) 石灰化：添加石灰（鈣質肥料）可以中和土壤酸性，提高土壤的 pH 值。這有助於改善養分的供應和微生物活動。石灰資材的施用對強酸性土壤改良之效果，深受資材的品質、施用量、土壤 pH 緩衝能力、施用方法、施用時期的影響。一般施用的石灰質材有石灰石粉（碳酸鈣）、白雲石粉（俗稱苦土石灰）、牡蠣殼粉（純 $CaCO_3$ 組成）、熟石灰（氫氧化鈣）、矽酸爐渣等等。在決定施用量之前應先了解欲種植作物生長的適宜 pH 範圍，再以提升土壤 pH 至該 pH 範圍的中間值附近為目標。

(2) 施用有機肥料：施用有機肥料可以改善土壤結構和水分保持能力，增加土壤的養分含量。

(3) 避免使用酸性及生理酸性肥料：宜改用鹼性及生理鹼性肥料，不但不會使土壤變酸，反而具有提升土壤 pH 的間接效應。一般使用的鹼性和生理鹼性肥料，包括鳥肥（氰氮化鈣）、草木灰、骨粉、硝酸鹽肥料（硝酸鉀和硝酸銨除外）。

(4) 選擇合適的作物：如果土壤過於酸性，可以選擇適應酸性環境的作物種植，如茶樹、鳳梨等。

(5) 藥劑處理：有時可以使用特定的土壤改良劑或添加劑，例如石灰石粉，以改善酸性土壤的性質。

(6) 客土：自他處搬運非酸性的土壤，放在原有土壤表面或和原有土壤混合，雖然看似可減輕土壤酸害問題，但是大面積的客土改良卻可能造成運費及人力需求增大；若栽種深根性作物，當作物的根系延伸至客土層下方，則酸性問題仍然存在。此外，若客土中含有大量有毒物質，或所客之土壤與原有土壤孔隙間的差異可能造成排水不良，因此欲利用此方式來改良強酸性土壤時，其客土來源需相當注意。

　　改良酸性土壤需要根據土壤的具體情況進行，建議在進行土壤改良之前進行土壤測試，以確定適合的改良方法。

第 8 章

作物種子與播種

◆ **名詞解釋** ◆

1. 芻蝕胚乳（ruminate endosperm）

在棕櫚科植物中為相當常見之現象，當種皮經由分生組織向內生長時，因種皮向內而剝離胚乳，所以形成芻蝕胚乳。芻蝕狀況可能會發生在內胚乳、子葉、外胚乳、種被。

2. 轉殖終結者基因（terminator gene）

轉殖終結者基因，也稱為遺傳使用限制技術（genetic use restriction technology, GURT）或種子使用限制技術（seed use restriction technology, SUPT），是一種基因轉殖技術。該技術的主要目的是限制轉基因作物的種子再生能力，使得這些種子無法發芽或生長。

轉殖終結者基因通常在轉基因作物的基因組中加入，並與轉基因作物所帶的特定基因緊密相連。這使得轉基因作物的種子只有在特定條件下才能發芽和生長。例如，當生產者種植轉基因作物後，其產生的種子就會含有轉殖終結者基因，這些種子在播種後無法再生長出新的植株。

轉殖終結者基因的使用目的主要有兩個：

(1) 控制種子市場：轉殖終結者基因可以防止生產者將轉基因作物的種子自行保存下來再次播種，強迫生產者每年都必須購買新的轉基因種子，從而確保轉基因種子的市場壟斷。

(2) 避免基因漂流：基因漂流是指轉基因作物的基因在風或昆蟲等媒介下，跨越到非轉基因作物或野生植物中，導致不希望的基因轉移。轉殖終結者基因可以減少基因漂流，避免轉基因基因體在自然界中持續傳播。

然而，轉殖終結者基因也受到許多爭議，因為此種技術限制了生產者的種植自主權，且可能對種植糧食作物的生產者造成經濟壓力。一些國家和國際組織已經禁止或限制使用轉殖終結者基因。為了確保生產者權益和生物多樣性，有必要對這些技術進行嚴格的監管和評估。

問答題

1.

請試述種子蛋白質依溶解度在禾穀類與豆類種子中之蛋白質有何不同？

　　禾穀類種子和豆類種子中的種子蛋白質在溶解度上有一些不同之處。

1. 禾穀類種子蛋白質通常以較高的溶解度為特徵，其在水中能夠迅速溶解並形成溶液，稱為水溶性蛋白質。這些蛋白質通常以分散形式存在於種子內部，並且在種子發芽過程中提供能量和營養。禾穀類種子蛋白質主要由膳食纖維和較少的游離胺基酸組成，具有較低的生物利用度。

2. 豆類種子蛋白質則具有較低的溶解度。大部分豆類種子蛋白質存在於胚乳中，以形成蛋白體顆粒或「蛋白質體」的形式存在。這些蛋白質體通常由蛋白質分子聚集形成，具有較大的大小（size）和較低的溶解度。豆類種子蛋白質主要由游離胺基酸組成，具有較高的生物利用度。

　　因此，禾穀類種子蛋白質在溶解度和組成方面與豆類種子蛋白質有所不同。這些差異對於種子的營養特性和食用價值具有重要影響。禾穀類蛋白質提供能量和較少的胺基酸，而豆類蛋白質則富含胺基酸且具有較高的生物利用度。這也是為什麼禾穀類和豆類在飲食中扮演不同角色的原因之一。

補 充 說 明

1. 禾穀類種子之蛋白質組成為何？

　　禾穀類種子中的蛋白質組成相當複雜，可以分為兩大類：膜蛋白和儲存蛋白。

(1) 膜蛋白（membrane proteins）：這些蛋白質位於禾穀類種子的細胞膜上，包括下列幾種類型：

　　a. 通道蛋白（channel proteins）：負責運輸物質進出細胞膜，如離子通道。

　　b. 轉運蛋白（transporter proteins）：負責輸送特定分子或離子橫越細胞膜。

c. 受體蛋白（receptor proteins）：在細胞膜上接收外部信號，觸發相應的細胞反應。

(2) 儲存蛋白（storage proteins）：這些蛋白質主要在種子發育過程中累積，並在種子休眠或發芽時提供能量和營養。禾穀類種子的儲存蛋白通常分為兩個主要類型：

a. 穀蛋白（glutenins）：存在於小麥種子中，主要負責形成膠狀結構，賦予麵團的黏彈性。

b. 醇溶蛋白（prolamins）：存在於玉米、稻米和小麥等禾穀類種子中，主要含有較高比例的蒄麻胺酸和脯胺酸，為種子提供能量和氮源。

　　禾穀類種子中的蛋白質組成可以因不同的植物品種而有所差異。這些蛋白質對於禾穀類作物的營養價值和食用特性至關重要。

2. 豆類種子之蛋白質組成為何？

　　豆類種子中的蛋白質組成相當豐富，主要以儲存蛋白為主。豆類種子的蛋白質組成可以分為以下幾個主要類型：

(1) 豆球蛋白（legumin）：豆球蛋白是豆類種子中最主要的蛋白質成分之一，占總蛋白質含量的一大部分。豆球蛋白可以進一步分為以下兩個亞類：

a. 球蛋白（又稱高亮胺酸豆蛋白；globulins）：球蛋白是豆類種子中最豐富的蛋白質組分，包括 α- 和 β- 球蛋白。這些蛋白質在種子發芽時提供能量和營養，並具有相對較高的生物利用度。

b. 大豆球蛋白（又稱低亮胺酸豆蛋白；glycinin）：大豆球蛋白也是豆類種子中的重要蛋白質組分。它在種子發育過程中累積並在休眠或發芽時提供能量和營養。

(2) 儲存蛋白（storage proteins）：除了豆球蛋白外，豆類種子還含有其他儲存蛋白。其中一個重要的儲存蛋白是刀豆球蛋白（concanavalin A），是蒄麻豆種子中的主要成分之一。

　　豆類種子的蛋白質組成因植物品種和種子發育階段的不同而有所變化。這些豐富的蛋白質提供了人類所需的重要營養素，如胺基酸和蛋白質。此外，豆類蛋白質也具有許多功能性特性，例如在食品加工中提供結構和黏性，以及應用於許多素食和替代蛋白的產品中。

> **2.**
>
> 油脂含量高的種子，例如油菜、棉花、向日葵，其油質體（oleosome）可作為儲藏胞器，請詳述其來源、結構、組成及種子發芽過程脂質如何轉化成醣類以供幼苗生長使用。（2020 年特種考試地方政府公務人員作物生理學考試試題）

1. 油質體是植物細胞中的一種質體，屬於白色體，其主要功能為儲存和合成脂質，油質體被認為是分散在油粒體的基質中，其後發現可能與類囊體基粒邊緣膜曲率最大處相連，外側由原纖維蛋白包覆以避免其相互融合，內部除了脂類外，還有與類萜代謝有關的酵素。數個質粒體小球可以細頸狀的區域彼此結合成串狀。和其他質粒體一樣，油粒體有自己的環狀 DNA，可自行透過分裂而增生。

2. 油質體中儲存的脂質在需要時可分解供植物使用。以種子細胞中的油粒體為例，儲存的三酸甘油脂先被酯酶分解成甘油與三分子游離的脂肪酸，甘油可轉換成醣類或參與呼吸作用，脂肪酸則入乙醛酸小體，經過 β- 氧化作用形成乙醯輔酶 A（acetyl-CoA），在檸檬酸合成酶的作用下，乙醯醯輔酶 A 與草醯乙酸縮合為檸檬酸，再經烏頭酸酶催化形成異檸檬酸。隨後，異檸檬酸裂解酶（isocitratelyase）將異檸檬酸分解為琥珀酸和乙醛酸。在蘋果酸鹽合成酶（malate synthetase）催化下，乙醛酸與乙醯輔酶 A 結合生成蘋果酸。蘋果酸脫氫重新形成草醯乙酸，可以再與乙醯輔酶 A 縮合為檸檬酸，於是構成一個循環。其總結果是由 2 分子乙醯輔酶 A 生成 1 分子琥珀酸。

   琥珀酸由乙醛酸循環體轉移到線粒體，在其中通過三羧酸循環的部分反應轉變為延胡索酸、蘋果酸，再生成草醯乙酸。然後，草醯乙酸繼續進入 TCA 循環或者轉移到細胞質，在磷酸烯醇式丙酮酸羧激酶（PEP carboxy kinase）催化下，脫羧生成磷酸烯醇式丙酮酸（PEP），PEP 再通過糖酵解的逆轉而轉變為葡萄糖 -6- 磷酸並形成蔗糖。有時三酸甘油脂只釋出兩個脂肪酸，形成甘油一脂，也會直接從油粒體移至乙醛酸循環體，加以分解不同植物分解油粒體的機制有所差異。向日葵、油菜、蓖麻等種子的脂酶存在油粒體中，而棉花種子的

脂酶則是在細胞質合成後再送入油粒體中。

3.

請寫出決定作物播種方式的因素，並請說明之。（參考王慶裕。2017。作物生產概論，第9章。）

作物播種方法包括如下幾種方式：

1. **撒播**（**bcoadcasting, broadcast seeding**）：即將種子均勻撒布於田面（平作）或畦面（畦作），然後覆土。撒播的優點是簡易、節省勞力，栽培目的多為收穫莖葉之飼料作物、牧草、綠肥作物。此外，移植（transplanting）栽培所需之幼苗，亦採用撒播育苗，例如水稻、菸草、蔬菜等。

2. **條播**（**drilling, drill seeding**）：即在田間每隔一定距離（行距）準備溝狀播床（不整地栽培則不需準備播床），然後將種子均勻播種於播床上，再覆土。行栽作物（row crop）通常採用條播，播條與播條之間的距離通稱行距（row spacing），播條內之播種距離可隨播種量而調整之。條播可節省播種所需之種子（播種量），作物生育期間人員出入方便，有利於各項管理工作，而且通氣、光照皆良好，有利於作物生長。

3. **點播**（**dibbling**）：條播之播條依一定之間隔距離播下種子，然後覆土者稱為點播，此間隔距離通稱株距（in-row spacing）。依上述定義，點播亦屬於條播，大部分的行栽作物採用之。實際上進行點播時，可採用穴播方式，不須開挖播種溝。

當作物要播種時必須考慮一些因素，包括播種量（seeding rate）、行株距（row spacing）、播種深度（seeding depth）、播種時間（time of seeding）、播種方法（method of seeding）。

1. **播種量與行株距**（**seeding rate and row spacing**）：播種量與行株距決定了每一株作物在田間擁有的空間大小及植物類型（pattern），而最終田間之作物族群大小則決定於播種量與種子在田間之發芽率。如前所述，若田間作物有適當之族群大小與行株距則可讓葉片植冠（leaf canopy）有效地截收光線。在田間

決定作物實際空間大小之因素，主要包括植株大小與水分供應。

水分供應是田間最限制作物產量之因素。在作物生長期間，作物利用之水量必須能配合預期之水分供應量。這些水分包括播種時儲存於土中之水分，以及播種至成熟期間預期自降雨或灌溉所獲得的水分。

作物之間利用水分之效率不同，然而最重要的決定因素是植株大小、其生命週期中究竟能長多大。較大型的植物產生較多的葉面積，意謂著有較多的水分會經由蒸散作用喪失。因此，較大型之植物其族群密度低於小型植物，例如在相同條件下玉米每公畝有 25,000 株，而小麥幾乎有 1,000,000 株。

當預期有較多水分可供作物生長利用時，通常播種量可以提高一些。相同作物品種之田間播種量，在有灌溉之田間可高於在乾旱之田間。於播種時若田間儲存之水分較少，則播種量應該減少。

一般而言，密植可使植株迅速覆蓋土壤表面，提高太陽能的攔截。但密植必須在土壤肥力良好或肥料供應充足的情況下才可實施。此外，單位面積土地所需的播種量，則視栽培密度、種子大小及田間萌芽率（幼苗出土率）而定。篩選籽粒大而健全的種子，雖然播種量增加，但對種子發芽勢及幼苗生長有良好效果。

2. **播種深度**（seeding depth）：作物播種深度大抵決定於種子大小與土壤狀況。發芽中的種子需要適當的水分、氧氣、土溫。良好的土壤構造也有助於種子發芽。較大的種子播種深度可以深些，因其有較多的儲存養分可提供幼苗生長發育所需能量直到出土為止。一般而言，播種深度約為種子外形大小之 3～4 倍左右。

於砂土播種其深度應大於黏土，乾土亦應較溼土深。乾旱時播種宜深，陰溼之處應淺播。此外，需光性種子應淺播，否則種子無法獲得光線亦不能發芽。禾穀類作物之種子，不論播種深度如何，其冠根大致皆在同一深度內（地面下 2.5 公分左右）形成。若播種過深，種子發芽後第一節間（first internode）伸長，直至離地表 2.5 公分左右才發生冠根。因此水稻插秧過深時，容易形成二段莖，使分蘖延遲及減少。甘藷塊根大都在近地表之主莖節上形成，因此宜行淺植，插植過深則影響產量。

作物品種間在種子發芽與幼苗出土之差異性會影響播種深度，莖稈較短的品種與莖稈較高的品種相較，前者可能無法順利自後者之播種深度長出幼苗。此情況常見於小麥之短稈品種。

土壤溫度、水分與播種深度彼此間均有關聯性，溼潤土壤因水分吸走較多的熱能通常溫度較低。對於一特定作物或品種之推薦播種深度，常以一個深度範圍表示，在土壤溼冷時播種宜在範圍內較淺深度，以確保發芽時有溫暖溫度，而在乾燥土壤播種時深度宜深些，以確保有適當的水分供應。

3. **播種日期（seeding date）**：作物之播種日期視作物所需之環境條件及病蟲害之危害程度而定，有時亦受耕作制度及產品價格之影響而提前或延後。播種失時（「掌握農時」的意思通常指掌握播種適期），則產量減少，品質低落。依季節之不同一般將播種期分為春播、夏播、秋播（包括冬播），臺灣國內則稱為春作、夏作、秋作（包括冬作）。

影響播種期最重要的環境因素為氣溫，熱帶地區終年溫暖，作物週年皆可生長，播種期之遲早影響產量小。溫帶地區範圍廣大，溫帶北部無霜期短，每年只能栽培作物一次，因此都在春末夏初播種，屬於春播。溫帶南部氣溫較為暖和，喜溫暖氣候的作物如水稻、玉米、大豆、花生、向日葵等可春播，喜冷涼氣候的作物如冬麥類、冬季型油菜等可秋播。

影響播種期的另一項環境因素為雨量，如無灌溉配合，大陸氣候型地區適合春播，地中海氣候型地區適合秋播。同屬春播或秋播，其播種適期亦有差別，氣溫較高的地方春播宜早，秋播可遲；氣溫較冷的地方春播需較遲，秋播宜早。例如臺灣第一期水稻（春播）之播種適期，北部在 1 月上旬至 2 月中旬，中部在 12 月下旬至 1 月下旬，南部最早，在 12 月上旬至 12 月下旬。播種日期主要決定於發芽所需之環境條件，然而播種日期也會影響一些因素如病蟲害與雜草競爭力。當考慮春播與秋播季節時，又涉及不同因素。

除上述外，決定作物播種方式的因素尚包括：

1. **水分供應**：水是作物生長的關鍵要素之一。不同作物對水分的需求不同，有些作物需要充足的水分供應，而有些作物耐旱。因此，根據土壤水分狀況和作物

的需求，選擇適合的播種方式和時間，以確保作物獲得足夠的水分。

2. **土壤特性**：土壤的肥力、質地、排水性等特性會影響作物的生長和發育。不同作物對土壤的要求不同，因此在選擇播種方式時，要考慮土壤的特性，確保作物能夠在適合的土壤環境中生長。

3. **生長週期和收成時間**：不同作物的生長週期和收成時間不同，有些作物生長快，可以快速收成，而有些作物生長較慢，需要較長時間才能收成。根據作物的生長週期和收成時間，選擇適合的播種方式，以確保作物能夠在預期的時間內成熟。

4. **病蟲害防治**：作物受到病蟲害的侵害會影響作物的生長和產量。因此，在選擇播種方式時，要考慮到病蟲害的發生情況，選擇能夠有效防治病蟲害的播種方式，減少損失。

5. **種子品質**：種子的品質直接影響作物的生長和發育。選擇優質的種子是確保作物成功生長的重要因素之一。

　　總之，決定作物播種方式的因素是多方面的，需要綜合考慮氣候、水分供應、土壤特性、生長週期、病蟲害防治、種子品質等因素，以確保作物能夠在最適宜的環境中生長和發育。

4.

高粱種子中含有單寧，此成分對高粱種子之功能與品質之影響為何？

　　高粱種子中的單寧是一種天然的多酚化合物，對高粱種子的功能和品質有著多方面的影響。

1. 功能

(1) 防禦功能：單寧是植物自身防禦系統的一部分，具有抗氧化和抗菌作用，能夠幫助高粱種子對抗外界的病原體和有害生物，有助於提高種子的抵抗力。

(2) 保護種子：單寧能夠包覆種子，形成一層保護膜，有助於保護種子免受外界環境的不良影響，如紫外線、氧化等。

2. 品質

(1) 風味和香氣：單寧可以賦予高粱種子特殊的風味和香氣，這在高粱製品（如食品或飲料）中可能具有重要作用，影響消費者的口感體驗。由於單寧帶澀味，又易與蛋白質結合，也會影響釀造高粱酒品質。

(2) 種子色澤：高粱的單寧含量多寡與其種子色澤深淺有關，當高粱種子顏色越暗，則單寧含量愈多。

(3) 保存期：單寧的抗氧化性質可以幫助保護種子，延長高粱種子的保存期，減少氧化和品質降低。高粱種子的單寧含量多寡與種子休眠也有關係。

(4) 營養價值：單寧含有的多酚類化合物對高粱種子的營養價值有一定的影響，有助於提高種子中的抗氧化劑含量，對人體健康有益。

　　值得注意的是，雖然單寧對高粱種子具有一些功能和影響，但其效果可能會因品種、種植環境、後續處理等因素而有所不同。因此，在高粱的栽培和加工過程中，需要綜合考慮單寧的影響，以確保高粱種子的最終品質和適用性。

◆ 名詞解釋 ◆

單根子

　　※ 此名詞（未附上英文名稱）非臺灣國內常用名詞，推測應該是指主根。

　　主根（taproot）是指植物在生長過程中主要具有一條主要根部，通常呈直線生長，這種根稱為主根或中心根。主根下面通常還有一些側根，但這些側根相對較少。主根是植物根系的一種常見型態，主要存在於單子葉植物和少數的雙子葉植物中。主根在植物的生長和養分吸收中具有重要作用，其可向深處穿透土壤，吸收地下水和養分，同時也提供了植物的穩固性和支持。

　　與主根相對應的是鬚根（fibrous root）系統，鬚根系統是指植物主要具有許多細小的側根，而沒有明顯的主根。鬚根系統常見於大多數雙子葉植物和一些單子葉植物。這些細小的側根密集分布在植物周圍的土壤中，形成一個網狀的根系，有助於更廣泛地吸收水分和養分。

　　不同類型的植物根系結構與其生長環境和生態習性有密切相關，這些特性影響著植物的生存和適應能力。主根系和鬚根系是植物根系的兩種主要類型，每種類型都有其獨特的優勢和適應策略。

問答題

1.

試說明作物根部如何進行生物固氮作用，其中包括豆科根瘤形成過程及參與之酵素特性與反應。

　　作物根部進行生物固氮作用是指植物與一些特定細菌共生，這些細菌能夠將大氣中的氮氣轉化為植物可利用的含氮化合物，稱為固氮作用。豆科植物是最為著名的固氮作用植物之一，其與根部共生的細菌形成根瘤，這些根瘤內存在著固氮細菌。

　　豆科根瘤形成過程如下：

1. 豆科植物根系釋放出一種叫做結瘤因子（nodulation factor）的化合物，這些化合物是由植物細胞與共生細菌之間的相互作用產生的。

2. 結瘤因子刺激共生細菌進入植物根部，並引發根瘤的形成。根瘤形成是一個複雜的過程，包括細菌與植物根部的相互認識和相互作用。

3. 在根瘤中，固氮細菌進入植物根部的根皮層細胞，並形成特殊的細胞結構，稱爲固氮細胞。固氮細胞提供了一個適合細菌進行固氮作用的環境。

　　在生物固氮作用過程中，參與的酵素主要有以下幾種：

1. **固氮酵素（nitrogenase）**：這是生物固氮作用中最重要的酵素，包括兩個亞單元，MoFe 蛋白和 Fe 蛋白。固氮酵素能夠將氮氣（N_2）轉化爲氨（NH_3），這是植物可利用的氮化合物。

2. **固氮酵素還原酶（nitrogenase reductase）**：固氮酵素還原酶是固氮酵素的輔助酵素，其與固氮酵素一起工作，爲固氮酵素提供所需的電子，以促使氮氣還原爲氨。

3. **氫化酶（hydrogenase）**：氫化酶是固氮酵素還原酶的輔助酵素，其參與電子傳遞過程，幫助將電子傳遞給固氮酵素，促使氮氣還原爲氨。

　　這些酵素協同工作，允許固氮菌或藍綠藻將氮氣轉化爲氨，這對於維持土壤氮平衡和提供植物所需的氮源非常重要。這些氮化合物最終可被植物吸收並用於合成胺基酸和其他生物分子，支持植物的生長和發育。這種共生關係對於土壤中氮素的循環和植物的氮營養非常重要，尤其對於豆科作物而言，其能從大氣中固定氮氣，並將其轉化爲植物可利用的形式，同時還能改善土壤的氮素含量。

2.

請詳述影響作物根系生長的因素及土壤乾旱時作物根系對養分吸收減弱的原因。

---

1. 若要了解根系對養分的吸收，首先需要知道根尖的結構。根尖從頂端依次分爲根冠、生長點（分生區）、延長區、根毛部（成熟區）。對於根系而言，無論主根還是側根都具有根尖，根尖是根系生命活動力最爲活躍的部分，扮演著吸

收養分的重要角色。通常根尖根毛部根毛的壽命只有 1～2 週，根毛細胞死亡之後，延長區就會產生新的根毛補充，所以根毛區一直在向前推移，也改變了根系在土壤中吸收養分的位置。根毛的形成大大增加了根系吸收養分的面積，但根毛易受土壤溼度的影響，在乾旱的土壤中幾乎不能發育。

影響作物根系生長的因素有很多，其中包括以下幾個主要因素：

(1) 水分：水是作物根系生長的主要驅動因素。充足的水分可以促進根系的生長和擴展，而缺水則會抑制根系的發育。

(2) 土壤通氣性：良好的土壤通氣性有助於根系的呼吸，進而促進根系的生長。缺乏氧氣的土壤會抑制根系的發育。

(3) 土壤養分：充足的土壤養分是根系生長的基本要素。氮、磷、鉀等營養元素對根系的發育和生長至關重要。

(4) 土壤 pH 值：適宜的土壤 pH 值有利於根系生長，過高或過低的 pH 值會對根系產生不良影響。

(5) 土壤結構：土壤的結構對根系的穿透和伸展影響較大，土壤鬆軟有利於根系的生長，而過於密實的土壤會阻礙根系的發育。

(6) 生長素：生長素是植物激素的一種，對根系的生長和發育有重要調節作用。

2. 當土壤乾旱時，作物根系對養分的吸收會減弱，這是由於以下幾個原因：

(1) 養分濃度降低：土壤乾旱會導致土壤中養分的濃度降低，養分的擴散速率減緩，使得根系無法充分吸收足夠的養分。

(2) 水分限制：乾旱狀態下，土壤中的水分不足，作物根系無法充分吸收到所需的水分，從而影響養分的運輸和吸收。

(3) 高鹽濃度：土壤乾旱會使得土壤中鹽分濃度增加，鹽分對根系的吸收產生抑制作用。

(4) 毒素累積：土壤乾旱可能導致土壤中毒素的累積，如鋁毒和鈣鎂不平衡等，影響根系的生長和吸收。

根系不斷從土壤中吸收養分，導致根圈土壤的養分濃度降低，離根圈較遠之土壤的養分濃度相對較高，有助於養分向低濃度區域擴散，進而到達根表；也就是不論質流還是擴散，若要完成養分向根表的遷移，必須有水作為媒介。意

即，肥料只有溶解在水中才能到達根表被吸收，否則養分就變成無效養分，無法被根系吸收。

3. 爲了減輕土壤乾旱對根系吸收養分的影響，生產者可以採取以下措施：

(1) 保持適當的灌漑：合理的灌漑可以確保土壤中的水分充足，有利於根系的生長和養分吸收。

(2) 改善土壤結構：改善土壤的結構，使其更爲鬆軟，有助於根系的穿透和伸展。

(3) 施用有機質：適量的有機質施用可以提高土壤的保水性和保肥性，改善土壤中的養分供應。

(4) 合理施肥：適量施肥，確保土壤中的營養元素充足，有利於根系的生長和養分吸收。

第 10 章

光合作用與呼吸作用

◆ 名詞解釋 ◆

1. 光飽和點（light saturation point）

　　光飽和點是指植物光合作用的光強度達到一定程度後，進一步增加光強度對植物光合作用速率的提升影響逐漸減弱，進而到達一個相對飽和的狀態。在光飽和點之前，隨著光強度的增加，植物的光合作用速率會增加；而在光飽和點之後，增加光強度對光合作用速率的增益效應變小，植物已能夠充分利用光能進行光合作用。陽性植物的光飽和點在 20,000～25,000 LUX，而陰性植物約在 5,000～10,000 LUX 就達到光飽和。

　　光飽和點的具體數值因植物物種而異。其受到植物本身的生理特性以及環境因素影響，如光合色素的含量和類型、葉片的結構和分布、光照強度、光的頻譜等。不同的植物在不同的光環境下，其光飽和點的位置和程度也會有差異。

　　了解植物的光飽和點對於合理調節光照強度影響植物生長至關重要。適當的光照強度能夠促進植物的光合作用，提高光能利用效率，但超過光飽和點過高的光強度可能導致能量過多和光損傷，對植物產生不利影響。因此，對不同植物在種植和管理時，需要考慮光飽和點以確保光照條件的最佳運用。

2. 碳氮比（carbon-to-nitrogen ratio）

　　碳氮比是指有機物中碳元素與氮元素的相對比例，用以衡量有機物中碳和氮含量之間的比例關係，通常用質量比或原子比表示。碳氮比對於生物體的營養和生態系統的功能具有重要影響。

　　在植物體內，碳氮比對植物的生長和代謝過程有重要的影響。一般而言，植物需要適量的碳和氮元素來維持正常的生長和發育。高碳氮比表示碳含量相對較高，而氮含量較低。這可能發生在碳源豐富但氮源有限的情況下，例如在富含碳的有機質土壤中。在這種情況下，植物可能會遇到氮限制，影響其生長和代謝活性。

　　低碳氮比則表示氮含量相對較高，而碳含量較低。這通常發生在氮源豐富但碳源有限的情況下，例如在豐富氮的肥沃土壤中。在這種情況下，植物可能會面臨碳限制，影響其能量生成和生長過程。

　　碳氮比還可以影響有機物的分解和養分循環。微生物在分解有機物時會受到碳氮比的影響，高碳氮比的有機物可能需要更長的時間才能被分解和釋放養分。

　　總之，碳氮比在植物的生長、營養吸收、代謝、土壤養分循環等方面具有重要作用，其反映碳和氮元素之間的平衡關係，對維持生態系統的功能和健康至關重要。

問答題

1.

請說明光合產量（photosynthetic yield）定義及提高作物對光能利用率之途徑有哪些？

※ 以 google 學術搜尋引擎搜尋發現並無 photosynthetic yield 此專有名詞，臺灣國內亦無此用語。

　　光合產量（photosynthetic yield）推測是指植物進行光合作用時所產生的化學能量或生物量。其反映了植物將光能轉化為有用化學能的效率。

　　提高作物對光能利用率的途徑有以下幾個方面：

1. **增加光能吸收**：作物需要充分吸收光能才能進行光合作用。因此，提高作物對光能利用率的一個關鍵途徑是增加光能的吸收能力。這可以經由增加葉綠素的含量和光合色素的種類來實現，使植物能夠吸收更廣泛範圍的光譜。此外，如延長光合作用時間、增加光合作用面積（如合理密植間作）、調節葉片的擺動等均可增加光能之吸收總量。

2. **考慮光飽和點選擇適合光強度條件的作物**：多數植物的光飽和點在 500～1,000 $\mu mol/m^2 s$，但不同植物的光飽和點有很大差異，一般陽性植物高於陰性植物，

C4 植物高於 C3 植物。在一般陽光下，C4 植物沒有明顯的光飽和現象，而 C3 植物僅為全光照的 1/4～1/2。在光強超過光飽和點的晴天中午，C3 植物都呈現光抑制，出現光合午休現象。這種午休現象可使光合生產損失 30%。要想提高作物產量，從光量方面可考慮如何降低作物的光補償點，而提高光飽和點，以最大限度地利用光能。

光補償點是指作物能夠開始進行光合作用的最低光強度或光輻射程度。降低光補償點可以使作物在低光照環境中更有效地進行光合作用，以下是一些方法可以幫助實現這一目標：

(1) 選擇適合的品種：選擇適合於低光照環境的作物品種是關鍵。某些品種具有較低的光補償點，因此在低光照環境中更容易進行光合作用。選擇適應性強、對低光照耐受性好的品種是一個有效的方法。

(2) 提供額外的照明：在室內或低光照環境中種植作物時，可以提供額外的人工照明，如 LED 照明或高壓鈉燈，以增加光照強度。這樣可以提高光合作用的效率，降低光補償點。

(3) 適當的栽培管理：調整栽培管理措施，例如適當的植株密度、施肥、灌溉、修剪，以最大程度地提高光能的利用效率，減少光補償點。

(4) 使用反射材料：在植物周圍放置反射材料，如鏡片或反光布，以反射更多的陽光到植物上，增加光照強度。

(5) 使用生長調節劑：一些生長調節劑可以幫助作物在低光照環境中更有效地利用光能進行光合作用，從而降低光補償點。

(6) 選擇適當的種植季節：在某些地區，選擇在光照充足的季節種植作物，可以減少低光照環境對作物生長的不利影響。

3. **有效地轉化光能**：植物需要將吸收的光能有效轉化為化學能或生質量。因此，增加光能轉化效率是提高作物對光能利用率的重要途徑。此涉及光合作用中的各個反應步驟，包括光反應光能捕獲、電子傳遞、產生 ATP 與 NADPH、暗反應碳素固定等過程。此外，如控制光照強弱時間和光譜、增加 CO_2 濃度、合理施肥等均有助於整個光合作用。

4. **減少光呼吸降低光和效率**：植物在進行光合作用的同時進行著光呼吸作用，此

種光呼吸與一般呼吸作用不同，只有在光合作用下才發生，而此種光呼吸作用是不產生能量的，消耗了光合作用生產的一部分有機物質（有時可高達 1/3 以上），例如水稻、小麥、棉花、油菜等 C3 植物的光呼吸作用很強，因而光合效率大大降低了。玉米、高粱、甘蔗等 C4 植物的光呼吸作用很弱，甚至沒有光呼吸，因此在光照、溫度、水分、CO_2、礦物質營養適宜的條件下，後者將有利於創造高產。

利用上述途徑，可以提高作物對光能之利用率，增加光合產量，從而促進作物的生長和產量，此在農業生產和植物生理研究中具有重要意義。此外，欲提高光能利用效率的方法亦可選擇適合的作物品種、適度的增加種植密度、合理的施用肥料、選擇適合的氣候條件下種植，才能發揮作物最大的光能利用效率，以提升作物的產量，進而提高農產品之品質。

2.

試述光合產物同化物質在作物體內由供源（source）部位轉運（translocation）至積儲（sink）部位之原理，試以 source-sink 關係，配合 pressure-flow model 說明。

光合產物同化物質（如葡萄糖和澱粉）在植物體內由供源（source）部位轉運至積儲（sink）部位，以滿足不同組織和器官的能量和營養需求。這種運輸過程遵循著 source-sink 關係，並可以用壓力流模式（pressure-flow model）來解釋。

所謂 source 部位，通常是指光合組織（如葉片）或其他能夠進行光合作用生成光合產物的部位，光合產物經由光合作用產生並暫時儲存。這些光合產物主要以葡萄糖形式存在，並被轉換成蔗糖等可運輸形式。

所謂 sink 部位，則是指需要光合產物和營養的組織和器官，如儲存器官（如種子、塊莖和果實）、生長點、生殖生長時期的花朵等。這些組織對光合產物的需求量較大。

根據壓力流模式（pressure-flow model）的原理，光合產物的轉運是由水分壓力差驅動的。在 source 部位，光合產物被輸送到鄰近的輸導組織（如韌皮部）

中的維管束篩管，此過程又稱爲裝載（loading）。在這些輸導組織中累積的光合產物，如同溶質濃度增加而提高滲透潛勢，也促使周邊組織之水分進入，進而產生高水壓（壓力源），此時水分子流動隨著水分潛勢高低方向帶動光合產物的流動。

水分壓力差使得光合產物從高壓源順著輸導組織向 sink 部位流動，最後經由卸載（unloading）過程將光合產物送至積儲部位。於篩管中的光合產物移入積儲部位後，因溶質減少，改變滲透潛勢造成水分離開，以維持壓力流模式。

在積儲部位，光合產物能夠被積儲或利用。例如，在儲存器官中，光合產物被轉化爲澱粉並儲存起來，以供日後使用。

總之，光合產物同化物質在植物體內由供源部位轉運至積儲部位，係遵循 source-sink 關係。這個運輸過程可由 pressure-flow model 解釋。

3.

試說明光合作用之過程，包括光反應（light reaction）與暗反應（dark reaction）之發生部位、反應過程、其產物，請繪圖輔助說明。

光合作用的過程，包括光反應和暗反應，以及它們發生的部位、反應過程和產物的簡要描述：

1. 光反應（light reaction）

(1) 發生部位：葉綠體的類囊體膜（thylakoid membrane）。

(2) 反應過程：

    a. 光能吸收：葉綠素（chlorophyll）和其他輔助色素吸收光能，特別是光合作用中的光子能量。

    b. 光解水作用：水分子被光能劃分成氧氣、氫離子、電子。氧氣釋放到環境中，而氫離子和電子用於下一步的反應。

    c. 光能轉換：光能轉化爲電子能量，形成高能的電子。

    d. 電子傳遞：高能電子在類囊體膜中通過電子傳遞鏈，釋放能量並產生腺（核）苷三磷酸（ATP）與菸鹼醯胺腺嘌呤二核苷酸磷酸（NADPH）等高能磷酸化合物。

2. 暗反應（dark reaction）

(1) 發生部位：葉綠體的基質（stroma）。

(2) 反應過程：

　　a. 碳固定：二氧化碳（CO_2）與核酮糖 -1,5- 雙磷酸羧化酶／加氧酶（Rubisco）
　　　 酵素結合，形成中間產物。

　　b. 糖合成：中間產物經過一系列反應，使用 ATP 和 NADPH（由光反應產生）
　　　 的能量，轉化為碳水化合物，如葡萄糖。

　　c. 產物生成：暗反應還包括其他化學反應，將碳水化合物轉化為其他有機物
　　　 質，如澱粉和脂肪。

　　光反應和暗反應是相互依賴的過程，光反應提供了光能和能量載體（ATP
和 NADPH），暗反應則利用這些能量進行碳固定和合成有機物質。繪圖輔助如
下，圖 10-1 為光反應，圖 10-2 為暗反應，供參考：

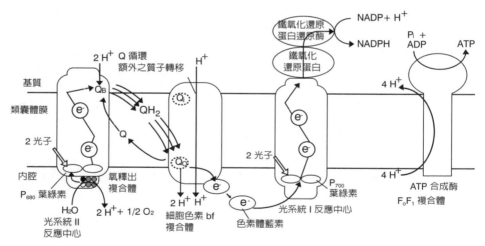

圖 10-1　光反應路徑圖

資料來源：http://itbe.hanyang.ac.kr/wp-content/uploads/2016/08/BME-biochem-6-kh-
　　　　　Photosynthesis-4-slides.pdf

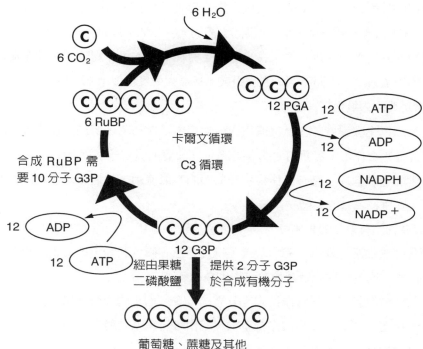

圖 10-2　暗反應路徑圖

資料來源：http://hyperphysics.phy-astr.gsu.edu/hbase/Biology/calvin.html

---

4.

根據光合作用觀點，如何提高作物產量？試以禾本科作物之產量為例
說明。

　　根據光合作用的觀點，提高作物產量的關鍵是最大限度地利用光能、提供足
夠的二氧化碳、確保光合產物的有效分配和利用。以下是一些方法，以禾本科作
物（如小麥、水稻等）的產量提高為例說明：

1. 提高光能利用率（部分解答請參考第 1 題解答）

(1) 提供充足的陽光：確保作物能夠接受足夠的陽光照射，這可以經由良好的栽
　　培管理、栽植行南北向、減少遮蔭和遮蔽物等方法實現。

(2) 選擇高效的光合作用型態：某些作物物種可能具有較高的光合作用效率，如 C4 作物相對於 C3 作物而言，具有更高的光合效能與產量。

(3) 控制適當的光合作用環境：在光照不足處種植禾本科作物時，宜補充提供適當的光照強度、光照時間、光譜組成，以最大程度地促進光合作用。

2. 提供足夠的二氧化碳（CO_2）

(1) 提高二氧化碳濃度：在溫室或室內種植禾本科作物時，增加二氧化碳濃度可以促進光合作用，可藉由 CO_2 供應系統、改變通風方式來實現。

(2) 適當的通風管理：應確保作物植株周圍的空氣流動，以避免二氧化碳濃度過低，並維持適當的氣體交換。

3. 光合產物的有效分配和利用

(1) 優化營養供應：提供足夠的營養，特別是氮、磷、鉀等重要元素，以確保作物能配合充分利用光合產物於作物生長和發育。

(2) 有效的灌溉管理：根據作物的水分需求，實施適當的灌溉策略，確保水分的合理供應，利於植株體內光合產物，經由維管束系統轉運與分配，以配合維持正常的光合作用和產量。

(3) 適當的栽培密度：根據作物物種生長特性，適當控制作物的種植密度，以最大限度地利用光照和養分資源。

　　以上是一些常見的方法，可經由這些方式提高禾本科作物的產量，但具體的方法和措施可能因不同的作物、栽培環境、栽培目標而有所差異。因此，在實際種植中，需要根據實際情況進行綜合考量和適當的調整。

5.

請說明作物進行光合作用產生光合產物後如何自供源（source）部位轉運至積儲（sink）部位？請詳細說明 loading 與 unloading 如何進行？其原理為何。

　　作物進行光合作用後，所產生之光合產物需要從供源部位（如葉片）轉運至積儲部位（如果實、種子、儲存根等）。此過程係經由負壓運輸系統進行，主要

涉及葉片內的光合產物運輸通道。下面將詳細說明光合產物裝載（loading）和卸載（unloading）的過程以及相關原理：

1. **裝載過程**：裝載發生在光合作用旺盛的葉片中，光合產物（如葡萄糖、蔗糖）被轉運至運輸通道中。

   裝載的主要過程是主動運輸（active transport），需要能量。

   在裝載過程中，葉片內的光合產物被轉運至葉脈的韌皮部（phloem）。

   運輸通道主要由篩管（sieve tube）細胞和伴（companion）細胞組成。篩管細胞是運輸通道中的主要細胞類型，具有特殊的結構和功能，用於光合產物的輸送。伴細胞位於篩管細胞旁邊，與篩管細胞相鄰。

   篩管細胞具有特殊的篩管元素（中文也稱為篩管細胞，英文 sieve element）結構，其中包含數個篩板孔（sieve plate pores）。這些孔允許光合產物（如蔗糖）從一個篩管細胞流向另一個篩管細胞，形成連續的輸送通道。

   伴細胞與篩管細胞之間存在著特殊的連結點，稱為〔篩管細胞 - 伴細胞複合體（sieve element-companion cell complex）〕。這些複合體通過原生質聯絡絲（plasmodesmata）相互連接，使得兩者能夠進行物質交換和訊息傳遞。伴細胞在運輸系統中扮演重要角色，其能提供能量和資源，促進篩管細胞的代謝活動和運輸活性（請參考圖 10-3）。

2. **卸載過程**：卸載發生在積儲（sink）部位中，光合產物從運輸通道中被卸載並轉移到積儲組織中。

   卸載過程主要是由被動擴散（passive diffusion）驅動的。

   積儲組織中的代謝活性和需求使光合產物的濃度降低，從而創造了一個（溶質）濃度梯度，促使光合產物從運輸通道卸載到積儲組織。

   在積儲組織中，光合產物被利用於能量供應、儲存和生長等過程。

相關原理：

　　裝載過程中，主動運輸使葉片中的光合產物進入通道細胞，這需要能量消耗，以克服濃度差，將光合產物逆向移動至高濃度區域。

　　卸載過程中，被動擴散利用溶質濃度梯度，使光合產物從運輸通道向積儲組

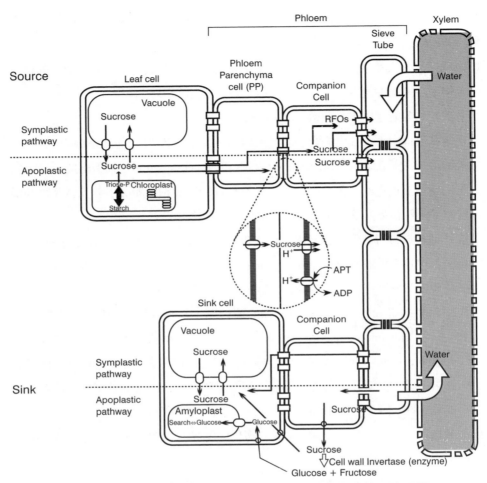

圖 10-3　植物光合產物供源（source）與積儲（sink）路徑圖

資料來源：https://www.google.com/url?sa=i&url=https%3A%2F%2Fwww.chegg.
com%2Fhomework-help%2Fquestions-and-answers%2Fadvantageous-plant-convert-
sucrose-rfos-companion-cells-q53021844&psig=AOvVaw3cn7Oxsfymrt9Qote564
kG&ust=1687830105757000&source=images&cd=vfe&ved=0CA4QjRxqFwoTCPjf
vavn3_8CFQAAAAAdAAAAABAI

註：raffinose family oligosaccharides（RFOs）棉子糖族寡糖類

織移動，直到達到均勻分布。

Source-sink 關係是指光合產物的供源葉片和積儲部位之間的關係。在這種關係中，供源部位產生並運輸光合產物，而積儲部位則消耗和累積光合產物。這種協調的運輸和利用是維持植物生長和發育的關鍵。

裝載和卸載的過程是由葉片內的光合產物運輸通道調節的。這種運輸通道系統能夠將光合產物有效地從光合作用旺盛的葉片運輸到植物的積儲組織，以滿足植物的生長和代謝需求。

6.

詳述高溫乾燥環境下，為何 C4 作物比 C3 作物具有較高的光合作用效率（photosynthesis efficiency）及作物產量？

在高溫乾燥環境下，C4 植物相對於 C3 植物具有較高的光合作用效率和作物產量，這是因為具有以下特點：

1. **CO_2 固定效率高**：C4 植物擁有一種稱為 C4 光合作用的高效機制，這種作用機制使其能夠在低 CO_2 濃度下更有效地固定二氧化碳（CO_2）。在高溫和乾燥的環境中，C3 植物容易受到氣孔閉合的限制，以減少水分流失，但這也導致了 CO_2 的不足。相比之下，C4 植物在光合作用過程中能夠有效地捕獲和利用 CO_2，因此在高溫乾燥環境中保持較高的光合作用效率。

2. **減少光呼吸**：C4 植物相對於 C3 植物具有較低程度的光呼吸。光呼吸是一種浪費能量的過程，特別在高溫下更加明顯。C4 植物的光呼吸程度較低，此意味其能更有效地利用光合作用產生的能量，轉化為碳素合成，而不浪費在光呼吸上。

3. **抗逆境能力**：C4 植物通常對高溫和乾燥具有較高的抗逆境能力。其能更好地應對高溫下的光合作用抑制和水分限制，此有助於保持光合作用的穩定性。C3 植物在高溫和乾燥條件下則更容易受到逆境的影響。

4. **水分利用效率高**：C4 植物能夠在較低的氣孔開度下進行光合作用，因此減少了水分流失。此種水分利用效率高的特點使其能在有限的水資源下生產更多的乾物質。

　　總之，C4 植物在高溫乾燥環境下相對於 C3 植物具有較高的光合作用效率和作物產量，此歸因於其較高的 CO_2 固定效率、較低程度的光呼吸、抗逆境能力、及水分利用效率高等特點。因此，在熱帶和亞熱帶乾燥地區，C4 植物更具競爭力，能夠實現較高的作物產量。

◆ **名詞解釋** ◆

1. 感光週期性（photoperiodism）

感光週期性是指植物對於日長（光照時間）的反應和生理行為，是植物調節生長和開花時間的重要機制之一。

植物對於日長的反應可以粗分為三種類型：

(1) 短日照植物（short-day plants）：這類植物的開花受到較長的暗期刺激，只有在暗期超過一定持續時間後才能開花。短日照植物的開花通常發生在秋季或冬季日照時間縮短時。

(2) 長日照植物（long-day plants）：這類植物的開花需要較長的光期，只有在光期超過一定持續時間後才能開花。長日照植物的開花通常發生在春季或夏季，當日照時間增加時。

(3) 中性植物（day-neutral plants）：這類植物的開花不受日長的影響，其可在任何日長下開花。中性植物的開花通常與其他因素（如溫度、營養狀態等）有關。

植物對於日長的感應是經由光敏素和其他信號傳遞分子的相互作用進行的。在光敏素的參與下，植物可以感知光照的強度和持續時間，從而調節其生長和開花時間。

感光週期性在農藝和園藝中具有重要的應用價值。對於許多作物而言，了解其感光週期性有助於控制和調節生長和開花時間，從而最大限度地提高產量和品質。

2. 二體雄蕊（diadelphous）

二體雄蕊（diadelphous）是指植物的雄蕊（花的雄性生殖器官）在花萼基部分成兩個束狀或合生，形成一個整體的結構。這種雄蕊結構常見於豆科植物（Fabaceae）中，因此也被稱為豆科雄蕊。

二體雄蕊在形態上可以細分為兩部分：上部是較多的雄蕊（stamens），下部是少數的雄蕊。通常，這些雄蕊會合生在一起，形成一個單一的結構。在二體雄蕊中，較多的雄蕊被稱為主體（主要束），較少的雄蕊被稱為附體（次要束）（如圖 10-4）。

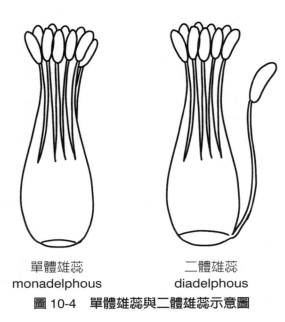

單體雄蕊　　　　　　　　二體雄蕊
monadelphous　　　　　　diadelphous

圖 10-4　單體雄蕊與二體雄蕊示意圖

　　這種雄蕊結構在花的進化中具有一些功能和優勢，其可促進花粉的釋放和傳播，增加授粉的效率。此外，二體雄蕊還可以提供花朵的結構穩定性和保護雄蕊免受外部損害。

　　值得注意的是，雖然二體雄蕊是豆科植物的典型特徵，但並非所有豆科植物都具有這種結構。在不同的豆科植物中，雄蕊的形態和結構存在一些變異。

問答題

1.

何謂臨界暗期？並請詳述誘導植物開花為何臨界暗期比臨界日長更重要，如何證明？

　　臨界暗期（critical dark period）是指植物需要連續一段特定的黑暗期才能進入開花階段的最短時間，指在一個自然光照週期中，植物所需的黑暗時間達到一定的臨界值，才能觸發開花的過程。

　　誘導植物開花的重要因素可以是臨界光期（critical photoperiod）或臨界暗

期，具體取決於植物的光週期反應。對於長日照植物，臨界光期是觸發開花的主要因素，而對於短日照植物，臨界暗期則更為重要。

為了證明臨界暗期的重要性，科學家進行了一系列的試驗，其控制植物的照明條件，使植物處於不同的光期和暗期組合下。經由觀察植物的開花時間和表現，可以發現在一個固定的臨界日長下，當黑暗時間達到臨界暗期時，植物開始開花。然而，如果黑暗時間未達臨界暗期，即使日長超過臨界光期，植物仍不會開花。這些試驗結果顯示，臨界暗期是調節植物開花的重要因素，並且對於觸發開花過程至關重要。

除上述外，研究還顯示，植物對黑暗時間的敏感性是由內生植物荷爾蒙和基因調控網路所調節的。這些內生荷爾蒙和基因在黑暗時間的累積過程中進行調節，最終影響開花的誘導。因此，經由控制黑暗時間的長短，可以操縱植物的開花時間，從而證明臨界暗期的重要性。

總之，臨界暗期是植物開花過程中所需的最短黑暗時間，對於誘導植物開花比臨界光期更為重要。通過試驗和研究證明了臨界暗期的存在和其在調節植物開花中的關鍵作用。

2.

溫度可直接或間接影響作物開花，請說明何謂春化作用（vernalization）與去春化作用（devernalization）。作物如何進行春化處理與去春化處理？進行春化處理應具備之條件？

回答重點

溫度可直接或間接影響開花，經由春化作用（vernalization）或去春化作用（devernalization）可直接影響開花。春化作用之定義分為廣義的春化作用與狹義的春化作用二種；前者包括利用低溫、高溫、肥料、水分、荷爾蒙、光線等處理促進植物開花現象；後者只限於低溫（10℃以下）處理促進植物開花現象。

　　春化作用是指植物在起始開花之前對於冷溫（cold temperature）之需求。多數冬季一年生或二年生之植物在開花（花芽形成）之前必須要經過春化處理。通常需要將植物暴露在 10℃以下、接近凍溫（2～10℃）下至少 6～8 週以起始開花（誘導花芽分化）。如同光週期性，此春化作用（即感溫週期性，thermoperiodism）亦有植物荷爾蒙參與調控。例如將經過春化處理之植株嫁接於未春化之植株，則未春化之部位也能開花。需要春化作用之作物有冬小麥、大麥、黑麥及甜菜。因此春播冬季一年生作物時，僅有營養生長不會開花。

　　春化處理之對象為許多需要層積（stratification）處理以打破休眠的溫帶植物，在溼潤儲存環境下以低溫處理其種子、鱗莖、球根、球莖、芽達數週之久。春化作用感受部位（locus of vernalization）是分生組織（meristems）或芽，而非葉部。研究發現浸潤之種子較易接受春化刺激，且若僅針對根、莖、葉冷處理無效。另在母植株上正發育中之種子，若冷處理持續至種子乾燥之前有時候會有春化效果。

　　「去春化作用」是將春化作用效果逆轉，藉由將春化後之植株暴露於溫暖溫度（30～35℃）下使原本能開花之植株無法開花。因為春天溫度係逐漸溫暖，故去春化作用很少自然發生。例如保存於冷藏庫之洋蔥於春天銷售前即可藉由去春化作用防止之後開花，而能產生鱗莖（球根，bulb）。

　　溫度也可藉由影響從花的起始至實際開花的時間，以達到間接影響開花之效果。通常低溫下會延緩開花。此外，溫度亦可經由影響某些植物之光期反應而間接影響開花，例如溫度若高於 19℃則草莓表現如短日植物，但若溫度維持在 19℃以下則表現如中日性植物。

　　作物可利用低溫或高溫進行春化處理，前者為為秋播型，如大麥、黑麥、小麥、甜菜、三葉草、馬鈴薯、禾本科牧草等，此種作物在生育期中需要經過嚴寒冬季，方能開花結實。一般球根花卉行低溫處理以促進其花芽形成提早開花。適應於高溫處理的作物為春播型，如稻、玉蜀黍、高粱、棉、菸草、大豆等，此種作物需經炎熱夏季。

　　作物進行春化處理時必須要具備如下條件：

1. **溫度**：春化處理最主要的條件為溫度，一般多行低溫處理。低溫處理以 –4～14℃處理，其中以 –1～7℃的處理效果最好。但作物因種類的不

同，處理溫度與處理時間亦有所差異，高溫春化處理對夏季作物有效。

2. **水分**：春化處理對乾燥種子無效，通常需先將種子浸潤，種子含水量 50% 時最有效。

3. **氧氣**：春化處理需要氧氣，氧氣與呼吸作用有關，有氧氣存在時，利於春化作用進行。

4. **種子成熟度**：種子必須完全成熟，否則春化處理效果不佳。

春化作用是指植物經歷一段冷溫處理後能夠誘導或促進開花的過程。這種冷溫處理通常發生在植物的休眠期間，且在特定的溫度和時間條件下進行。春化作用可以解除植物對於長日照的敏感性，使其在較短的日照時間下開花。

去春化作用則相反，是指植物在經歷一段溫暖的溫度處理後，失去或減弱對於冷溫處理的反應，從而抑制或延遲其開花。

作物進行春化處理時，通常需要具備以下條件：

1. **冷溫處理**：植物需要在適當的冷溫度下暴露一段時間，以刺激春化作用。不同作物對於春化的要求不同，具體的溫度和時間需根據作物種類而定。

2. **光照**：在春化過程中，植物通常需要接受一定的光照。光照可以與冷溫處理相結合，增強春化效果。

3. **生長階段**：春化作用在植物的休眠期間進行，因此應確保植物處於適當的生長階段。不同作物的休眠期和生長階段有所不同，需要根據作物的特性進行處理。

春化處理的具體方法可以有多種，包括以下幾種常見方式：

1. **冷藏處理**：將植物放置在冷藏環境中，控制溫度和時間，以模擬自然的冷溫條件。

2. **溫度控制**：在特定的溫度條件下，使用恆溫箱或其他溫度控制設備進行處理。

3. **水浸處理**：將植物種子或苗浸泡在低溫水中，以進行春化處理。

去春化作用的過程通常是由溫暖的溫度處理引起的，例如將植物暴露在較高的溫度環境中。這種處理可以減弱或阻斷植物對於冷溫處理的效應，從而抑制或

延遲開花。

　　總之，春化作用是經由冷溫處理促進植物開花的過程，而去春化作用則是由溫暖的溫度處理所引起，抑制或延遲植物的開花。作物進行春化處理需要在適當的溫度、時間、光照條件下進行，而去春化作用則是通過溫暖處理來抑制春化效應。

◆ 名詞解釋 ◆

1. 實質衍生品種（essentially derived variety, EDV）

實質衍生品種是國際植物新品種保護法律中的一個重要概念。這個概念是由國際植物新品種保護公約（International Union for the Protection of New Varieties of Plants, UPOV）所制定，旨在解決與原始品種相似、但具有一些重要差異的新品種的保護問題。

實質衍生品種的定義是：這是指一個新品種，在基本上是由一個已經受保護的原始品種衍生而來的，而且保持了這個原始品種的主要特徵，但具有某些顯著的差異。

實質衍生品種必須有一個已經受保護的原始品種作為其基礎，並且在整體上保持了原始品種的主要特徵。然而，實質衍生品種與原始品種之間會有一些顯著的差異，這些差異可能是由於長期的自然選拔、雜交、或其他因素導致的。這些差異必須是顯著的，即足以使新品種成為獨立的品種，而不僅僅是原始品種的複製或輕微改變。

根據 UPOV 公約，對於實質衍生品種，原始品種的育種者擁有相同的權利，即可以獨立地對實質衍生品種進行申請並取得品種保護。這樣的規定旨在保護原始品種的育種者，免於其他人未經授權地在其基礎上發展新品種的情況。

實質衍生品種的概念在植物新品種保護的法律中具有重要的意義，有助於保護育種者的權益和促進農作物育種和創新。

2. 基因多樣性

基因多樣性指的是在一個物種內部、或不同物種之間，存在著多種不同的基因型或基因組合。這種多樣性是由基因突變、基因重組、基因流動等遺傳機制所引起的。

基因多樣性在生物界非常重要，它有助於物種的適應性和生存能力。以下是幾個基因多樣性的重要原因：

(1) 基因突變：基因突變是基因序列發生變異的過程，其可創造新的基因型和基因組合，使物種具有更多的適應能力。基因突變是基因多樣性產生的基礎。

(2) 基因重組：基因重組是指基因在染色體上的重新排列和組合。此種重組過程可以導致不同基因之間的組合，產生更多的遺傳多樣性。

(3) 基因流動：基因流動是指基因從一個個體流向另一個個體的過程。這種流動可以發生在同一個物種內，也可以發生在不同物種之間。基因流動可以增加基因型和基因組合的多樣性。

基因多樣性對於物種的生存和演化具有重要意義。其使物種能夠應對環境變化、抵抗病原體、採取不同的生存策略。基因多樣性還為自然選汰提供了更多的選擇，使得物種能夠適應不同的環境條件。

保護和維護基因多樣性對於生態系統的健康和生物多樣性的維持至關重要。透過保護野生物種、保護適應性基因庫、避免基因汙染等措施，可以確保基因多樣性的繼續存在和適應能力的維持。

問答題

1.

試述 NGS（next-generation sequencing）技術在作物改良之應用。

NGS（又稱次世代定序法，next-generation sequencing）技術，又稱為第二代定序或基因高通量分析，係以第一代定序方法為基礎而開發出的新技術。在作物改良領域有廣泛的應用，為作物遺傳學和基因組學研究提供了強大的工具。以下是一些 NGS 技術在作物改良中的應用方面：

1. **基因組測序**：NGS 技術可用於對作物基因組進行全面測序。這有助於確定作物的基因組結構、功能基因的定位、基因多態性等。通過基因組測序，可以獲得關於作物遺傳多樣性和基因庫的詳細訊息。

2. **轉錄組測序**：NGS 技術可用於分析作物的轉錄組，即基因在特定條件下的表達模式。這有助於確定作物對環境條件的反應、基因調控網絡的建立、關鍵基

因的識別。通過轉錄組測序，可以更好理解作物的生長發育、反應機制、代謝路徑。

3. **突變體分析**：NGS 技術可用於對作物的突變體進行高通量的分析。此包括單核苷酸多態性（SNP）分析、插入／刪除（indel）分析、結構變異（SV）分析等。經由突變體分析，可以識別作物中的功能基因變異，了解這些變異對作物性狀的影響，並開發相應的遺傳標記用於作物育種。

4. **表觀遺傳學研究**：NGS 技術可用於研究作物的表觀遺傳學，即基因組中與基因表達調控相關的化學修飾。這包括 DNA 甲基化和組蛋白修飾等。經由表觀遺傳學研究，可以了解這些修飾對基因表達和作物性狀的調控機制。

5. **分子標記開發**：NGS 技術可用於開發新的分子標記，例如 SNP 標記和單個顆粒多態性（SSR）標記。這些標記可以用於作物遺傳圖譜的構建、基因定位、遺傳圖譜相關性分析等。分子標記的開發有助於加速作物育種選拔過程和基因定位。

　　總之，NGS 技術的應用為作物改良提供了高效、準確、全面的遺傳資訊。此有助於加速作物育種的進程，改良作物的產量、抗病性、適應性、品質等性狀。同時，NGS 技術也為作物科學研究提供了新的洞察力，促進對作物遺傳和生理機制的深入理解。

> **2.**
>
> 請詳述作物生長發育過程中，作物的遺傳特性與自然環境因子之交互關係如何影響作物生長？

　　作物的遺傳特性與自然環境因子之間的交互關係對作物的生長發育有著深遠的影響。下面是一些關鍵的交互作用：

1. **光照與光合作用**：作物的遺傳特性影響其對光照的利用能力。一些作物品種具有高光合效率的遺傳特性，能夠更有效地進行光合作用，從而促進生長和增加產量。光照強度、光週期、光質等自然環境因子會影響光合作用的進行，而作物的遺傳特性則決定其對這些光照條件的反應。

2. **溫度與生育期**：作物的遺傳特性決定了其對不同溫度的適應能力和生育期的長短。溫度是作物生長發育的關鍵因素之一，可以影響種子發芽、植物生長速率、開花和結果等過程。不同作物品種對溫度的適應能力不同，一些作物可能具有耐寒或耐熱的遺傳特性，能夠在極端溫度下存活和生長。

3. **水分與耐旱性**：作物的遺傳特性也影響其對水分的利用和耐旱性。不同作物品種對水分的需求和耐受程度有所差異。自然環境中的降雨量、土壤水分含量、氣候乾溼程度等因素會直接影響作物的生長。作物的遺傳特性可以調節其根系結構、水分吸收、保持機制，以應對不同的水分狀態。

4. **營養元素與養分吸收**：作物的遺傳特性也會影響其對營養元素的吸收和利用。植物需要從土壤中吸收多種營養元素來維持其生長和發育。土壤中的養分含量和養分比例會影響作物的生長狀態。作物品種具有不同的養分吸收能力和養分利用效率，這些遺傳特性會影響作物對養分的吸收和利用效率。

　　綜上所述，作物的遺傳特性與自然環境因子之間的交互作用對作物生長和發育有重要作用。這些交互作用影響作物的生長速率、生育期、耐受逆境能力、產量等重要特性，並對作物的適應性和生產效率產生影響。了解這種交互作用可以幫助選育出適應不同環境條件的作物品種，以提高作物的耐受逆境能力和生產力。

第13章 氣候、天氣、與作物

1.

何謂積熱日數（heat degree day）？何謂積冷日數（cold degree day）？如何計算？如何應用於作物栽培？

　　作物從生長到收穫期間有一定的累積熱量，此累積熱量稱爲「生長積溫」，生長積溫會影響作物收穫期。通常累積溫度以度日數（degree day）來估算，亦即作物於生長期間超過該作物最低生長溫度之度數的累積；例如玉米生長最低溫度爲 10℃，如某天平均溫度爲 28℃，則當日之度日數爲 28℃－10℃＝18℃，將整個生育過程之度日數累積即爲生長積溫。不同作物的生長積溫皆不相同，例如水稻從播種到成熟時的熱量總和爲 4,500℃時，則水稻需要 4,500 的度日數，作物的生長積溫會因生長地區亦有不同。

1. 積熱日數（heat degree day, HDD）和積冷日數（cold degree day, CDD）是一種用於評估溫度對作物生長和發育影響的方法。是測量一個特定時期內，溫度與一個基準溫度的差異的總和。

(1) 積熱日數（heat degree day, HDD）：表示在一個特定時期內，每日溫度高於一個基準溫度（通常是植物的最低生長所需溫度）的差異的總和。積熱日數用於估算植物的生長速率和生長週期，例如發芽、開花、結果等。

　　　計算公式：HDD ＝ Σ〔（每日最高溫＋每日最低溫）/ 2－基準溫度〕

(2) 積冷日數（cold degree day, CDD）：表示在一個特定時期內，每日溫度低於一個基準溫度（通常是植物的最低生長所需溫度）的差異的總和。積冷日數用於估算對感溫作物所需的低溫時間，如一些果樹的休眠需要一定的低溫

時間。

計算公式：CDD ＝ Σ〔基準溫度－（每日最高溫＋每日最低溫）／ 2〕

2. 應用於作物栽培：積熱日數和積冷日數在作物栽培中有重要的應用，主要包括：

(1) 預測生長：藉由計算積熱日數，可以預測作物的生長速率和生長週期，有助於合理安排種植、施肥、灌溉等田間管理作業。

(2) 預測收穫：積熱日數可以用於預測作物的收穫期，幫助農民選擇適當的收穫時間與安排調配人力，以獲得最佳的產量和品質。

(3) 休眠管理：對一些需要低溫時間的作物，如果樹，積冷日數可以幫助判斷是否達到了休眠的要求，從而影響花芽的分化和開花。

(4) 預測氣象：積熱日數和積冷日數可以用於預測氣象和進行農業氣象研究，幫助農民更好地應對氣候變化。

　　總之，積熱日數和積冷日數是重要的農業氣象指標，可以幫助農民合理管理作物的生長和發育，以及應對不同的氣候條件。

2.

請試述溫度逆境對作物氮素吸收之代謝效率的影響。

　　溫度逆境對作物的氮素吸收代謝效率有著重要的影響。以下是溫度逆境對作物氮素吸收代謝效率的幾個主要影響：

1. **限制根系生長**：高溫或低溫逆境會抑制作物的根系生長，進而影響氮素的吸收。在高溫下，根系的生長速率減慢，根系的表面積減小，從而減少了根系與土壤接觸的面積，限制了氮素的吸收能力。同樣地，在低溫下，根系的生長也受到抑制，進而影響氮素的吸收效率。

2. **降低根系活力**：溫度逆境可能導致作物根系的活力降低，從而影響氮素的吸收代謝。在高溫下，根系的代謝活動受到抑制，包括酵素活性降低和能量代謝減慢，這些因素都會影響氮素吸收過程中的能量需求和酵素催化反應。

3. **損害膜通透性和選擇性**：溫度逆境可能導致細胞膜的通透性和選擇性受損，進而影響根部對氮素的吸收。高溫和低溫逆境都可能導致細胞膜結構的改變，增加膜的通透性，從而導致養分滲漏和離子流失。這可能導致根系對氮素的吸收效率下降。

4. **改變酵素活性**：溫度逆境可能改變作物體內許多關鍵酵素的活性，進而影響氮素代謝。溫度變化可以影響氮素轉運和代謝相關酵素的活性，例如硝酸鹽還原酶（nitrate reductase）、穀胺醯胺合成酶（glutamine synthetase）等。這些酶的活性變化會影響氮素的轉化和利用過程。

　　總之，溫度逆境對作物的氮素吸收代謝效率有著負面的影響，會降低作物對土壤中氮素的吸收和利用效率。因此，在面臨溫度逆境的情況下，作物生產者需要採取適當的措施，如選擇耐熱或耐寒品種、調整施肥策略等，以提高作物的氮素吸收和利用效率，確保作物的生長和產量。

> **3.**
>
> 請詳述影響作物根系生長的因素及土壤乾旱時作物根系對養分吸收減弱的原因。

　　影響作物根系生長的因素有很多，包括以下幾個主要方面：

1. **土壤結構和質地**：土壤的結構和質地會影響根系的滲透性和通氣性，從而影響根系的生長和發育。土壤結構良好、疏鬆的土壤有利於根系的穿透和伸展，提供足夠的空間和氧氣供應。

2. **土壤水分狀態**：水分是根系生長的關鍵因素之一。適度的土壤水分對根系的生長至關重要，但過度供水或乾旱都會對根系的生長產生負面影響。

3. **土壤酸鹼性**：土壤的酸鹼性對根系生長具有重要影響。不同作物對土壤 pH 值的適應能力有所不同，一些作物對酸性土壤較為適應，例如茶樹、鳳梨等，而另一些作物則對中性或鹼性土壤更適應。

4. **土壤養分含量**：土壤中的養分含量對根系生長和發育至關重要。作物根系需要足夠的養分供應以支持其生長，特別是氮、磷、鉀等主要養分。

當土壤遭遇乾旱時，作物根系對養分的吸收會減弱，主要是由於以下原因：

1. **水分限制**：乾旱導致土壤水分減少，根系無法有效吸收到足夠的水分。水分的減少會降低根系細胞內的水勢，進而限制養分的運輸和吸收。

2. **根毛退化**：乾旱環境下，作物根系的根毛可能會退化或死亡。根毛是根系吸收水分和養分的主要部位，其退化會直接影響根系的吸收能力。

3. **生理代謝受損**：乾旱會導致作物植株的生理代謝過程受損，包括酵素活性降低和代謝產物累積，這都會導致根系吸收養分的能力下降。

綜上所述，土壤乾旱對作物根系的影響會間接導致根系對養分吸收的減弱。因此，在面臨乾旱時，保持土壤水分和改善土壤結構是提高根系養分吸收能力的關鍵。此外，選擇抗旱性較強的作物品種和合理的灌溉管理也可以幫助減輕土壤乾旱對根系的不良影響。

4.

以大豆為例，說明溫度、日照及土壤水分對植株生育及栽培之影響。

以大豆為例，以下是溫度、日照、土壤水分對植株生育及栽培的影響：

1. **溫度**：大豆對溫度有一定的適應範圍。適宜的生長溫度範圍通常在 20 至 30℃ 之間。高溫會對大豆的生長和發育產生負面影響，包括抑制根系和地上部分的生長、降低花粉活性、影響花粉管的生長和受精過程等。低溫則可能導致生長停滯、花芽凍害和結實不良。因此，在大豆的栽培中，選擇適宜的溫度範圍對於確保植株的正常生長和發育非常重要。

2. **日照**：大豆是光合作用植物，對日照的需求相對較高。充足的日照可以促進大豆植株的生長和開花，提高產量。日照不足可能導致植株生長緩慢、莖細弱、葉片發黃和花芽形成不良。因此，在大豆的種植中，選擇光照充足的生長環境，尤其是在開花期間，有助於提高產量和品質。

3. **土壤水分**：大豆對土壤水分有一定的需求，但對乾旱有一定的耐受能力。土壤水分的不足可能會導致大豆植株的生長受限，特別是在開花和結實期間。在乾旱環境下，大豆的根系生長受限，養分吸收能力下降，葉片枯萎和掉落。然

而，過度供水也可能導致根部缺氧和根部病害的發生。因此，在大豆的栽培中，保持適當的土壤水分是關鍵，適時灌溉並進行土壤水分管理，以確保植株的生長和發育。

綜上所述，溫度、日照、土壤水分是影響大豆植株生育和栽培的重要因素。選擇適宜的生長溫度、提供充足的日照，並進行適當的灌溉管理，可以促進大豆的正常生長和發育，提高產量和品質。

5.

控制作物周圍環境的溫度，或提高作物對低溫之抗性，為作物生產中非常重要之措施。請敘述環境溫度可由哪些方法調節，以避免作物遭受寒害？

環境溫度對作物的生長和發育有重要影響，因此在作物生產中採取以下方法可以調節環境溫度，以避免作物遭受寒害：

1. **溫室栽培**：溫室是一個封閉的環境，可以提供穩定的溫度和保護作物免受極端寒冷天氣的影響。溫室內通常設有加熱設備和保溫材料，以維持適宜的溫度。

2. **塑膠敷蓋**：在田間栽培中，可以使用塑膠敷蓋材料，如塑膠布或塑膠大棚，來創造溫室效應。塑膠敷蓋可以減少作物與外界環境的熱交換，提高溫度並保護作物。

3. **改善排水系統**：良好的排水系統可以避免土壤過度溼潤，減少寒冷水分對作物的影響。適當的排水可以防止土壤結冰和根部受損。

4. **使用保溫材料**：在寒冷的季節中，可以在作物周圍使用保溫材料，如稻草、落葉、樹枝等，來保護作物免受低溫的影響。這些材料可以減緩熱量的散失，保持土壤和空氣的溫度。

5. **利用人工照明**：在寒冷的冬季或日照不足的地區，可以使用人工照明系統，如懸掛白熱燈炮或螢光燈管（產生較多熱量）、LED 燈（產生微小熱量），可提供額外的光照和熱量，提高作物的溫度。

6. **選擇耐寒作物品種**：選擇種植適應低溫的耐寒作物品種可以降低作物遭受寒害的風險。耐寒品種具有較高的抗寒能力，能夠在低溫環境下正常生長和發育。

　　上述這些方法可以單獨或合併使用，根據具體的作物和種植環境選擇適合的措施，以保護作物免受寒害並維護正常的生長和產量。

6.

請說明作物生產過程中應用於田間之灌溉技術（irrigation technique）有哪些？以及作物預防低溫傷害的可能方法。

　　作物生育期間若能配合適當的灌溉，將可大幅提高作物的產量。灌溉水的取得，通常要花費巨額的開發費用，例如興建水庫、引水、灌溉管路的構築等都需要投入龐大的資金。依照受益者付費的原則，農田灌溉都要繳納水費，且其數額不小。因此現今灌溉技術都朝向節省用水的方向發展，以發揮灌溉水的最大效益。田間常用的灌溉方法如下：

1. **漫灌或淹灌（flooding）**：由灌溉溝渠引水灌溉整個田面。通常水田灌溉採用此法，旱田則因田面不平較少採用。漫灌法需要大量的灌溉水，在水源充足的地方才能採行。

2. **溝灌（furrow irrigation）**：僅將灌溉水灌入行間或畦間所設置的灌溉排水溝，溝中的水分再向兩側滲透進入行內或畦內的土壤中，供作物利用。現今溝灌在旱田仍普遍被農民採用，比漫灌節省灌溉水。

3. **噴灌或噴灑灌溉（sprinkler irrigation）**：利用噴嘴（nozzle）和加壓設備，使灌溉水以細小水滴由上方向植株噴灑，有如下雨之一種灌溉法，噴灌可節省灌溉水及人工，在乾旱或半乾旱地區非常盛行。作物所需的微量元素肥料亦可溶於水中，經過濾後隨噴灌水之噴灑而施於田間，供作物葉面吸收。

4. **滴灌（trickle irrigation, drip irrigation）**：以低壓之輸水管將灌溉水輸送至田間，再由許多支分水管分送至行間或株間。分水管上每隔一定距離裝設一個滴嘴，灌溉水以水滴方式，由滴嘴持續滴入作物根際之土壤中，由滴水時間之長短控制灌溉水量。

　　滴灌是最省水的灌溉方法，所需要的水管及滴嘴均可採用價格低廉之塑膠產品，惟灌溉管路及滴嘴的維護比較麻煩，是其缺點。現今採用設施栽培（protected cultivation）者如在溫室、網室栽培的作物大都採用這種灌溉方法。

滴灌通常每一植株裝設一個滴嘴，但植株小的作物亦可由一個滴嘴供應數株灌溉水的需要。反之，大的植株，如果樹，則可在根部周圍裝設數個滴嘴供應灌溉水。

5. **地下灌溉（subirrigation）**：在土壤底層裝設水管灌溉，使灌溉水經由毛細管上升至作物根際而由根部吸收利用。惟地下底層需有一不透水層，以免灌溉水滲漏損失。地下灌溉可以防止土表形成硬殼，避免地表水分蒸發損失，但水管埋設費時費錢，因此採用並不普遍。

　　作物低溫傷害可能的預防方法如下：

1. 選擇種植地：可讓作物接受較多陽光，例如靠河邊、海邊、湖泊、海灣地帶，氣溫較為穩定。

2. 使用敷蓋物：利用敷蓋物，或將植物包被以減少寒害。在低溫時，可使用農膜或遮蔽網等敷蓋物敷蓋作物，以保護作物免受低溫侵害。

3. 增加土壤保溫：在地面上增加有機質敷蓋物或稻草等，以增加土壤保溫性能，有助於減緩土壤和根系的冷卻速率。

4. 離地面 20～50 呎（約 6～15 公尺）處架設風扇，使平流層空氣與下方空氣對流，增加作物周圍溫度。一般在大面積及企業化經營之果園常利用之。

5. 燻煙：將落葉、鋸木屑、稻草等燃燒並灑水，可防止熱之輻射，並增高空氣中的露點，增加空氣溼度。

6. 灌水法：在霜害來臨前，對作物灑水或使土壤溼潤，以防止熱的輻射。在低溫時進行灌溉，水的熱量能夠幫助提高作物周圍的氣溫，從而減緩低溫對作物的影響。

7. 浸水法：在霜害來臨前，將田園浸水，可防止溫度降低。

8. 防寒的設施栽培：利用玻璃或塑膠布建造溫室或覆蓋床，作為經濟栽培使用。常見於園藝作物的栽培。

9. 育成抗寒作物品種：可育出細胞膜不飽和脂肪酸含量較高、溶質含量較高（可進行滲透調節功能）、或是含 SH 鍵高之耐寒作物品種。選擇耐寒性較強的品種，能夠更好地適應低溫環境，減少低溫對作物的影響。

10. 增加栽培高度：在溫室等場所，可以增加栽培高度，避免作物與地面接觸，從而減少低溫傷害的風險。

7.

作物遭遇低溫〔寒溫（chilling temperature）與凍溫（freezing temperature）〕逆境時，可能產生之適應機制。

作物在遭遇低溫逆境（寒溫和凍溫）時，可能產生以下的適應機制：

1. **生理調節**：作物會進行一系列的生理調節以應對低溫逆境。這包括調節細胞膜結構和功能，增加細胞膜的韌性和穩定性，以減少低溫對細胞膜的損傷。此外，作物還可以調節荷爾蒙量、抗氧化能力、及代謝途徑，以應對低溫逆境的影響。

2. **增加耐凍性**：某些作物具有耐凍性，其可在低溫下經歷凍結而不會發生嚴重損傷。這些作物會產生特殊的蛋白質和其他分子，如抗凍蛋白和抗凍物質，以保護細胞免受冰晶的損傷。

3. **避免凍結點降低**：作物可能經由調節細胞內的溶質濃度，如可溶性糖和無機離子的濃度，來降低細胞的凍結點（又稱冰點），從而減少低溫對細胞的傷害。

4. **快速回復能力**：一些作物在遭受低溫逆境後，能夠快速恢復正常生長和發育的能力。這種快速回復能力使得作物能夠在低溫逆境結束後迅速恢復生長，減少產量損失。

5. **選擇耐寒品種**：選擇適應低溫環境的耐寒品種種植是一種有效的方式。耐寒品種具有較高的抗寒能力、適應低溫環境的基因型。

　　這些適應機制使得作物能夠在低溫逆境下生存和繁殖，減少低溫對作物生長和產量的不利影響。不同的作物和品種對於低溫逆境的適應能力各不相同，因此在種植時需要考慮作物的耐寒性和相應的栽培管理措施。

8.

請說明作物生長於濱海鹽分地，其鹽分逆境（salt stress）會造成作物哪些傷害？產生傷害之原因為何？如何減輕鹽分逆境所造成之傷害？

　　鹽分逆境（salt stress）對作物植物可能引起各種不同的傷害徵狀，這些徵狀可能因作物種類、鹽分濃度、處理時間、環境條件而有所不同。以下是一些可能的鹽分逆境引起的作物傷害徵狀：

1. **葉片褪綠**：鹽分逆境可能導致作物葉片變得淡綠或黃綠色，這是由於葉片中的葉綠素受損或降解所致。

2. **葉片邊緣焦枯**：高鹽濃度可以導致葉片邊緣乾枯和焦黃，這是由於鹽分對葉片組織的影響，特別是葉緣部分。

3. **生長停滯**：鹽分逆境可能導致作物生長停滯，包括株高減少、莖幹變細、根系生長受阻。

4. **葉片死亡**：嚴重的鹽分逆境可能導致作物葉片死亡，讓植株喪失光合作用和營養吸收的功能。

5. **生產受損**：鹽分逆境可能降低作物的產量和品質，因其影響了生長和發育的各個階段。

6. **根系損害**：高鹽濃度會對根系造成傷害，降低根部吸收水分和養分的能力。

7. **離子毒害症狀**：作物植株可能出現鈉離子和氯離子累積引起的毒害症狀，如葉片上的白色鹽斑或斑點。

8. **啟動鈉和氯排除機制**：一些作物在受到鹽分逆境時會啟動鈉和氯排除機制，以試圖減少鈉和氯在植物體內的累積。

　　需要注意的是，不同作物對鹽分逆境的敏感性不同，一些耐鹽植物（halophytes）能較適應高鹽土壤，而其他作物可能對鹽分非常敏感。因此，在種植和管理作物時，需要考慮土壤的鹽分濃度，並採取相應的措施來減輕鹽分逆境對作物的損害。

　　鹽分逆境（salt stress）對作物造成傷害的主要原因包括以下幾個方面：

1. **離子不平衡**：高鹽土壤中的鈉離子（Na^+）和氯離子（Cl^-）濃度較高，這會破壞植物體內的離子平衡。鈉離子進入植物細胞，取代了鉀離子（K^+）等必要的養分，致使對細胞代謝和功能造成嚴重干擾。

2. **缺乏水分**：高鹽土壤中的鹽分會減少土壤中的水分潛勢（負值更大），使植物

根部吸收水分變得更加困難。此導致植物在鹽分逆境下經常處於缺水狀態，進一步抑制了其生長和發育。

3. **降低土壤滲透潛勢**：高鹽土壤中的鹽分會降低土壤溶液的滲透潛勢（使負值更大），這會導致植物根部細胞內的滲透潛勢高於土壤溶液之滲透潛勢，使得土壤中之水分難以移動到植物細胞中，並且會降低細胞膨壓，進而損害細胞結構。

4. **氧化逆境**：鹽分逆境會導致植物體內產生過多的活化氧族物質，如過氧化氫（H_2O_2）和超氧陰離子（O_2^-），這些物質會損及細胞內的生化過程，稱為氧化逆境。這可能導致細胞膜損壞、DNA 損傷、及蛋白質氧化，進一步影響植物的生長和發育。

5. **根部損害**：高鹽土壤中的鹽分會對植物的根部造成損害，進一步減少了水分和養分的吸收能力。鹽分可以促使根部乾枯，導致根系的凋零和死亡。

　　總之，高鹽土壤中的鹽分逆境主要對作物造成傷害，因其干擾了細胞的離子平衡、水分吸收、滲透壓、細胞結構、生化過程。這些影響會降低作物的生長、發育、及產量。對於許多作物來說，鹽分逆境是一個嚴重的生長限制因素。

　　減輕鹽分逆境對作物造成的傷害是一個重要的作物生產管理挑戰。以下是一些減輕鹽分逆境傷害的方法：

1. **選擇作物耐鹽品種**：選擇適合特定地區的耐鹽作物品種是降低鹽分逆境傷害的有效方法。某些作物品種較為耐受鹽分，因此在高鹽土壤中表現較好。

2. **土壤改良**：改良土壤的結構和養分含量可以幫助降低鹽分逆境的影響。添加有機物質、有機肥料、有助於土壤排水的改良劑，可以改善土壤的水分保持能力。

3. **適當的施肥管理**：根據土壤測試結果和作物的營養需求，進行適當的肥料施用，確保作物獲得足夠的養分以增強其耐鹽能力。

4. **排除鹽分**：使用排水良好的灌排系統有助於將多餘的鹽分排出土壤，確保鹽分能夠有效排除。定期淋洗土壤以減少鹽分累積也是一種有效的方法。

5. **灌溉管理**：選擇合適的灌溉方法和時機非常重要。滴灌和滲透灌溉可以幫助減少土壤表面的鹽分累積，並減少鹽分進入植物根系的可能性。

6. **排除鈉離子**：一些作物具有鈉排除機制，可以排除多餘的鈉離子。選擇具有這

種能力的作物品種可以幫助降低鈉離子在植物體內的累積。

7. **藥劑處理**：一些抗氧化劑和生長調節劑可以在一定程度上減輕鹽分逆境對作物的影響。然而，使用這些藥劑需要謹慎，因其可能對環境和人類健康造成不利影響。

8. **適當的管理監測**：定期監測土壤鹽分累積量，及早發現問題並採取措施。此外，合理的種植密度、肥料管理、及灌溉計畫也是減輕鹽分逆境傷害的一部分。

　　總之，減輕鹽分逆境對作物的傷害需要綜合考慮土壤管理、品種選擇、灌溉策略等多個因素。根據具體的情況，可以採取不同的方法來降低鹽分逆境的影響，以確保作物的生長和產量。

補 充 說 明

　　透過添加有機質和改良劑來改善土壤結構和水分保持能力，可以提高土壤的耐鹽能力。以下是一些常見的方法：

1. **添加有機質**

(1) 施用堆肥：將堆肥或腐爛的有機物添加到土壤中，可以改善土壤結構、增加土壤孔隙度和水分保持能力，同時提供養分供應。

(2) 使用有機質敷蓋物：敷蓋土壤表面，例如秸稈、草木屑等有機質材料，可以減少土壤水分蒸發，維持土壤溼度，同時有助於土壤結構改善。

(3) 使用改良劑：

　　a. 石膏：添加石膏可以改善鹽類土壤的結構，減少土壤中的鹽分含量，增加土壤孔隙度和水分滲透性。

　　b. 藻類萃取物：藻類萃取物富含有機物和礦物質，可以促進土壤微生物活性，增加土壤有機質含量，提高土壤水分保持能力。

　　c. 褐藻酸鈉：褐藻酸鈉可以改善土壤結構，增加土壤孔隙度，提高土壤水分保持能力，同時促進根系生長。

2. **合理灌溉管理**

(1) 減少灌溉頻率：根據土壤水分含量和作物需求，合理控制灌溉頻率，避免過度灌溉，減少鹽分在土壤中的累積。

(2) 滴灌或微灌系統：使用滴灌或微灌系統可以精準地將水分供應到植物根

部，減少水分的損失和土壤表面的蒸發，有助於減少鹽分的累積。

　　這些方法旨在改善土壤結構、增加土壤孔隙度和水分保持能力，從而提高土壤的耐鹽能力。選擇合適的方法取決於特定的土壤條件和作物需求，可以進行土壤分析和諮詢專業人士以獲得更具體的指導。

9.

請說明氣候暖化對臺灣糧食生產的影響，以及因應對策。

　　氣候暖化對臺灣糧食生產產生多方面的影響，其中包括以下幾個方面：

1. **水資源短缺**：氣候變暖可能導致降雨模式的改變，使得降雨分布不均，並增加乾旱和缺水的風險。水資源短缺對於灌溉農業非常重要，如果缺乏足夠的水源，農作物的生長和產量都會受到嚴重影響。

2. **高溫和熱浪**：氣候暖化導致高溫和熱浪頻率和強度的增加。高溫對作物的生長和發育有不利影響，包括抑制光合作用、增加蒸散作用、促進水分蒸發和引起熱害等。這些因素可能降低作物產量和品質。

3. **病蟲害和病原菌**：氣候暖化可能導致病蟲害和病原菌的擴散和繁殖。某些病蟲害和病原菌在高溫和潮溼環境下生長迅速，對作物造成嚴重損害。這可能需要增加防治措施和使用抗病品種以應對病蟲害的風險。

　　為應對氣候變化對臺灣糧食生產的影響，可以採取以下對策：

1. **水資源管理**：改善水資源的管理和利用效率，包括提升節水灌溉技術、建設儲水設施、加強水資源的監測和管理等，以確保農業用水的可持續性。

2. **作物品種選擇**：選擇適應氣候變化的作物品種，例如選育耐高溫、耐乾旱和抗病蟲害的作物品種。透過基因改良和選拔的手段，培育適應當地氣候變遷條件的新品種。

3. **農業管理措施**：改善農業管理措施，包括合理調節灌溉量和頻度、推廣保水保肥措施、增加有機質含量、提高土壤保水保肥能力等，以增加作物的逆境抗性

和生產力。

4. 提升農業技術：加強農業技術的研究和推廣，推動現代化農業技術的應用，如精準農業技術、溫室栽培技術、水肥一體化管理等，以提高作物生產效率和品質。

5. 環境保護和生態恢復：加強生態環境保護，保護農田生態系統的多樣性，提升生態系統的恢復能力，以促進生物多樣性和自然生態系統的穩定，對抗氣候變化的影響。

　　這些對策可以協助減輕氣候變化對臺灣糧食生產的影響，增強作物的適應能力和生產力，確保糧食供應的穩定性。

補　充　說　明

1. 氣候暖化對臺灣糧食生產的影響，可分為下列五項

(1) 臺灣栽培之水稻品種約 90% 以上為稉稻，而高溫多溼不利於稉稻之品質與產量，因此氣候暖化對臺灣糧食生產的影響將大於溫帶地區。

(2) 農作物生育期縮短，產量下降；尤其是夜溫升高，對水稻及糧食作物產量及品質影響極大。

(3) 氣候暖化對臺灣水稻栽培時期雖尚未有明顯的影響，但「暖冬」常讓農民在初春時提前插秧，導致秧苗移植後發生嚴重寒害，造成需要重新種植及資源浪費。

(4) 造成全臺灣病蟲害發生之期間、頻率、分布趨於一致，倘未採取共同防治，將降低防治效果，造成資源浪費及降低農民收益。

(5) 造成水旱災等極端氣候事件增多、農作物總產量下降，增加糧食供給的不穩定性與調控的困難度。

2. 因應對策

　　臺灣在全球暖化下，未來面臨災害性天氣的頻度可能會增加，颱風強度也可能會增強，且強風、豪雨的次數也會攀升。因此糧食供給的穩定性可能變差，必須儘速謀求有效的對策。為適應臺灣氣候變遷並實現農業永續經營，擬從政策制訂、科技研發及執行等層面，採取適當的政策目標及因應對策，茲分述如下：

(1) 確保「糧食安全及糧價穩定」政策：糧食政策為農業政策重要一環，我國糧食政策的核心價值為滿足國人對於糧食的質與量的需求，糧食政策

目標為「確保糧食安全及糧價穩定」。未來，政府將持續加強糧食政策之推動，提高國內糧食自給率。

(2) 活化農地，提高生產力：糧食生產的基礎是耕地。配合氣候及土壤條件，調整糧食生產區域及生產面積，並促進休耕農地活化利用，為糧食生產的重要因素。國家必須維持適當耕地，以確保糧食生產受氣候因素影響時，得隨時恢復生產，維持糧食穩定供應。此外，實際從農人口高齡化且年青一代無營農意願，因此，可考慮推動「產銷專業區」及「小地主大佃農」，藉由農業產業結構之調整與轉型，政府積極導入專業訓練、輔導企業化經營及建立產銷供應鏈，以達擴大經營規模及提升產業競爭力。

(3) 選育優良抗（耐）逆境及病蟲害之品種：選育優良作物品種及抗耐品種是克服天候逆境的首要策略，目前應適當運用傳統育種或分子育種，儘速選育出能適應暖化環境之作物新品種。

(4) 推廣節能高效及防逆境等栽培技術：目前油價及原物料價格高漲，農業經營成本偏高，應加速推動合理化施肥、施藥，以降低肥料、農藥不當使用或浪費。積極研發節水技術，以提高水分利用率及效能，在有限的水資源下獲得最大生產效益。另建立防寒及降溫技術，以避免早春的寒害、夏季高溫逆境的傷害。

(5) 合理化栽培管理作業及調整耕作制度：稻田產生甲烷受到水稻品種、溫度、灌溉、肥料、生育階段的影響，調整水稻灌溉管理方式、選用適當品種、多使用有機肥，可減少甲烷產生。另選用適當肥料、減少施肥量、適時施肥、改進水分管理，可減少稻田產生氧化亞氮（N_2O）〔發表於 Science 期刊的研究報告中，美國國家海洋暨大氣管理局（NOAA）的科學家指稱，氧化亞氮將成為新的主要破壞臭氧層物質（ODS）〕。此外，配合臺灣水源變化或氣候異常，應推廣給農民適當的耕作栽培模式、調整作物種類與品種，創造有利農作物生育之條件，除可減少需水量外，亦可減輕病蟲害的危害，以穩定糧食生產及增加農民收益。

(6) 加強氣候變化趨勢的預測和農業氣象預報：氣候變遷具高度不確定性，現行科學方法也不可能準確預報氣候。但短期的氣象預報及媒體傳播速度，農民多能掌握動態，惟缺乏主動採取防範措施以減少損失。政府有

必要加強研發農作物防護技術並推廣農民使用，俾提高農民收益。

氣候暖化對臺灣糧食生產產生了多方面的影響。以下是一些主要影響的描述：

(1) 降雨不穩定：氣候變暖導致降雨模式的改變，可能導致降雨量和分布的不穩定性。乾旱和洪災的頻率和強度可能增加，這對農作物的生長和收成產生了負面影響。乾旱期間，農田缺水可能導致作物枯萎和減產。洪災則可能淹沒農田並造成作物損失。

(2) 氣溫上升：氣候暖化導致臺灣的平均氣溫上升，這可能影響許多農作物的生長和發育。一些作物對高溫敏感，高溫可能導致作物花期縮短、花粉活性下降、果實變形等，進而影響產量和品質。高溫還可能導致水分蒸發速度增加，增加土壤水分蒸散和作物缺水的風險。

(3) 病蟲害威脅增加：氣候暖化創造了更有利於病蟲害生存和繁殖的環境。溫暖潮溼的氣候可能導致農作物病蟲害的爆發，這將對農作物產量和品質造成威脅。病蟲害的控制可能需要更多的農藥使用，這可能對環境和生態系統造成負面影響。

(4) 海平面上升：隨著全球氣候變暖，海平面上升是一個重要的問題，對臺灣的沿海農業產生了直接威脅。海水倒灌可能引起鹽害，影響農地的土壤品質，使得農作物難以生長。此外，海平面上升還增加了沿海地區颱風和海浪對農作物的破壞風險。

(5) 生態系統變化：氣候變化也對臺灣的生態系統產生了深遠的影響。生態系統的改變可能影響農作物的天敵和授粉者的存在和活動，進而對糧食生產產生間接影響。失去重要的生態平衡可能導致農作物病蟲害的爆發和減產。

整體而言，氣候暖化對臺灣糧食生產產生了不可忽視的影響。這些影響可能導致農作物減產、品質下降、病蟲害爆發的風險增加。為了應對這些挑戰，臺灣需要採取適應性措施，包括改進灌溉系統、推廣耐熱、耐旱和抗病蟲害的作物品種、加強農業管理和監測等，以確保可持續的糧食生產。同時，全球減排和應對氣候變化的努力也是至關重要的，以減緩氣候暖化的趨勢，減少對農業系統的不利影響。

10.

請說明臺灣作物栽培生產常遇到的天然災害,並依受損程度說明,及進一步論述作物的防減災措施。

1. 臺灣作物栽培生產常遇到的天然災害受損程度說明

　　我國地理位置位於海陸交界,加上地貌複雜及山勢陡峻,發生氣象災害種類甚多,然而,以雨害及颱風對於農作物生產威脅最為嚴重。根據臺灣國內1981～2010 年間歷年農損災害所占比例之分析。颱風所造成災害為最主要,約為 63.6%;雨害則指春雨、梅雨、夏季對流雨,約占 11.7%;低溫則為一期作插秧期或坡地果樹及茶區所受之寒害,約占 8.1%;冰雹大多發生在春夏交界,當對流雲(積雨雲)強烈發展時,產生球狀或不規則冰塊形式之降水,一般屬於局部性且發生時間短,它對農作物枝葉、莖幹、果實產生機械損傷,造成作物減產或歉收,約占 6.6%,其餘災害包括旱害、高溫、風害、焚風等。就受損之作物種類分析,果品占 44.2%,蔬菜 28.2%,單一作物則以水稻之 11.7% 最多。

　　依據行政院農業部 2004 至 2017 年農業天然災害災損調查資料,臺灣前三大主要農業災損類型為颱風、豪雨、低溫。

2. 如何進行減災措施

(1) 補強排水:治理公共建設之不足或尚未完備處,以強化生產環境,穩定夏季蔬菜生產,期降低農業天然災害損失,並兼顧水土資源永續利用及照顧農民生活之目標。

(2) 推動溫網室設施栽培:藉由設施改善作物生長條件,創造適合作物之微氣候環境,有助提升產品品質、降低作物罹病率,除可節省防疫成本、維護民眾食品安全外,亦可穩定夏季蔬菜生產及預防冬季寒害,減少極端氣候損害並有調節產期之效。

(3) 推動農業保險:農民可透過投保農業保險,降低災害風險,達到穩定收益之目的。

◆ 名詞解釋 ◆

有害生物綜合防治

　　有害生物（簡稱害物；包括引起病害、蟲害、草害之生物；有時候害物之狹義定義僅指害蟲）綜合防治是指利用多種方法和策略，綜合應用生物、物理、化學、栽培等多種手段，來控制和管理對作物和生態系統造成威脅的有害生物。其目的是最大限度地減少對環境的不良影響，同時確保農作物的生產和品質。

　　害物綜合防治的基本原則包括：

(1) 多元化防治策略：結合多種防治手段，如生物防治、物理防治、化學防治、栽培防治等，相互協作，形成協同效應，提高防治效果。

(2) 綜合防治策略：根據害物的生態特性和作物的生育特點，制定針對性的防治策略，包括監測和預警、生物防治、培育抗病蟲害品種、改良栽培技術等，全面提高防治效果。

(3) 保護生物多樣性：重視保護和促進農田生態系統的多樣性，經由增加自然天敵的棲息地、保護天敵和益蟲等方式，建立生態平衡，減少化學藥劑的使用。

(4) 友善防治：選擇對環境友好且對非目標生物影響較小的防治方法，減少對生態環境和人體健康的潛在風險。

(5) 監測和評估：建立完善的監測體系，定期監測和評估有害生物的發生程度和防治效果，及時調整防治策略，確保防治效果的持續性。

　　害物綜合防治的具體措施和方法包括：

(1) 生物防治：利用天敵、寄生蟲、捕食性昆蟲等自然敵害對有害生物進行防治。

(2) 物理防治：利用物理手段如陷阱、屏障、高溫處理、超音波等方式對有害生物進行控制。

(3) 化學防治：使用化學藥劑對有害生物進行殺滅或抑制其生長繁殖。

(4) 栽培防治：通過改良栽培技術、合理調節播種期、選擇抗病蟲害作物品種等方式減少有害生物的發生和損害。

(5) 遺傳防治：通過育種和選拔技術培育出具有抗病蟲害性狀的新品種，提高作物的抗病蟲害能力。

綜合應用這些防治手段和策略，根據具體的有害生物和作物情況，可以有效控制有害生物的發生，減少對作物的損害，同時降低對環境的不良影響。

問答題

1.

某農民要防治水稻褐飛蝨，到農藥行買了 A 廠牌粉狀殺蟲劑，藥包上標示使用倍數為 800 倍，該農民噴藥筒容量為 16 公升，請問要加多少藥量？必須寫出算式及計算方法。

要計算所需的藥量，可以使用以下算式：

$$藥量（公斤）＝容量（公升）÷ 標示使用倍數$$

在本例中，容量為 16 公升，標示使用倍數為 800 倍。將這些值代入算式中，可以計算出所需的藥量：

$$藥量（公斤）＝ 16 公升 ÷ 800 倍＝ 0.02 公斤＝ 20 公克$$

因此，該農民需要加入 20 公克的粉狀殺蟲劑入噴藥筒，然後加水稀釋成 16 公升的溶液，以達到 800 倍的稀釋濃度。

第15章 作物病害與控制

問答題

1.

請詳述作物栽培時病蟲害防治的原則。

作物栽培時的病蟲害防治原則主要包括以下幾點：

1. **綜合防治**：採用多種綜合的防治方法，包括物理防治、生物防治、化學防治等，以減少病蟲害對作物的影響。綜合防治可以提高防治效果，減少對環境和生態的負面影響。

2. **預防為主**：著重於預防病蟲害的發生，包括選擇抗病蟲品種、合理輪作、適時清理病蟲源等。通過良好的栽培管理和農業措施，減少病蟲害發生的機會。

3. **監測和早期警示**：定期監測作物和環境，注意病蟲害的早期跡象，及早發現問題並採取相應的防治措施。建立監測系統，及時警示病蟲害的發生情況，以便及時採取防治措施。

4. **合理使用農藥**：當病蟲害發生時，如果需要使用農藥進行防治，應該遵循合理使用農藥的原則。包括選擇適當的農藥，按照使用說明書的指示使用，注意用量和施用時間，並且盡量減少對環境和非目標生物的影響。

5. **生態平衡和生物多樣性**：保持生態平衡和生物多樣性對於病蟲害防治至關重要。鼓勵自然天敵的存在和繁殖，增加生物多樣性，以降低病蟲害的發生和擴散。

6. **教育和培訓**：加強農民和相關從業人員的培訓和教育，提高其對病蟲害防治的認識和技能，掌握科學的防治方法和策略。

綜合遵循這些原則，可以有效地防治病蟲害，保護作物的生長和產量，同時減少對環境和生態的負面影響。

2.

請以水稻稻熱病為例，說明其好發之環境條件與防治方法。

稻熱病（rice blast）是水稻受到稻熱病菌〔一種眞菌，學名 *Magnaporthe oryzae* (Hebert) Barr.；其無性世代爲 *Pyricularia oryzae*〕感染而造成的病害。水稻從苗期、本田期、至收穫爲止，地上部的各部位都有可能受到稻熱病菌的感染。稻熱病的發生必須滿足三個條件，包含具致病力的病原菌、感病的寄主、及適宜的環境。

以下是水稻稻熱病好發的環境條件和相應的防治方法：

1. 環境條件

水稻稻熱病在高溫高溼的氣候下較爲嚴重。溫度在 25～30℃之間，相對溼度超過 80% 爲病害發生的有利條件。

雨季和多雨環境也容易造成稻熱病的擴散。

2. 防治方法

(1) 選擇抗病品種：選擇具有抗病性的水稻品種是防治稻熱病的有效方法。研發和種植抗病性強的品種可以降低病害發生的風險。

(2) 種植健康種子：使用健康的種子進行育苗，可以減少病菌的傳播。種子的消毒處理可以有效地減少病菌的存在。

(3) 病害監測與預警：定期監測水稻田間的病情，注意稻熱病的發生情況。建立病害監測系統，及時警示病害發生的趨勢和程度，以便採取適當的防治措施。

(4) 良好的田間管理：實施良好的田間管理措施可以減少病害發生的機會。包括適當的施肥、灌漑和排水管理，保持土壤的良好通風和排水性，減少病原菌的繁殖和傳播。合理施肥可以保持水稻植株的營養平衡，適量施肥，使植株健康生長，增強其抵抗力，減少病害的發生。

(5) 輪作和間作（intercropping）作物：輪作和間作作物是管理稻熱病的有效方法之一。藉由輪作不同的作物、或在水稻田間種植間作作物，可以打破病原菌的生長週期和降低其存活率。

(6) 病原菌來源管理：減少病原菌來源的存在可以有效控制病害的發生。及時清

除田間的稻草和殘株，避免病原菌在田間的累積和傳播。定期進行深耕翻土，以減少病原菌在土壤中的存活；且使用合適的農藥進行防治亦可有效控制稻熱病菌的繁殖和傳播。此外，可選擇適合的殺菌劑，根據病害的嚴重程度和發生時期進行適時噴藥。

(7) 生物防治：利用天敵和有益微生物進行生物防治也是一種可行的防治方法。引入對稻熱病菌具有抑制作用的天敵、或施用含有對稻熱病菌有拮抗作用的有益微生物，可以減少病害的發生。

此外，及時發現和採取適當的防治措施也是重要的，例如：病害初期，可進行藥劑防治，使用合適的殺菌劑來控制病原菌的繁殖。防治期間，定期巡視田間，及早發現病害發生的跡象，並採取相對應的措施，如修剪受感染的葉片、清理病害殘留物等，以減少病原菌的擴散和傳播。綜合上述方法，可以有效地預防和控制水稻稻熱病的發生，保障水稻的生長和產量。

◆ 名詞解釋 ◆

1. 雜草型（weed type）

在農藝和園藝學中，「雜草型」指的是生長在田間或園地中雜草的類型和特徵。雜草是指任何不受歡迎或無用的植物，通常生長在農作物田間或花園中，競爭土壤、水分、養分，對作物的生長和發育造成不良影響。

雜草型可以根據其生活史、生長形態、生長環境和繁殖方式等特徵進行分類。以下是一些常見的雜草型：

(1) 一年生雜草：這類雜草在一個生長季節內完成生命週期，包括發芽、生長、開花、結種子，然後死亡。其種子可以在土壤中過冬，待到下一年重新發芽生長。

(2) 多年生雜草：這類雜草在多個生長季節內存活和生長，通常有較深的根系和地下塊莖，使得它們能夠在不同的季節存活下來。

(3) 草本雜草：這類雜草具有草本植物的特徵，包括莖幹柔軟、多節，並且可以迅速生長和繁殖。

(4) 木本雜草：這類雜草是指樹木或灌木型的雜草，它們的根系較深且生長較慢，但仍然會競爭土壤和水分。

(5) 攀爬型雜草：這類雜草通常是指藤蔓或爬行型的植物，可攀附在其他植物或支架上生長，容易擴散並覆蓋大面積的土地。

2. 嘉磷塞（glyphosate）（參考王慶裕。2019。除草劑概論。）

嘉磷塞是一種廣泛使用的除草劑，在臺灣也被稱為年年春。屬於非選擇性除草劑，可有效地控制各種雜草。

嘉磷塞的作用機制是經由抑制植物體內的特定酵素系統，稱為 5- 烯醇丙酮酸莽草酸 -3- 磷酸合成酶（EPSP 合成酶；EPSPS）。EPSPS 在植物體內參與芳香族胺基酸（如苯丙胺酸）的生合成，這些胺基酸是植物體內蛋白質和其他重要生物分子的組成部分。

嘉磷塞會先與 PEP 競爭「EPSPS-S3P」（莽草酸磷酸鹽，S3P, shikimate-3-phosphate）複合物之結合位置，使得 EPSPS 之反應基質 PEP 無法與 EPSPS-S3P 複合物結合，而阻斷酵素正常功能，從而抑制芳香族胺基酸的合成。這導致植物無法正常生產所需的蛋白質和其他生物分子，最終導致植物死亡。

嘉磷塞是一種相對安全且有效的除草劑，因此在農藝、園藝、林業和草坪管理等領域得到廣泛應用。然而，嘉磷塞也有一些爭議和擔憂，其中包括對非目標植物和生態系統的影響、可能的生物累積性和毒性，以及對人體健康的潛在風險。因此，在使用嘉磷塞時應該嚴格按照說明書上的指示和建議進行使用，確保安全使用和環境保護。

問答題

1.

請說明作物輪作制度及其優劣點。並請列出臺灣農地常用之除草劑三種，說明其應用對象與施用方法。

作物輪作制度是指在同一塊土地上輪流種植不同的作物，以實現土壤營養的均衡利用、減少病蟲害發生、改善土壤結構和提高農作物產量的一種耕作方式。以下是作物輪作制度的優點和缺點：

1. 優點

(1) 土壤肥力平衡：不同作物對土壤的營養需求和利用方式不同，輪作可以平衡土壤中的營養元素，避免單一作物長期連作造成的營養失衡。

(2) 病蟲草害控制：輪作可以打斷病蟲草害的生長週期，減少病蟲草害的發生和傳播。某些作物還可以釋放對病蟲草害有抑制作用的化合物，達到防治作用。

(3) 土壤結構改善：輪作可以改善土壤的結構，增加土壤的通氣性和水分保持能力，有助於根系生長和作物吸收養分。

(4) 經濟效益：合理的輪作可以增加農作物的產量和多樣性，提高農民的收入。

2. 缺點

(1) 資源投入增加：輪作需要更多的管理和監測，包括土壤處理、作物選擇和管理等，對農民而言需要投入更多的時間和精力。

(2) 市場風險：不同作物的市場需求和價格波動可能對農民的收益產生影響，需要謹慎選擇輪作作物。

(3) 技術要求高：輪作需要有較高的技術要求，包括對作物的選擇、種植技術和病蟲害防治等方面的知識和經驗。

在臺灣，常用的除草劑有多種，以下列舉其中三種常見的除草劑以及其應用對象和施用方法：

1. 嘉磷塞（glyphosate）：適用於非耕地、果樹園、葡萄園、農作物前耕地等。施用時應注意避免接觸作物，使用時按照標示的劑量和方法進行噴施。

2. 二四地（2,4-D; 2,4-dichlorophenoxyacetic acid）：適用於除草和雜草控制，特別對於一些闊葉性雜草有較好的效果。施用時應避免接觸作物，按照標示的劑量和方法進行噴施。

3. 巴拉刈（paraquat）：適用於田間作物、果樹園、蔬菜地等。巴拉刈具有快速殺草的作用，但使用時需謹慎，避免接觸皮膚和吸入。應按照標示的劑量和方法進行噴施。由於巴拉刈的高毒性和潛在的健康風險，臺灣已於 2019 年起禁止使用巴拉刈，以保護農民與使用者健康及避免環境汙染。

需要注意的是，除草劑的選擇和使用應根據具體情況和使用要求進行，並遵守臺灣政府法律法規和使用標準。在使用除草劑時應注意保護環境和人身安全，適當使用個人防護裝備。最好在專業人士的指導下使用除草劑，以確保安全和效果。

補 充 說 明

　　作物輪作係指在相同土地上經常依序種植不同作物。採用作物輪作制度之農場可劃分數個田區，在同年分別種植兩種或多種不同作物，這些作物在往後數年農場的不同田區輪流種植。輪作田區之選擇決定於其是否適合種植紫花苜蓿及地點。基本上，作物生產者在輪作制度下雖然想要每年均維持各

種作物相同的栽培面積，但事實上不一定能保證在所有田區均能種植所有的作物。

為了使輪作制度能有最大的收益與減少問題，必須遵守一些規範：

(1) 除非有特殊理由，每一種作物每年的栽種面積要相似。意即，不是要求每種作物之田區有相同土地面積（area），而是要有相同或近似之種植面積（acarage）。

(2) 在輪作制度下，容易適應且最有經濟價值之作物其種植面積要儘可能大。

(3) 輪作應該提供農場任何家畜所需之粗飼料或牧草。

(4) 輪作作物應包括多年生作物，最好是豆科作物。而且至少有一種需要中耕的作物（tilled crop）以減少雜草生長。

(5) 輪作要能維持土壤有機質與其他特性。

1. 作物輪作之優劣點：作物輪作可以有效控制作物害物（pest），包括病害、蟲害、草害，因為每一種作物相關之不同栽培作法都會改變各種害物之生命週期。作物輪作也是控制雜草的優良方法。在輪作制度下，約 1,200 種雜草物種中，僅有不到 30 種可以存活。每種作物均有其特別的生長習性與生命週期，若有與作物相當配合的雜草勢必造成很多問題。利用每年改變栽培方式，種植不同作物即可擾亂雜草生命週期。例如：冬季一年生雜草，如野生芥菜與山羊草（goatgrass），會影響冬季一年生作物，如冬小麥與冬大麥的生長。此情況若輪作夏季一年生作物，如玉米與大豆，則在初春時節正當冬季一年生雜草開花結實時進行整地與苗床準備工作，則可中斷雜草生命週期。

作物輪作也可有效管理許多昆蟲與病害。昆蟲如蠐螬（white grubworms）與切根蟲（夜盜蛾；cutworms）會取食禾本科作物根部，而豆科作物則不利於這些昆蟲發育。玉米切根蟲在玉米連作下勢必快速增加蟲口，若能採輪作制度則可有效控制蟲害。藉由適當的輪作制度可以將所有疾病控制達相當程度，甚至有許多疾病也可以達到完全控制的效果。例如：藉由簡單地輪作不敏感作物，可以控制禾穀類作物之瘡痂病（scab）、小麥黑粉病（flag smut）、豆類作物之炭疽病與枯萎病（疫病）（anthracnose blight of beans）、棉花之德州根腐病（Texas root rot）。經常性的輪作是控制害物僅有的經濟方法。

輪作經由土壤管理方式也可有效維持作物產量，例如輪作有助於保持土壤中之有機質與氮素含量，尤其豆科作物與固氮菌共生可增加土壤氮素。紫花苜蓿經過 2～3 年之旺盛生長，可提供後續玉米生長所需的基本氮素。輪作也可保護土壤免於風蝕與水蝕，尤其配合種植多年生作物更為有效。因為不同作物自土壤中吸收帶走之養分不同，輪作有助於養分平衡而減少施用肥料，例如玉米屬於高氮肥作物，但紫花苜蓿可以增加土壤氮素。此外，作物根部生長習性不同也會改變每年自土壤吸收水分與養分之程度。

因為輪作制度種植不同作物，係每年在不同時間進行種植、栽培、施肥、灌溉與收穫等工作，也使得農場操作中之勞力分配較為平均。輪作制度與連作制度比較，通常前者所需之能量、肥料與勞力之投入較少。

然而作物輪作也不一定是最佳的制度，經常性的政府計畫以及經濟、氣候、土壤因素等，使得一特定地區可能更適合種植單一作物。當種植多種作物時必須考慮相關農業機械之需求，此種狀況會增加一些基本投資。此外，市場需求、作物歉收等，均會影響輪作制度。

在有經濟的肥料可用之前，作物輪作是維持地力主要的方法。而當肥料、能源及其他的投入成本提高時，作物輪作面積將會增加。與集約式連續栽種系統相比較，雖然輪作制度之生產水準會下降，但因其降低投入之成本造成總收益可能增加。

2. 臺灣自 1970 年之後開始大量使用化學除草劑，迄今已經超過 50 年，其中有些除草劑仍繼續沿用。常用之除草劑整理如表 16-1：

表 16-1　常用之除草劑施用

除草劑	應用對象	施用方法
二、四 - 地 （2,4-D）	應用於禾穀類作物如麥類、水稻、甘蔗以及禾本科牧草。	通常在作物營養生長期間將除草劑噴施於雜草葉面，以防除闊葉雜草。

除草劑	應用對象	施用方法
嘉磷塞 （glyphosate）	嘉磷塞因可殺死大部分植物，因此在不整地栽培時用以殺死田面現存雜草，以及在非農地的使用非常普遍。	通常在整地前噴施，以清除田間雜草。作物生育期間只能在行間採用定向噴施（directed spray），不可觸及作物植株，否則會傷害作物。 嘉磷塞不具選擇性，除少部分植物（如藤類）外，對大部分雜草之防除均有效。嘉磷塞具有良好的輸導性，極易從葉部輸導至積儲（sink）部位，因此對多年生雜草的防除特別有效。
丁基拉草 （butachlor）	主要應用於移植水稻田之雜草防除。	一般在水稻移植後 2～5 天施用，對多數一年生禾本科雜草及部分闊葉草之防除有效，是臺灣水稻田最常用的除草劑。
伏寄普 （fluazifopbutyl）	應用於闊葉作物如大豆、花生、菠菜、甘藍等。	於作物生育期間噴施於雜草葉部，以防除禾本科雜草。
草脫淨 （atrazine）	應用於玉米、高粱、甘蔗、鳳梨等作物。	多採用萌前施用，以防除大部分闊葉草及部分禾本科雜草。
拉草 （alachlor）	應用於玉米、高粱、大豆等作物。	採萌前噴施，以防除大部分一年生禾本科雜草及少數一年生闊葉草。
施得圃 （pendimethalin）	應用於玉米、大豆、落花生、水稻、高粱、菜豆、蔬菜等田間。	萌前噴施，以防除大部分一年生禾本科雜草。
本達隆 （bentazone）	應用於許多禾穀類作物如小麥、水稻以及大粒種子之豆科作物。	在作物生育期間噴施，以防除大部分一年生及多年生闊葉雜草和莎草。臺灣用以防除水稻雜草野慈菇，亦可有效防除尖瓣花。

除草劑	應用對象	施用方法
巴拉刈 （paraquat）	不具有選擇性，噴施於植物地上部可殺死所有植物。	常於整地前（不整地栽培時則在播種前）用以殺死田面現存雜草或用以防除田埂及路邊雜草。對人畜有劇毒，許多國家已禁用（臺灣亦於 2019 年起禁用）。
三福林 （trifluralin）	主要用於棉及大豆，亦可應用於落花生、馬鈴薯、番茄等作物。	可防除大部分剛萌芽的雜草。
免速隆 （bensulfuron-methyl）	應用於直播及移植水稻。	對闊葉草及莎草科的雜草防除特別有效。

2.

請說明禾本科作物如何進行脂質生合成（lipid biosynthesis）反應？會在細胞內哪些部位進行？其體內參與之關鍵酵素 acetyl CoA carboxylase（ACCase）與多數非禾本科植物體內之 ACCase 有何不同？

　　禾本科作物進行脂質生合成主要是透過一系列的生化反應來合成脂質分子。脂質生合成反應通常發生在植物細胞的葉綠體和細胞質內。

　　禾本科作物脂質生合成的主要步驟如下：

1. 禾本科作物會進行光合作用，在葉綠體中進行光能轉換和光合電子傳遞。

2. 光合作用產生的 ATP 和 NADPH 會提供能量和電子給脂質生合成途徑。

3. 乙醯輔酶 A（acetyl-CoA）是脂質生合成的起始物質，其來自於光合作用產生的碳水化合物。

4. 乙醯輔酶 A 進入細胞質中的脂肪體（lipid bodies）或內質網（endoplasmic reticulum）。

5. 在細胞質中，乙醯輔酶 A 進行一系列的反應，包括乙醇酸的脫羧反應和酮醇的

還原反應，形成脂肪酸鏈。

6. 脂肪酸鏈會進一步被連接成三酸甘油酯（triglycerides）或磷脂質（phospholipids）等脂質分子。

　　高等植物中的乙醯輔酶 A 羧化酵素：除禾本科植物外，大多數植物都具有原核和真核形式的這種酵素。

　　在高等植物中，乙醯輔酶 A 羧化酵素（acetyl-CoA carboxylase）存在兩種形式，包括：原核形式和真核形式。原核形式的乙醯輔酶 A 羧化酵素是由單一胜肽組成之酵素蛋白，類似於原核生物中的乙醯輔酶 A 羧化酵素。這種形式的酵素負責將乙醯輔酶 A 轉化為丙二醯基輔酶 A。

　　真核形式的乙醯輔酶 A 羧化酵素則是一個多亞基（胜肽）組成之酵素蛋白複合物，多個亞基組成，包括生物素羧基載體蛋白（biotin carboxyl carrier protein, BCCP）和生物素羧化酶（biotin carboxylase, BC）、轉羧酶（又稱羧基轉移酶；transcarboxylase, TC）等亞基。這些亞基在脂質合成過程中發揮協同作用。禾本科植物之 ACCase 屬於真核型。

　　值得注意的是，大多數植物（除禾本科植物以外）同時存在這兩種型式的乙醯輔酶 A 羧化酵素。原核型和真核型的乙醯輔酶 A 羧化酵素可能在不同的細胞組織或生理條件下發揮不同的功能，以適應不同的代謝需求和調節機制。這種乙醯輔酶 A 羧化酵素的多樣性和多型性有助於植物對環境變化做出適應並調節其脂質代謝過程。

（補）（充）（說）（明）

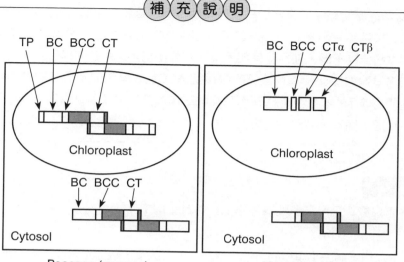

圖 16-1　左圖為禾本科植物，右圖為大部分非禾本科植物。不同處是禾本科植物之葉綠體及細胞質中存在的均為原核型 ACCase，而大部分植物之葉綠體及細胞質中，分別存在真核型與原核型。當葉綠體型（質體型）之 ACCase 異構酶進入葉綠體後，轉運胜肽（transit peptide）可能被切割。

Acetyl coenzyme A carboxylase (ACC) isoforms present in plants. TP, transit peptide; ACC functional domains: BCC, biotin carboxyl-carrier; BC, biotin carboxylase; CT, carboxyl transferase. Note that the TP could be cleaved after the plastidic ACC isoform has been imported into the chloroplast.

（補）（充）（說）（明）

禾草類除草劑（graminicides）如何抑制禾本科植物中的 ACCase 酵素，對於非禾本科植物為何不會影響？

　　禾草類除草劑是一種特定的除草劑，用於抑制禾本科植物葉綠體及細胞質中的 ACCase 酵素。其作用機制是經由干擾 ACCase 酵素的活性，從而阻止脂肪酸的合成，最終導致禾本科作物的生長受阻或死亡。

　　禾草類除草劑對禾本科植物有效的原因是禾本科作物中的 ACCase 具有特殊的敏感位點。禾草類除草劑會與 ACCase 的特定區域結合，阻礙其活性中心的功能，進而抑制脂質生合成過程。這導致禾本科作物無法正常合

成必需的脂肪酸，並且對於其生長和發育至關重要的能量供應受到干擾。而對於非禾本科植物，由於其葉綠體中 ACCase 酵素（原核型）結構與禾本科作物不同，並且缺乏與禾草類除草劑相互作用的敏感位點，因此這些除草劑對於非禾本科植物的原核型 ACCase 酵素並不具有抑制作用。這使得非禾本科植物能夠在禾草類除草劑存在的環境中繼續正常進行脂質生合成，而不受到明顯的影響。

3.

從永續農業角度，農地應如何進行雜草管理工作？

1. **人工除草**：過去小規模的農地，都藉由人工除草，包括水田或旱田的雜草。
2. **輪作法**：水稻之後種植雜糧，田間的雜草種類與原先水田的雜草不同，例如栽培水稻時以闊葉草為嚴重雜草，但在後作雜糧以香附子（土香）居多，同時也減少了切根蟲的危害。
3. **栽培技術**：利用混作栽培，即將遺傳特性不同的作物物種，依一定比例混合栽培，由各物種之生態習性占據植冠（canopy）不同空間，以抑制雜草。美國曾以三葉草作為覆蓋作物，在大麥播種前先行播種，然後兩者同時生長，之後大麥與三葉草同時收割。
4. **殘株敷蓋**：臺灣南部多季稻田於近稻叢處人工穴播（即禾根豆栽培）或播種大豆時，利用前作物水稻之稻草敷蓋田面以抑制雜草，故大豆不需中耕除草。臺灣紅豆早期屬於春夏作型，在各地山地零星栽培，至 1956 年前後，在屏東利用二期水稻收穫後之稻田種植紅豆成功後，始發展為經濟栽培的作物。紅豆種植採用不整地人工穴播栽培，於水稻收穫後，束完稻草，進行禾根豆栽培，播種完再敷蓋稻草，收穫時則以人工收割、再用脫粒機脫粒或置於晒場，用樋枷脫粒，需要很多人力。
5. **利用植物的相剋作用（alleopathy）**：植物的相剋作用是作物釋放某些次級代謝物質，以抑制自己或其臨近植物的種子發芽、生長、發育、開花、結實。

例如在林木砍伐後種植克育草，有抑制其他雜草生長之效果，但不影響林木再生。研究者以克育草萃取物處理雜草時，使雜草根部生長受阻，對高弧草（*Fesetuca arundinacea*）的生長有顯著的抑制作用。經分析是由於克育草（Kikugugrass, *Pennistum clandstinum*）分泌毒害物質，如 cumarin 等所致。

4.

請說明水稻主要的生產栽培法、優缺點及其草害綜合管理策略。

1. 水稻栽培主要採連作，過程中需要經常性供水，但不同生育期之供水狀況有別

(1) 插秧期至分蘗始期：本時期約為第一期作插秧後 10 天，第二期作插秧後 7 天內。為提高除草劑的藥效並促進水稻成活，田面以維持 3 公分左右水深即可。

(2) 分蘗始期至分蘗終期：本時期水分管理應經常保持 3～5 公分的淺水狀態，以促進根群之發育與早期分蘗。有效分蘗終期於第一期作約在插秧後 38 天左右，第二期作約在插秧後 28 天左右。施用第 1 次及第 2 次追肥時，需控制田間約 1 公分之淺水時施用追肥，俟田間水分完全滲入土壤內後，恢復灌水。

(3) 有效分蘗終期至幼穗形成始期：俗稱的「晒田期」，讓田土乾燥而略呈龜裂狀態，供給氧氣，也因田土乾燥促進稻根向下生長，有幫助稻株後期養分吸收及不倒伏之效。另外也可抑制無效分蘗，促進稻米產量及提升品質。原則上第一期作於插秧後 40～50 天，第二期作於插秧後 30～37 天左右，將田面曝晒至表土以腳踏入不留腳印程度，或有 1～2 公分寬、5～10 公分深的龜裂，晒田程度以稻株葉片不可捲曲（如發現葉片捲曲，即表示植物體內缺水，應立即灌溉），其後灌溉管理採輪灌或間歇灌溉 1～2 次，灌水 3～5 公分深即可。

(4) 幼穗形成始期至幼穗形成終期：此時期在水稻抽穗前 22 日開始，對養分與水分需求量高，應採行 5～10 公分之深水灌溉。若施穗肥時，應在幼穗長度 0.2 公分施用，並先將田間排水至 1.5 公分水深才施肥，其後在第 2 天行深水灌溉至幼穗形成終期為止，為期約 10 天。

(5) 孕穗期：水稻抽穗前 7～10 天之孕穗期，土壤中氧氣消耗量達到最高峰，故

此時期的水雖必要但不可湛水，可採輪灌方式，每 3～5 日輪灌一次，使土壤通氣良好，促進根系之強健。

(6) 抽穗開花期：抽穗開始至齊穗爲止的水稻葉面積爲全生育期中最大，而在葉部光合作用所貯積的碳水化合物需有充足的水分才可以轉移到稻穀，所以此時期須維持 5～10 公分的水深。

(7) 乳熟期至糊熟期：此一時期由於水稻齊穗後植株最上部三片葉子爲主要進行光合作用生產碳水化合物的部位，需仰賴充足的水分輸送光合產物轉存至穀粒，故仍應採用 5～10 公分的深水灌漑至抽穗後第 18 天止。

黃熟期至完熟期：水稻抽穗後約 18 天開始進入黃熟期，此時上部葉仍繼續進行光合作用合成碳水化合物，所以仍不宜太早斷水，應採用 3～5 天約 3 公分水深之輪灌 2～3 次，直至收穫前 5～7 天排水，以防穀粒充實不飽滿。爲生產良質米，收穫前不可太早斷水，避免心腹白米及胴裂米之產生。

2. 優缺點

(1) 優點：

　　a. 產量產能極大化。

　　b. 大幅減少人力成本。

　　c. 農產品的賣相較佳。

　　d. 雜草及病蟲危害少。

　　e. 農產品生產迅速。

(2) 缺點：

　　a. 長期使用化肥造成土壤酸化，影響肥力。

　　b. 作物易殘留硝酸鹽及農藥，影響人類健康。

　　c. 土地及水質會受汙染，嚴重危害環境生態。

　　d. 昆蟲或頑強雜草抗藥性增加。

　　e. 對化學肥料依存度過高。

3. 水稻草害綜合管理策略

　　配合雜草萌芽及繁殖的生態特性，以及水稻栽培方法，將水稻雜草綜合管理分爲「種植前之防治」（植前）及「種植後之防治」（植後、萌後）。雜草管理

須針對不同雜草種類來訂定不同的防治方法，若單獨使用除草劑則易造成雜草抗藥性的產生，不論是利用藥劑或其他方式，都必須掌握控制雜草的關鍵時期，即於插秧後 30～45 日前進行雜草管理，以獲得最佳的管理效果。

(1) 水稻植前防治包括：

　a. 預防性措施：雜草種子的長久壽命，再加上單株雜草即能產生大量的種子，導致長期積累在土壤中，形成龐大的雜草種子庫。而避免農田雜草種子的產生可降低雜草的壓力，並能減少往後雜草防除的成本，所採行的措施是不允許雜草生長至開花結籽，在灌溉溝渠進水口設置細紗網，可阻隔雜草種子進入田區，降低雜草族群密度。

　b. 輪作或間作：利用水旱輪作來降低有特定環境需求之雜草密度，前期作休耕或第 2 期作收割後種植如油菜、苕子、埃及三葉草等綠肥作物，由於綠肥作物生長快速且茂密，可抑制雜草生存空間。

　c. 整地：提早於插秧前 15 日進行第 1 次整地（粗耕），田間保持溼潤狀態，讓水田中之雜草種子提早萌芽；至插秧前 3 日再進行第 2 次整地（細耕），將已發芽之雜草掩埋；耙平時應力求平整，以免較高處（水淺處）易滋生雜草。整地後保持 2～3 公分水深，插秧後俟秧苗成活即行湛水處理，保持 3 公分水深。

　d. 化學農藥除草：目前登記推薦於水田使用之除草劑種類甚多，最好依田間雜草相，選擇「植物保護手冊」推薦之藥劑用量及方法審慎使用，可有效防治絕大多數之一年生雜草。

由於各種除草劑有其最佳防除時期，如常用之水田萌前除草劑——丁基拉草對禾草類及其他一年生剛發芽 1～2 葉期之闊葉雜草防除效果最好，應於插秧前 2～4 日蓋平田面，並保持 3～5 公分水深後施用；之後保持積水數日，使藥劑均勻溶於水中得以發揮作用，雜草發育超過 2～3 片葉以後，對萌前藥劑的忍受力則明顯增強。

(2) 水稻植後防治包括：

　a. 人工除草：使用鋤頭、鐮刀或徒手移除雜草。

　b. 中耕除草：中耕培土將雜草埋入田土中。

c. 機械割草：使用水田除草機除草，插秧後約 15～20 日田土尚未變硬前進行除草，但僅能剷除行間的雜草，株間的雜草仍須搭配人工拔除。

d. 生物性除草：利用鴨子啃食幼嫩雜草，水稻移植後即開始飼養小鴨，待水稻達分蘗盛期時，將鴨群放養任其游走於田間，每公頃 200～400 隻，利用其活動造成田水混濁阻斷光合作用，導致雜草種子難以萌芽，以及啄食幼嫩雜草而抑制雜草的滋生。於國外尚有草食魚控制水田雜草案例。

e. 化學農藥除草：於插秧後，田區中多年生闊葉雜草嚴重或農時延誤致雜草已達 3～4 片葉時，可逕行選用百速隆或免速隆等萌後作用較強之藥劑來防治，施用後須保持田面水深 3～5 公分 4～7 日。

水田除草劑中含丁基拉草主成分的混合藥劑使用率最高，占 80% 以上。適合雜草剛發芽至 2 葉齡的幼苗效果最好，幼苗 3 葉以上，對藥劑耐受性增加，防治效果即降低。

對於萌芽較晚的闊葉型雜草，可再施用百速隆、免速隆、或噴施本達隆等藥劑。水稻分蘗中期，俟水排掉後可噴施萌後除草劑如本達隆，可有效防除闊葉及莎草科雜草。固殺草及嘉磷塞則為非選擇性除草劑，此兩種藥劑主要用於農路、田埂、畦畔及整地前田面雜草之防除，施用時不可噴及水稻及其他作物，以免造成藥害。

第17章 植物生長調節劑

植物荷爾蒙（plant hormones）

　　植物荷爾蒙是植物體內自然產生的化學物質，其在植物生長、發育、生理過程中具有調節和控制的作用。植物荷爾蒙可以影響植物的種子發芽、根部生長、莖部伸長、葉片展開、開花、及果實成熟等生理過程。一些常見的植物荷爾蒙如下：

(1) 生長素（auxin）：促進細胞的伸長和分裂，影響植物的組織分化和器官發育。

(2) 細胞分裂素（cytokinins）：促進細胞分裂和生長，參與植物的分裂和分化過程。

(3) 激勃素（gibberellins）：促進植物的莖部伸長和生長，調節開花和果實發育。

(4) 乙烯（ethylene）：調節果實成熟、葉片老化、開花，參與植物的生長和生理反應。

(5) 離層酸（abscisic acid）：參與調節植物的休眠、抗逆境、水分平衡，抑制種子發芽和生長。

(6) 油菜素類固醇（又稱為蕓薹素內酯，或是油菜素內酯，brassinosteroids, BRs）：促進植物的生長和分化、調節植物的形態發育、調控植物的生理反應、影響花芽形成和開花、及參與細胞擴展和組織分裂。

(7) 其他包括：多胺（polyamines）、茉莉酸鹽〔jasmonates，包括茉莉酸（jasmonic acid, JA）及其甲酯（methyl ester）化合物〕、水楊酸鹽（salicylates）、小型胜肽（small peptides）等。

　　這些植物荷爾蒙在植物體內相互作用，形成複雜的調控網絡，以適應內外環境的變化，其合成、運輸、信號傳遞機制是植物生長發育的關鍵。經由調節植物荷爾蒙的合成和平衡，可以調控植物的生長、形態、生理和抗逆境能力，對農業生產和植物育種具有重要意義。（參考王慶裕。2017。作物生產概論，第 19 章）

問答題

1.

說明植物生長素（auxin）IAA 在植物體內如何進行極性轉運，配合繪圖說明。並說明根部向地性與地上部向光性中 auxin 所扮演之角色。

（一）說明植物生長素（auxin）IAA 在植物體內如何進行極性轉運，配合繪圖說明。

在高等植物體內，植物荷爾蒙（或稱激素）生長素有兩種不同的運輸（或稱轉運）方式，包括：極性運輸（耗能的主動運輸）和非極性運輸（依賴自由擴散的韌皮部運輸）。

1. 生長素的極性運輸（**polar tansport**）：極性運輸是生長素的一個重要特徵，其為一種短程、單方向的運輸，其運輸速度為 $5 \sim 20 \ mm \cdot h^{-1}$，需要消耗能量，屬於主動運輸，並維持生長素的逆濃度梯度運輸。

極性生長素轉運（PAT）是生長素的定向細胞間轉運過程，係因生長素外流載體 PIN 家族在細胞膜上的極性／非對稱定位所導致的，這些載體乃是將生長素從細胞內排出的次級轉運蛋白（或稱運輸蛋白，transporter）。極性生長素轉運是決定植物體內生長素空間分布的主要過程之一。因此，它在植物的生長發育控制中扮演著重要角色、並且受到嚴格調控。

在植物的地上部（shoot），生長素的合成部位大都分布是在莖尖、葉尖，生長素主要向基部運輸（basipetal transport）。在根部，由地上部經由維管組織向下運輸的生長素越過根莖交界處，向根尖中柱細胞單向運輸，到達根尖的靜止中心後，與根尖分生區產生的生長素匯合，形成根尖生長素庫（pool）。庫中的生長素經由根的表皮和皮層組織向上運輸，到達根尖的伸長區後，再通過皮層細胞向根尖分生區運輸（回流）。

植物生長素（auxin）吲哚乙酸（IAA, indole-3-acetic acid）的極性轉運主要係經由兩種運輸蛋白家族實施，包括：PIN 蛋白（pin-formed 蛋白）和 ABCB 蛋白（ATP-binding cassette transporter B 蛋白）。這些蛋白在細胞膜上定位（排列

位置），負責 IAA 分子的輸送（參考圖 17-1）。

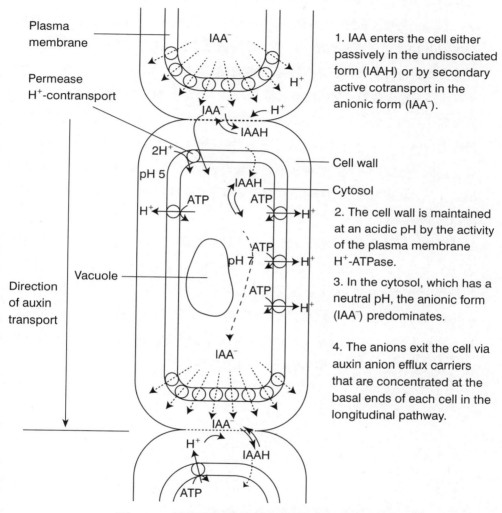

Plasma membrane

Permease H⁺-contransport

Direction of auxin transport

Vacuole

IAA⁻

H⁺

IAA⁻　H⁺

IAAH

2H⁺

pH 5

IAAH

ATP　ATP

H⁺　H⁺

ATP

pH 7　H⁺

ATP

H⁺

IAA⁻

IAA⁻

H⁺

IAAH

ATP

Cell wall

Cytosol

1. IAA enters the cell either passively in the undissociated form (IAAH) or by secondary active cotransport in the anionic form (IAA⁻).

2. The cell wall is maintained at an acidic pH by the activity of the plasma membrane H⁺-ATPase.

3. In the cytosol, which has a neutral pH, the anionic form (IAA⁻) predominates.

4. The anions exit the cell via auxin anion efflux carriers that are concentrated at the basal ends of each cell in the longitudinal pathway.

圖 17-1　極性生長素運輸之簡化化學滲透模型

資料來源：https://alchetron.com/cdn/polar-auxin-transport-825300fb-1bd3-40f1-832d-2811ca3b241-resize-750.png

生長素極性運輸的機制可用化學滲透假說（chemiosmotichypothesis）來解釋，質膜的質子泵將 ATP 水解，提供能量，同時將 H^+ 從細胞質基質釋放到細胞壁，所以細胞壁空間的 pH 較低（pH = 5.0）。而生長素的 pKa 是 4.75，在酸性環境中 IAA 分子不易解離，主要呈非解離型（IAAH），較親脂。IAAH 可通過質膜的磷脂質雙分子層擴散進入細胞比陰離子型（IAA^-）快。此外，質膜上有生長素輸入載體（又稱內流載體；influx carrier）AUX1 屬於膜蛋白，其多胜肽順序與胺基酸通透酶（permese）相似，該酶是 H^+／IAA 內向轉運體。陰離子型（IAA^-）通過通透酶主動地與 H^+ 協同轉運，進入細胞質基質。IAA 通過上述兩種機制即可進入細胞。細胞質基質 pH 約為 7.2。IAA 主要以 IAA^- 的形式存在，其在細胞基部的輸出載體（又稱外流載體；efflux carrier）作用下單向運出細胞。

目前已知，生長素極性運輸依賴於生長素輸入載體 AUX／IUX1 家族、輸出載體 PIN 蛋白家族和 ABCB／PGP 蛋白家族（參考圖 17-2、17-3、17-4）。在阿拉伯芥中已發現 8 個 PIN1 蛋白家族成員，其中 PIN1 負責 IAA 從莖尖向根尖的運輸，PIN3 則負責將根尖的 IAA 側向運輸到維管束薄壁細胞，PIN4 則參與 IAA 向根尖靜止中心的運輸。此說明 PIN 成員在特定的細胞類型和細胞層中表達，並決定了生長素在細胞內的時空分布與極性定位。

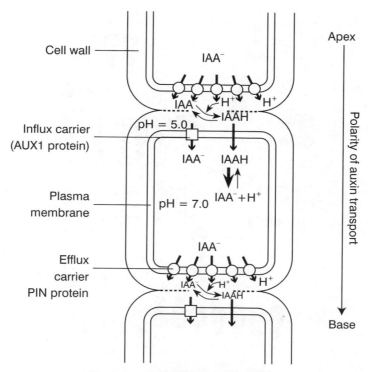

圖 17-2　生長素極性運輸路徑圖

資料來源：https://qph.cf2.quoracdn.net/main-qimg-0fc0cc180201fb651dfbf33cadf23e8e

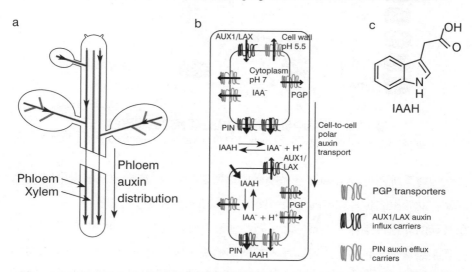

圖 17-3　生長素在作物植體內之極性運輸方向 (a)、在細胞之間的極性運輸 (b)、及非解離型生長素 (c)

資料來源：https://alchetron.com/cdn/polar-auxin-transport-341cbab6-e15d-4928-a8f3-158f8a6b929-resize-750.jpg

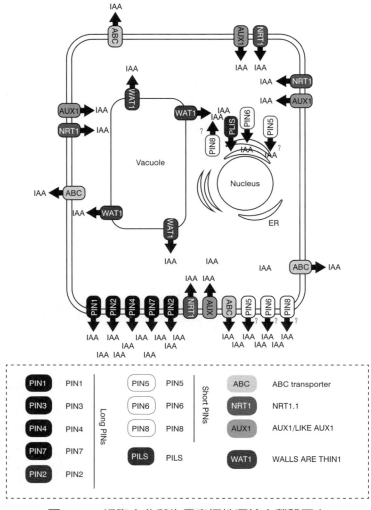

圖 17-4　細胞中參與生長素極性運輸之載體蛋白
資料來源：https://www.cell.com/cms/attachment/ff92799a-9fdb-4c3c-b63b-6380e33a7d53/gr1.jpg

極性轉運系統使得 IAA 可以在植物體內以特定的方向運輸。根部向地性的 IAA 運輸有助於根的生長和定向生長，使根系能夠向下生長進入土壤中。

2. **生長素的非極性運輸**：生長素除了極性運輸之外，還能通過植物的維管系統進行長距離運輸，包括韌皮部運輸，其運輸較快，為 $1 \sim 2.4$ cm · h^{-1}。生長素的非極性運輸不需要能量和載體，主要是經由擴散（diffusion）來進行的，而不

涉及特定的載體蛋白。

短距離之生長素非極性運輸主要發生在植物的細胞間空隙中,而非特定的組織或部位,短距離非極性運輸的速度通常較慢。這種運輸方式被稱為擴散。生長素分子可以透過細胞壁或細胞膜之間的空隙,自高濃度區域擴散到低濃度區域,以平衡濃度差異。

由於生長素在細胞間的非極性運輸,其可在植物體內廣泛分布並快速傳輸到不同的組織和器官。當生長素在一個細胞中產生或累積時,其可經由擴散作用自動移動到周圍的細胞。這種非極性運輸的特性使得生長素能夠在植物體內進行廣泛的調控和調節,影響各種生長和發育過程。

生長素在細胞間係經由擴散方式進行運輸,其運輸方向主要由兩個因素決定,包括:

(1) 生長素濃度梯度:生長素的濃度梯度是非極性運輸的主要驅動力。當細胞內外的生長素濃度存在差異時,生長素會根據濃度梯度進行傳輸。生長素會從高濃度區域向低濃度區域擴散,以平衡濃度差異。這種擴散過程是被動的,並不需要額外的能量和載體蛋白。

(2) 生長素分子之物理性質:物理性質指的是生長素分子本身的特性,包括其溶解性、極性、電荷等。這些物理性質會影響生長素在細胞間的傳輸方式和方向。例如,生長素分子的溶解性和極性會影響其在細胞膜中的溶解度和滲透性,進而影響生長素通過細胞膜的能力。此外,生長素分子的電荷狀態也可能影響其與細胞膜的相互作用和運輸。

(二)並說明根部向地性與地上部向光性中 auxin 所扮演之角色。

1. 根部向地性:根部向地性是指植物的根部傾向於隨著地心重力向下生長,這種生長方式使植物往下生長的根系能更有利於吸收水分和營養物質,並提供了植物在土壤中的穩定性。

生長素在根部的累積是根部形成向地性的關鍵。當原本垂直的根頂端橫置時,因平衡石(statoliths)往重力方向沉降,啟動生長素運輸管道,促使在根尖的下側累積較多的生長素(圖 17-5)。而根部組織細胞對於生長素較敏感,高

濃度生長素會抑制細胞伸長（cell elongation），使上側細胞的伸長多於下側細胞，從而導致根部向下彎曲，此過程稱為正向地性。

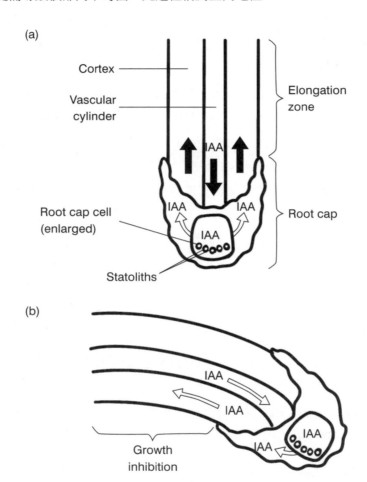

圖 17-5　用於控制根伸長和沿重力向量方向生長的模型。(a) 生長素（IAA）向下運輸至根尖。之後重新分配到根皮層和表皮，並從根部運回伸長區，於該處調節細胞伸長的速率。(b) 如果根的生長方向與重力向量（重力刺激）正交，則可以經由根冠細胞中平衡石（statoliths）的往下沉降來檢測重力向量的方向。這可能導致生長素不對稱地重新分布到根部的下側，因生長素濃度增加使得根部的下側伸長受到抑制，根部因此在重力向量的方向上向下彎曲（a 圖下方及 b 圖右側含平衡石之平衡細胞為放大示意圖，非實際大小）

資料來源：https://www.ebi.ac.uk/biomodels/content/model-of-the-month?year=2013&month=01

2. **地上部向光性**：地上部向光性是指植物的地上部生長對光源方向做出反應，以便能夠進行最大限度的光合作用。當植物處於單側光條件下時，光會刺激植物的地上部生長向光源傾斜，此種反應被稱為向光性。生長素在地上部的重新分布是地上部向光性形成的關鍵。當光照單側照射到植物的地上部分時，光會引發尖端產生之生長素重新分配，使其在植物地上部頂端莖段的背光側累積，從而促進該側的細胞伸長，導致植物向光源方向生長（圖 17-6）。

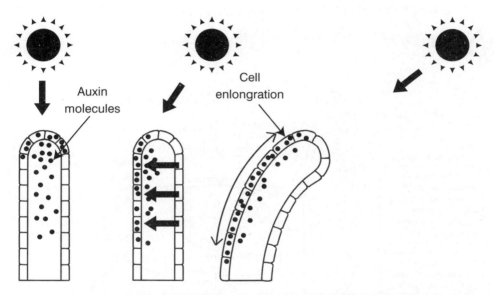

圖 17-6　圖示生長素在生長中的植物地上部頂端的遮蔭區域中的累積，以及如何導致該遮蔭區域中的細胞伸長，從而造成地上部芽向光性生長

資料來源：https://www.nagwa.com/en/explainers/434109472654/

向光性的機制涉及光的感知，係經由植物細胞中的光受體蛋白，如光敏素（phytochromes）和趨光素（phototropins）來進行。當檢測到光源時，這些光受體蛋白觸發了一個信號傳遞級聯（signaling cascade），導致生長素的重新分配。

具體而言，光受體蛋白可促使生長素從光照的一側移動到遮蔭的一側。這種移動可以經由多種機制進行，包括調節生長素的外流運輸蛋白（efflux transporters）或改變細胞對生長素的敏感性。結果，生長素在遮蔭側累積，刺激細胞伸長，使植物向光源方向彎曲。

2.

試以大麥種子發芽為例，說明 gibberellins 如何參與發芽過程，並配合繪圖說明種子各部位之反應過程。

大麥種子發芽過程中激勃素（gibberellins, GAs）參與調控種子內澱粉酶（amylase）分解胚乳中澱粉所扮演的角色：

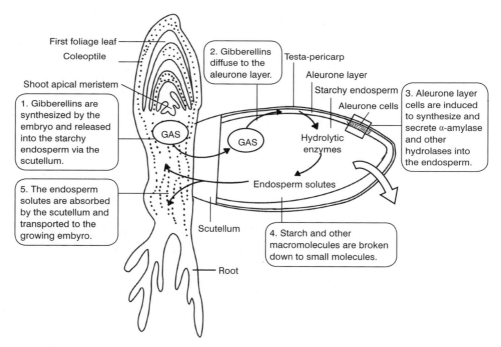

圖 17-7　禾穀類作物種子發芽過程中，由胚部合成之 GAs 可經由子葉盤（scutellum）進入澱粉質胚乳，之後 GAs 擴散進入糊粉層（aleurone layer），於糊粉層細胞可誘導合成 α- 澱粉酶（α-amylase）及其他水解酶並釋出進入胚乳，之後促使澱粉及其他大分子分解為小分子，最後胚乳中之容植被子葉盤吸收並轉運至生長中之胚部（圖為胚芽突破種皮發芽後，且已長出胚芽與胚根之狀況）

資料來源：https://link.springer.com/chapter/10.1007/978-981-13-2023-1_17

1. 胚（embryo）合成激勃素（GAs）後釋出經由子葉盤（scutellum）進入澱粉質胚乳（starchy endosperm）。

2. 胚乳中之 GAs 擴散進入糊粉層（aleurone layer）。

3. 糊粉層細胞受到 GAs 誘導合成及分泌 α- 澱粉酶（α-amylase）及其他水解酵素進入胚乳（endosperm）。澱粉酶是一種重要的酵素，其能分解種子胚乳中的澱粉，將其轉化為可供胚芽使用的葡萄糖。

4. 澱粉及其他大分子分解為小分子。隨著澱粉酶的活性增加，在胚乳細胞中的澱粉開始分解。這個過程產生了大量的葡萄糖，提供了胚芽生長所需的能量和養分。

5. 胚乳中之溶質經由子葉盤吸收，再轉運至生長中的胚（參考圖 17-7）。

6. 胚芽伸長：葡萄糖的供應促進胚芽的細胞分裂和伸長，使胚芽能夠突破種皮並順利生長。

3.

植物荷爾蒙生長素（auxin）是植物生長發育過程中必要的分子，而生長素型除草劑（auxin-type herbicides）卻會造成植物死亡，請問原因為何？

回答重點

　　說明生長素型除草劑（auxin-type herbicides）造成植物死亡之原因，主要係因除草劑濃度下之生長素其濃度為正常細胞內生長素濃度 1,000 倍以上，此種高濃度使得細胞無法經由 conjugation 方式適當地調控 free form auxins 濃度；因此造成高濃度引發荷爾蒙合成相關酵素編碼基因之表現，促使細胞內合成更多的 ethylene、ABA 等荷爾蒙，加速老化、葉片下垂、生長抑制、氣孔關閉、抑制蒸散作用、光合作用等正常生理反應。

　　生長素型除草劑或高濃度 IAA 可誘導雙子葉植物物種的生長抑制和衰老，如豬殃殃（*Galium aparine*）案例（圖 17-8）。除了因莖部組織局部死亡（莖

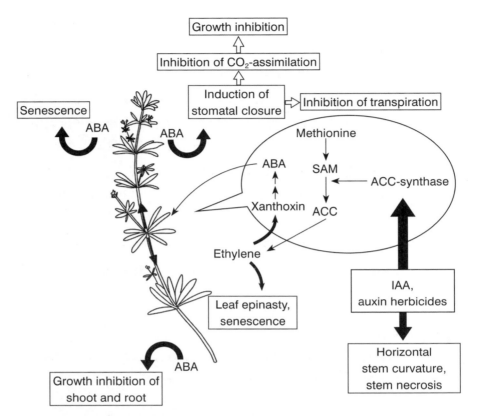

圖 17-8　生長素型除草劑和高濃度植物激素吲哚 -3- 乙酸（IAA）作用模式的模擬模型

Proposed model of the mode of action of auxin herbicides in the induction of tissue damage and senescence in Galium aparine（豬殃殃）. ABA, abscisic acid; ACC, 1-aminocyclopropane-1-carboxylic acid; SAM, S -adenosylmethionine（S- 腺苷甲硫胺酸）

資料來源：https://www.cell.com/trends/plant-science/fulltext/S1360-1385%2800%2901791-X

壞死）而導致莖水平向彎曲和莖部變窄等現象外，高濃度生長素還經由器官特定基因表達誘導地上部組織中的 1- 胺基環丙烷 -1- 羧酸（1-aminocyclopropane-1-carboxylic acid, ACC）合成酶活性、或轉錄後重新合成 ACC 合成酶（post-transcriptional de novo enzyme synthesis）。此導致 ACC 濃度增加，緊接著是乙烯過量生產。

　　乙烯會引起葉片向下彎曲（下垂；偏上性生長），並經由增加葉黃素

（xanthophyll）裂解為 ABA 前驅物黃質醛（xanthoxin）來刺激離層酸（ABA）生合成。之後 ABA 在植物中累積並進行系統轉移。該荷爾蒙經由關閉氣孔來抑制生長，從而限制碳素同化，及限制生物量的產生，並直接影響細胞分裂和擴張。隨後，ABA 與乙烯一起促進葉片衰老，這是一個內源性程序化過程，最終導致葉片死亡。

4.

請說明植物表現向光性（phototropism）、向地性（gravitropism）時，植物荷爾蒙生長素（auxin）所扮演之角色為何？

請參考本章第 1 題解答。

5.

離層酸（abscisic acid, ABA）為逆境荷爾蒙，並且與調控植物包括蠶豆，蕃茄的氣孔開關、水分蒸散速率及逆境抗性有關。請依此詳述在土壤水分缺乏（water-deficiency）下，植物如何經由影響 ABA 生合成及作用機制，增進作物乾旱逆境耐受性。（2020 年特種考試地方政府公務人員作物生理學考試試題供參考）

　　植物在土壤水分缺乏下，會促進植物根部合成 ABA，經由香葉基香葉基焦磷酸（geranylgeranylpyrophosphate, GGPP）配合八氫茄紅素合成酶（phytoene synthase）合成 phytoene，之後藉由八氫茄紅去氫酶（phytoene desaturase），產生 ζ- 胡蘿蔔素（ζ-carotene），再經過去飽和（desaturation）作用，將黃色的 ζ-carotene 轉換紅色的茄紅素（lycopene），再藉由環化酶（cyclase）作用，即可轉化成 β- 胡蘿蔔（β-carotene），之後再轉變成玉米黃素，再轉成全反式紫黃質，部分全反式紫黃質再轉全反式新黃質，其中全反式紫黃質與全反式新黃質再轉成 9- 順 - 紫黃質與 9- 順 - 新黃質，之後 9- 順 - 紫黃質與 9- 順 - 新黃質經由 ABA 生合成關鍵酵素 NCED 作用形成黃質醛（xanthoxin），黃質醛之後迅速代謝成為離層素。

　　合成的 ABA 經由木質部轉運至地上部，而在葉片累積，進而使 ABA 與接受體結合，啟動釋出二次訊號，再經由各種路徑增加細胞內鈣離子濃度，之後抑制細胞膜上鉀離子內流通道，且活化氯離子外流通道，導致保衛細胞內之滲透潛勢上升（負值變小），水分減少進入保衛細胞造成氣孔關閉，以減少水分散失提高植物耐旱性。

　　以下是植物經由影響 ABA 生合成及作用機制，增強乾旱逆境耐受性的主要機制：

1. **ABA 的生合成增加**：當植物感知到土壤水分缺乏時，植物會產生更多的 ABA。這種增加是經由 ABA 生合成途徑的活化來實現的。ABA 的合成途徑包括多個關鍵酵素的活化，這些酵素在逆境條件下被活化，導致 ABA 的合成增加。

2. **減少 ABA 的分解**：除了增加 ABA 的生合成，植物還會減少 ABA 的分解，使其在細胞中停留更長的時間。如此可增加 ABA 的濃度，進而增強乾旱逆境下的耐受能力。

3. **調節基因表達**：ABA 經由調節基因表達來影響植物的逆境反應。在乾旱逆境下，ABA 會啟動或抑制一系列基因的表達，這些基因參與植物的逆境防禦機制，包括調節水分利用效率、減緩蒸散作用、促進根系生長等。

4. **調節氣孔運動**：氣孔是植物葉片構造，用於氣體交換和蒸散作用。在乾旱逆境下，ABA 可以通過調節氣孔運動關閉氣孔來減少水分蒸散，從而減緩水分的流失，幫助植物節約水分。

　　總之，ABA 在植物的乾旱逆境耐受性中具有關鍵作用，其能調節植物的生長和逆境反應，使植物更能適應土壤水分缺乏的逆境環境。植物透過調節 ABA 的生合成、分解和作用機制，更能有效地利用有限的水分資源，提高其乾旱逆境耐受性。

第18章 作物產量品質與生產技術

◆ **名詞解釋** ◆

1. 有效分蘖（effective tiller）

　　分蘖係指禾本科等植物在近地面處所發生的分枝，由基部節位的側芽長出。通常水稻分蘖數在水稻生長最旺盛時約在 **30～40** 支，分蘖能長出結實稻穗者稱「有效分蘖」，成為產量構成因素之一；分蘖不能長出穗或出穗不良者稱「無效分蘖」，只會耗用植株養分。

　　有效分蘖的形成和發育受到多種因素的影響，包括營養狀態、環境條件（如水分和養分供應）、植株密度、生長環境等。農民可以通過合理的管理措施來促進有效分蘖的形成，從而提高作物的產量。

2. 收穫指數（harvest index）

　　收穫指數是用來評估作物經濟產量的一個指標，表示作物可食（可利用）部分（如穀粒、果實等）與作物全株生物量的比例。

　　收穫指數通常以百分比或小數形式表示，計算公式如下：

$$收穫指數＝可食（可利用）部分的重量 / 作物全株生物量$$

　　收穫指數的數值越高，表示相對於植株的其他部分，作物能夠生產更多的可食（可利用）部分。高收穫指數的作物在經濟上更具有價值，因其能生產更多的食用（可資經濟利用）產品。

　　收穫指數的數值受到多個因素影響，包括品種選擇、營養供應、水分管理、生長條件等。作物生產者通常希望經由選擇高收穫指數的品種、優化栽培管理、提供合適的營養和水分來最大化作物的收穫指數，從而增加經濟產量。

　　需要注意的是，收穫指數只是評估作物經濟產量的一個指標，並未考慮作物的品質和營養價值。因此，在評估作物產量時，還需要考慮其他因素，如品質、營養價值、市場需求等。

3. 糙米率（brown rice percentage）

　　糙米率，也稱為糙米收率、或糙米產量，是指在稻米的生產和加工過程中，從未去除稻米外層的糠皮（稻糠）所得到的糙米的重量，占整個稻米原料重量的百分比。

　　稻米在經過脫穎、碾白等加工過程後，通常會去除外層的糠皮，得到白米。而糙米則是指完整保留了外層糠皮的稻米，因此糙米含有豐富的營養，包括纖維、維生素、礦物質、蛋白質等。

　　糙米率是衡量稻米加工品質的一個重要指標。通常糙米率越高，代表在稻米加工過程中去除的糠皮越少，糙米的營養價值就越高。因此，對於食用糙米的消費者來說，高糙米率的稻米更有價值，更營養豐富。

　　在水稻的種植和生產中，農民通常會選擇具有高糙米率的水稻品種，以提高糙米的產量和品質。同時，在稻米的加工過程中，也要注意控制碾米的過程，確保糠皮的損失最小化，以保持高糙米率。

4. 容重量（volume weight）

　　容重量，又稱體積密度或體積重量，是一個衡量物質在單位體積下重量的指標。其通常用於測量固體物質的密度或評估物體的填充率。

　　容重量可以用下列公式計算：

$$容重量 ＝ 物體的重量 / 物體的體積$$

　　容重量的單位通常是克／立方厘米（g/cm³）或公斤／立方米（kg/m³）。

　　容重量的數值受到物質的組成、質量、體積之間的關係影響。例如，對於固體物質，如果同樣質量的物質體積較小，則容重量較高。相反，如果同樣質量的物質體積較大，則容重量較低。

　　需要注意的是，容重量僅考慮物質的重量和體積，並未考慮物質的結構和形狀。因此，在某些情況下，容重量可能無法全面評估物質的性質。

5. 台刈剪枝（參考王慶裕。2017。茶作學，第 11 章。）

　　茶樹隨著茶樹株齡、品種、茶菁產量、栽培環境等條件之不同，在其長達 30～50 年生命週期中，可採用不同程度之修剪作業以維持樹勢，包括：

(1) 淺剪枝（淺剪）：淺剪枝作業通常是在茶樹植冠上，較上年度修剪面高出 3～5 公分處進行剪枝。

(2) 中剪枝（中剪）：茶園定植後，茶樹生長旺盛，但經過 12～16 年，未曾進行中剪枝或深剪枝者，其樹高超過 90～100 公分的茶樹，應即施行「中剪枝」，以利採摘作業之進行。

(3) 深剪枝（深剪）：茶樹生長勢衰弱，無法以中剪枝使茶樹恢復樹勢時，則應實施「深剪枝」，其高度則於距離地面 20～30 公分左右施行水平剪枝。若茶樹較為高大，則離地 40～45 公分處水平剪枝。深剪枝後第一、二年內讓枝條充分成長，再酌予摘心。

(4) 台刈：台刈是最大程度之深剪枝，讓更有活力的嫩芽長出，但會犧牲二季茶菁產量。其作法是在茶樹生長勢極為衰弱時，距離地面 6～9 公分處進行水平剪枝以更新樹勢。此種作法促使茶樹上接近地表附近之不定芽萌發，經萌發之茶芽即可形成新梢（新枝條），使老弱茶樹得以更新。

問答題

1.

請詳述臺灣芋頭的栽培管理要點。

臺灣芋頭（也稱為芋仔、芋頭薯）是臺灣常見的作物之一，以下是一些栽培管理要點：

1. **選擇適當的品種**：栽培芋頭時，選擇適應當地氣候和土壤條件的適當品種，以確保良好的生長和產量。芋頭性喜高溫多溼的氣候，生長期中要求在 20℃ 以上，生長適溫為 25～35℃，15℃ 以下就停止生長，球莖在 27～30℃ 時發育最為良好。因品種類型不同對溫度的要求適應範圍有所不同，子芋型品種除可在較低的溫度下生長外，母芋型、子芋型及母子芋兼用型品種均可廣泛種植。生長過程中遇低溫或乾旱則發育不良，植株矮小、葉片細小、葉肉薄葉色黃綠，嚴重影響產量。

（資料來源：農業部高雄區農改場。2023）

2. **土壤準備**：芋頭偏好肥沃、排水良好的土壤。在栽培前，將土壤鬆散並去除雜草，可以施加有機肥料以提供充足的養分。芋頭對土壤的適應性範圍較一般作物為廣，pH 4.0～9.0 均能生長，而以 pH 5.5～7.0 最為適宜，在有機質豐富、保水力強之壤土或黏質壤土中，根群發育良好，產量較高，品質亦較佳；在砂質壤土或砂質土，如地下水位高且有灌溉設備之土地亦可種植；於表土淺薄、保水力弱、容易乾燥或過於黏重而通氣不良的土壤不宜栽培。採收母芋為目的者，宜選壤土或黏質壤土；採收子芋為目的者，以沖積土或砂質壤土較適宜。

（資料來源：農業部高雄區農改場。2023）

3. **水分管理**：芋頭需要適量的水分來維持生長。確保土壤保持適度的溼潤，但避免過度澆水或積水，以免導致根部腐爛。

4. **養分管理**：施肥是芋頭栽培的重要一環。根據土壤測試結果和作物的生長階段，適量施加適當的肥料，特別是磷、鉀、有機肥料。

5. **病蟲害防治**：定期檢查芋頭植株，注意防治病蟲害的發生。採取合適的防治措施，如使用生物防治或適量使用農藥，以維護作物的健康。

6. **控制雜草**：及時清除芋頭田間的雜草，避免雜草與芋頭競爭營養和水分。

7. **收穫時機**：芋頭的收穫時機取決於品種和栽培目的。一般來說，當芋頭地上部分枯萎後，可以挖掘芋頭薯塊進行收穫。

　　需要注意的是，栽培芋頭的具體管理要點可能會因地理位置、品種、種植目的而有所不同。建議根據當地的栽培條件和專業意見進行栽培管理。

2.

請各舉一作物說明春化處理、翻蔓、摘心及晒田等栽培管理措施如何影響產量。

1. 冬小麥—春化處理

　　春化處理：春化處理（vernalization）係指在作物苗期對其進行低溫處理，約 3～7℃後，才能從營養生長階段（即根、莖、葉的發育）過渡到生殖生長階段（即花、果實、種子的發育）。在播種前將冬小麥種子暴露於低溫環境下一

段時間，以刺激開花和結實。春化處理可以確保小麥在適當的時間內開花並形成穗，對產量有正面影響。如果不對多小麥種子進行低於 3℃的春化處理，即便作物的營養生長良好，到了次年夏天也不會結穗。

播種時間控制：適當的播種時間是影響多小麥產量的重要因素。選擇適當的播種時間，以確保多小麥在適宜的生長季節內發育和結實。

2. 甘藷—翻蔓

翻蔓：甘藷翻蔓主要目的為防止地上部節間發根，產生過多小藷，分散養分的貯存，以促使主塊根肥大。如生育期中雨水過多、土壤太溼、莖葉生長過度旺盛時，需要翻蔓 1～2 次。但翻蔓也會造成莖葉損傷及落葉，使莖葉互相重疊影響同化作用，且費時費工，臺南區農業改良場研究人員認為徒勞無益，建議不必施行。

3. 菸葉—摘心

摘心：是指在菸葉生長期間摘除莖部的頂端生長點，以促進側芽生長，增加菸葉的生長點和葉面積，進而增加產量。

葉片修剪：在菸葉生長期間，進行適當的葉片修剪可以促進光照和空氣流通，減少病害發生，提高菸葉的品質和產量。

4. 水稻—晒田

晒田：晒田是在分蘗期結束後將稻田中水排乾外，持續數日不供給水分，至土壤產生 2～3 公分的裂痕為止。晒田是水稻栽培技術中讓土壤由還原狀態轉為氧化狀態的手段，另可藉由土壤表面晒乾時、發生裂痕同時切斷土壤表面層根系，促進深層新根生成。最重要的是阻斷莖部繼續分蘗，所以當田間每叢分蘗數在 20～25 支時，即可開始晒田（資料來源：苗栗區農業改良場）。

長期淹水的土壤，微生物會耗盡其中的氧氣，使土壤呈現還原狀態，且甲烷（沼氣）和氫氣含量會因嫌氣性微生物活動而逐漸增加；此外，二氧化碳、有機酸、亞鐵濃度也會增加，使土壤累積一些有毒物質，不利水稻生長。通常一期作插秧後約 40～50 天，二期作約 30～37 天，必須力行晒田。晒田可使土壤中的含氧量增加，抑制水稻無效分蘗和基部節間伸長，並促進根系生長，增強抗倒伏能

力，最終提高產量。晒田一般是 5～10 天左右。

3.

請各舉一個以上品種說明落花生栽培種之生長習性類型。

　　1966 年我國推廣的台南選 9 號爲適合用作焙炒的小粒種，1986 年推廣的台南 11 號也是目前主要的栽培品種，1995 年台農 6 號係屬大粒種，果莢較大，具腰身，莢喙淺。1997 年花蓮 1 號係針對花蓮地區落花生易患葉部黃化所育出的抗性品種。1998 年育成台南 13 號耐機械收穫、莢殼不易破裂、適合莢果加工。台南 14 號則爲大粒種，適合鮮食蒸煮用途。茲介紹臺灣落花生主要栽培品種，及其生長習性類型：（資料來源：農業主題館，行政院農業部）

1. 台農選 9 號

(1) 植株性狀：屬西班牙型，植株直立、主莖長、分枝少，小葉倒卵圓形、大而薄、淡綠色，長約 2.66 公分，莢殼薄，表面較光滑，果腰淺，籽粒長橢圓形，種皮薄，淡紅色，無休眠性，千粒重約 435 公克。

(2) 農藝性狀：適於砂壤土、壤土、砂土栽培，早熟。春作宜於 2～3 月播種，初期生育較緩，生長勢較其他推廣品種強。始花期約在發芽後 25～35 日，中期生長旺盛，生育 120～140 天即可收穫；秋作於 7～8 月爲播種適期，初期生育較迅速，發芽後 20～25 日進入始花期，後期則生長停止，感染萎凋病及葉斑病。

(3) 優點及缺點：產量高適應區域廣，莢殼薄，籽粒飽滿，剝實率高，炒熟後風味佳，但莢果較易在土中發芽。

2. 台南 11 號

(1) 植株性狀：屬西班牙型，植株直立，分枝數少，小葉倒卵形，小而厚，初期濃綠色，後期淡綠色。莢果長筒形，長 3.9 公分，果腰淺，莢果網紋明顯、表面不光滑。籽粒長橢圓形，種皮薄，淡紅色，無休眠性，千粒重約 741 公克。

(2) 農藝性狀：適於砂壤土、壤土、砂土栽培，早熟。春作宜於 2～3 月播種，初

期生育較緩，始花期約在出土後 25～30 日，後期生育旺盛，120～135 日即
可收穫；秋作於 6～8 月播種為最適，初期生育迅速，後期生育較緩，易感染
銹病、葉斑病。

(3) 優點及缺點：產量高，品質佳，莢果及籽粒整齊且大而飽滿，剝實率略低，
子房柄與莢果較其他品種易分離，收穫較省工。

3. 台南 6 號

(1) 植株性狀：屬西班牙型，植株直立，莖粗狀，植株高，分枝數少，葉大倒卵
形，深綠色，莢中筒型，果腰中等，網紋淺，莢喙淺，殼稍厚。籽粒橢圓
形，種皮淡紅色，無休眠性，千粒重 700 公克。

(2) 農藝性：適於壤土、砂壤土、砂土栽培，早熟。春作宜於 2～3 月播種，初期
生育緩慢，發芽後 35～45 天即進入始花期，生育後期生長快速 105～115 天
即可採收。秋作初期生長較快，後期生長較慢，生育日數 120～135 天，抗銹
病及葉斑病。

(3) 優點及缺點：產量高，品質佳，莢果及籽粒均大，莢型優，籽粒飽滿，植株
粗狀耐倒伏，莢果集中適合機械收穫，莢殼稍厚，不耐浸水。

　　這些品種的選擇取決於栽培的地理位置、氣候條件、土壤性質、種植者的
需求。根據不同的生長習性和特點，選擇適合的品種有助於獲得更好的產量和
品質。

4.

請說明水稻穀粒充實期可分哪幾個階段？另請說明稉稻、秈稻、糯稻三者
之米粒外觀及澱粉組成分含量的主要差異？

1. 水稻植株之成熟期始於開花授精，終於成熟，其生長特徵是穀粒之生長與葉片
之老化。成熟期大致可再區分為：

(1) 乳熟期：稻穎花授粉受精後，胚及胚乳開始發育充實，此時內含物呈水狀乳
白色，謂之乳熟期。此時期莖稈下部葉片變黃色，莖稈的大部分和中上部葉
片仍保持綠色。莖稈有彈性，多汁。內外稃呈綠色，種子內含物為乳汁狀。

(2) 糊熟期：胚乳內容物發育充實成濃稠時，是為糊熟期。

(3) 黃熟期：穀粒外表漸漸變黃，乾物重增加逐漸減少至不變，形成所謂黃熟期。此時植株大部分變黃，僅上部數節保持綠色，莖節有彈性，葉片大部分枯黃，種子護穎和內外稃開始褪綠。到黃熟後期，籽粒逐漸硬化，稃粒呈品種固有色澤，此時為機械收穫適期。

水稻抽穗後約 18 天開始進入黃熟期，此時上部葉仍繼續進行光合作用合成碳水化合物，所以仍不宜太早斷水，應採用 3～5 天約 3 公分水深之輪灌 2～3 次，直至收穫前 5～7 天排水，以防穀粒充實不飽滿。

(4) 完熟期：最後在穀粒達完熟期時，葉片老化成黃色（但有些品種在達完熟期時葉片仍保持濃綠）。此時穀粒乾燥強韌，體積縮小，內含物呈粉質和角質，容易脫粒。莖葉全部乾枯，葉節乾燥收縮，變褐色。光合作用基本上停止。此時為人工收穫適期。

(5) 枯熟期：莖稈呈灰黃色或褐黃色，很脆，脫粒時易折斷。籽粒硬而脆，容易脫粒。

成熟期之長短受溫度影響很大，在熱帶約 30 天，在溫帶則有 65 天之記錄。

一般稻穀適當收穫時期為稻田內大多數稻穗上穀粒均已成金黃色，僅在基部上尚有 2～3 粒穀粒呈黃綠色時收穫，惟為提高良質米品質，以提早 1～2 天收穫為宜。

2. 關於粳稻、秈稻、糯稻的米粒外觀和澱粉組成分含量主要差異如下：

(1) 米粒外觀：

　　a. 粳稻：粳稻的俗稱就是「蓬萊米」，粳米的形狀圓短、顏色透明，外表比較豐滿。部分品種米粒有局部白粉質，是最常吃的米種，煮熟後「有點黏又不會太黏」，Q 軟適中。通常粳稻稻殼的茸毛多，密集於棱上，且從基部到頂部逐漸增多，頂部的茸毛也比基部的長。稻殼表面一般比秈稻粗糙。

　　b. 秈稻：俗稱為「在來米」，米粒形狀細長、透明度高，煮熟後吃起來口感硬硬的，較乾、較鬆、不黏。米粒形狀較長而細，尖端末端較尖，外表比較瘦長。

　　c. 糯稻：顏色呈現不透明狀，以形狀區分為圓短的「粳糯」和細長的「秈

糯」，煮熟後米飯較軟、較黏。一般秈稻稻殼的茸毛稀而短，散生於穎面上。

(2) 澱粉組成分含量：

不同米之間因為直鏈澱粉含量不同，而造成其口感差異。

- a. 粳稻：粳稻的直鏈澱粉組成分含量居中，直鏈澱粉含量又可分為低含量（10～20%）、中含量（20～25%）、高含量（25% 以上），一般臺灣國內粳稻品種大部分介於低含量範圍。所以吃起來香 Q、有黏性，適合煮成白飯或粥。

- b. 秈稻：秈稻的直鏈澱粉組成分含量最高，直鏈澱粉含量在 25% 以上，但也有幾個秈稻品種的直鏈澱粉含量在 19～20% 之間，主要為軟秈品種，通常口感偏乾、不黏且鬆散，適合做米漿類點心。

- c. 糯稻：糯米直鏈澱粉含量為三者中最低，直鏈澱粉含量在 0～2% 之間，所以口感較軟、黏性高，適合做甜點或鹹點。

這些差異導致了粳稻、秈稻、糯稻在食用和加工時的用途有所不同。粳稻主要用於製作米飯、粥等主食，秈稻則多用於製作米漿類點心等，而糯稻則適用於製作甜點或鹹點等特色食品。稻米之理化性質除了直接決定品種是否適合作為米飯或加工材料外，並影響米飯口感質地（texture）。

影響米飯質地之因素包括黏性、彈性、糊化溫度、澱粉顆粒之崩壞度（breakdown）、加熱吸水率、膨脹體積。一般粳稻米飯的口感優於秈稻，而秈稻品種間食味之良劣，易以理化特性加以區分。但粳稻品種間食味之差異則很難從理化分析之數值去區分等級。經花蓮區農改場研究已擬出一套米飯入口品質測定法，及開發應用米飯質地分析儀，測定米飯之物理性，如硬性、黏性、附著性、凝集性等，來補助理化分析之不足。

（資料來源：宋勳、劉瑋婷。1996。https://scholars.tari.gov.tw/bitstream/123456789/2972/1/publication_no59-12.pdf）

5.

請試述水稻第一期作育苗，不同苗齡秧苗在寒流來襲時可採行哪些保溫措施？

　　水稻在日平均溫度低於20℃時，對不同生育階段會發生不同類型的寒害傷害：

1. **一期作**：一期作氣溫由低溫上升至高溫，在水稻秧苗期溫度最低，其後氣溫隨植株之生長而上升，至成熟期溫度達到最高；一般一期稻作秧苗期常遭遇低溫寒流或冷氣團，秧苗易受低溫寒害；在 4、5 月梅雨期偶然會有異常天氣發生，此時會有連續幾天溫度低於 20℃以下，若逢稻株發育至孕穗期，將會導致稻穀結實不良、產量降低等現象。

2. **二期作**：二期作剛好相反，由高溫降至低溫，於秧苗期至分蘗期為高溫環境，抽穗期至成熟期，氣溫逐漸下降。二期作水稻插秧延後時，常在孕穗期至乳熟期遭遇到低溫或季風影響，造成稻穀充實不良情形，影響米質與產量。

　　寒害防治措施：

1. **秧苗期**：一期作秧苗期在低溫環境，需要預防寒害，因此在育苗綠化場會敷蓋透明塑膠布或不織布保溫。一般塑膠布保溫效果較好，在陰冷天氣塑膠布內溫度高於外界 2～5℃，但在晴天無風時塑膠布內溫度會大幅升高，應適時翻開塑膠布降溫與通風；不織布具有透光、透氣、透水的優點，但是保溫效果較差，在陰冷天氣比塑膠布內溫度約低 2℃，因此當冷氣團來襲（溫度低於 10℃）時，應在不織布上面加蓋一層塑膠布或不織布保溫，待溫度回升後除去。品種間對冷害之反應並不相同，其中秈稻對於低溫比較敏感，當氣象預報有寒流或冷氣團來襲時，更應事先加強防寒措施。

2. **本田初期**：可於傍晚時灌水，使田間保持深水流動，藉由田水的高熱容量（比熱）及釋溫來防止葉片受到寒害或霜害；至翌日氣溫上升時，再排除田間積水，恢復一般管理。

3. **孕穗期間**：一般正常年期孕穗期都不會發生低溫情形，但在氣候反常之年度，低溫敏感性稻種恰於「減數分裂期」遇到低溫時，將發生寒害而造成稻穀不稔

實現象。爲防止發生此類寒害災情，農友應注意調整種植時期：一般中晚熟品種依當地慣行農時，不要過早種植，可以避免本田初期之寒害及氣候反常時發生之孕穗期低溫危害；對於早熟稻品種應該稍晚種植，一般到 2 月下旬以後種植比較安全。

在施用重肥的環境下，稻株對於低溫的反應更敏感，但是磷肥可以減輕危害；因此田間管理方面，對於容易發生低溫危害之品種，應採較晚種植並避免重施氮肥，酌量增施磷肥，以增強對低溫之抵抗性。

4. **水稻生育後期**：水稻幼穗分化期至抽穗期間，對低溫較敏感，如遇氣象低溫預報，可加高稻田灌溉水深度（水的熱容量大，降溫慢），俟天氣溫暖時再將水排出，適度減輕低溫寒害。對於低溫比較敏感之品種，應宣導農友二期稻作提早於 7 月下旬種植，避免過晚種植，以確保生育後期不會因爲受低溫或季風影響而造成減產損失。

（資料來源：行政院農業部網站）

6.

請回答下列臺灣稻米生產管理問題：

（一）水稻坪割及其目的。

（二）良質稉稻推薦品種之產量構成要素的各特性值爲何？

（三）移植之行株距爲 30×15 公分，依上述品種之產量構成要素，要達到乾穀 15 刈產量，試計算單株有效分蘗數。

（一）水稻坪割及其目的。

根據臺灣行政院農業委員會（2023.08.01 改制爲農業部）農糧署「臺灣地區稻米單位產量調查作業須知」：

一、行政院農業委員會農糧署（以下簡稱本署）爲辦理臺灣地區稻米單位產量調查作業，依據「臺灣地區稻米生產量調查作業程序」第七點第二款第三目之規定訂定本作業須知。

二、坪割前準備工作

（一）抽取樣本田地號：本署以直轄市或縣（市）之轄區爲範圍，運用
　　　像片基本圖、航測耕地圖、稻作分布圖等資料，藉系統抽樣法抽
　　　取樣本田地號，經刪除非耕地及長期作物耕地後送交各區分署進
　　　行查訪。

（二）樣本田查訪：本署各區分署應就本署所送抽樣地號，送交當地公
　　　所人員查訪農戶當期種植情形，及預定收穫日期等資料；各區分
　　　署並將查訪資料彙報本署。

（三）掌握坪割日期：本署各區分署及公所人員應與農戶密切聯繫，把
　　　握收穫日期，於農民預定收穫日期前三日內，前往坪割。

（四）更換樣本田：坪割樣本田應以本署所送抽樣地號爲範圍，如少數
　　　樣本田因實際需要，必需更換或自行選定時，應依下列原則辦理：

　　　1. 樣本田應儘量分散各地區。

　　　2. 更換樣本田，以原抽樣地號鄰近田區爲優先對象。

　　　3. 像片基本圖同一方格內不得並列兩樣本田。

三、坪割方法及注意事項

（一）樣本田坪割基準點之選定

　　　將樣本田坵相鄰長短兩邊各五等分，兩邊等分線之四交叉點，即
　　　爲實際坪割時之四基準點。

（二）坪割方法

　　　針對不同的播種方式劃分爲三種坪割方法：

　　　1. 株割——適用於插秧條植田區

　　　　坪割時，各以基準點爲中心，割取其左右上下共五行五株範圍
　　　　內之全部稻株，即每一基準點割取二十五株，每一樣本田之四
　　　　基準點共取一百株之樣本稻株。

　　　　測量行、株距：針對基準點之取樣範圍，分別測量其第一行
　　　　（或株）稻叢中心至第六行（或株）稻叢中心間之距離，即五
　　　　行（或株）距，分別予以記錄於樣本田實測調查記錄。

2. 條割——條狀直播（條播）田區

坪割時以基準點為準，割取該行前後共 1.5 公尺範圍之稻株，及其右方一行相同位置 1.5 公尺長之稻株，每一樣本田之四基準點共取 12 公尺長之稻株。

測量行距：針對基準點之取樣範圍，分別測量其第一行稻叢中心至第六行稻叢中心間之距離，即五行距，分別予以記錄於樣本田實測調查記錄。

3. 圓割——適用於撒播田區

坪割時，各以基準點為圓割器之中心點，每一基準點圓割面積為 2.5 平方公尺，每一樣本田之四基準點共取面積 10 平方公尺之稻株。

圓割器使用方法：將圓割器長桿垂直插入基準點中心稻叢，至長桿不能搖動為止。然後將圓盤螺絲解鬆，安放於地面，將螺絲捲緊並轉動橫桿，而橫桿指示鉤所畫圓圈內之稻株，即為樣本株，應全部割取之。指示鉤尖端通過稻株之一部分時，則指示鉤內之稻穗應予割取，至於指示鉤外之稻穗，則不應割取。

（三）坪割時應注意事項

1. 受災樣本田區，亦應比照一般坪割方法辦理坪割，並在記錄表之備註欄內載明田區受災情形（含災害種類及受災百分比）。

2. 樣本田區坪割範圍，應避開田坵周邊數行（四行以上）。

3. 坪割時，應割取在坪割範圍內之所有稻株，若有缺株情形，不再另補，以免造成推算產量偏差情形。若有缺株，應在備註欄內註明缺株位置、株數等事項。

4. 確實依作業方法量測行、株距，勿測量周邊數行替代。

四、坪割後樣本穀處理及調製工作

取樣之稻株應即時脫粒，脫粒後之樣本穀分別秤量溼穀重後裝置於割袋內，內置稻穀坪割及碾糙記錄卡，且應立即晒乾或烘乾至水分含量 13% 左右，並風選調製除去雜物及屑穀。

　　調製後之樣本穀再行秤量乾穀重量，及測量水分含量，填於稻穀坪割及碾糙記錄卡，以利後續轉填於樣本穀調製及碾糙記錄表。

（二）良質稉稻推薦品種之產量構成要素的各特性值為何？

　　良質稉稻是指產量高、品質優良的稉稻（Japonica type）品種。稻穀單位面積產量主要由下列產量構成要素所構成，包括：單位面積之叢數（涉及行株距）、每叢穗數（涉及插秧株數與有效分蘗數；分蘗能長出結實稻穗者稱有效分蘗）、每穗粒數（涉及稔實率）、千粒重（涉及子粒充實程度）。

　　由於機械插秧採用多本植（約 3～5 株以上），分蘗期結束後即形成一叢稻株，包括原本多本植植株及其所分生出之分蘗，故以叢數代替株數計算產量較為合理。

　　稻穀單位面積產量＝單位面積叢數 × 每叢穗數（涉及有效分蘗數）

　　　　　　　　　　　　× 每穗粒數（涉及稔實率）× 單粒粒重（以千粒重換算）

　　良質稉稻品種在這些產量構成要素上表現出較優異的特性，使其能夠達到高產與高品質的效果。這些特性值可以經由品種篩選和選育的過程中進行評估和測定，以確定哪些品種具有較高的產量潛力和優越的品質表現。進行選種時，農民和育種者會優先考慮這些特性值較優的品種，以提高水稻產量和品質。

（三）移植之行株距為 30×15 公分，依上述品種之產量構成要素，要達到乾穀 15 刈產量，試計算單株有效分蘗數。

> ※ 本題題意不是很清楚，應該指單叢有效分蘗數。

　　有效分蘗數通常會受到稻種品種、生長環境、栽培管理等因素的影響。在良好的栽培條件下，有效分蘗數一般會占總分蘗數的一部分，通常在 50～80% 之間。單位面積有效分蘗數與穗數數值接近。

　　所謂「刈」（臺語唸「掛」音，輕聲），係指一分地稻穀的收成量，一刈是

100 臺斤（一臺斤＝ 600 公克＝ 0.6 公斤），十刈是 1,000 臺斤。不過不同地方的產量說法也有所不同：例如以往臺灣中南部收穫後多以溼穀販售給米廠，所以農民習慣上說的是溼穀的割數（產量），而北部及東部農民說的則是乾穀的割數（產量）。如乾穀 15 刈為例，每分地的產量是乾穀 1,500 臺斤（換算溼穀約為 2,143 臺斤；約 1,286 公斤）。

一分地接近 1,000 m^2，以行株距 30×15 公分而言，機械插秧（多本植）後約 22,000 叢稻株，如希望收穫乾穀 15 刈為例，每分地的產量是乾穀 1,500 臺斤。

稻穀單位面積產量＝單位面積叢數 × 每叢穗數（涉及有效分蘗數）

　　　　　　　　　× 每穗粒數（涉及稔實率）× 單粒粒重（以千粒重換算）

乾穀 1,500 臺斤（900 公斤）＝ 22,000（叢數／分地）

　　　　　　　　　　　× 每叢穗數（受到有效分蘗數影響）

　　　　　　　　　　　×120（每穗粒數）×25（g／1,000 粒）／ 1,000

換算出每叢穗數應有 13.6 支。意即單叢有效分蘗數約 13.6 支。

7.

何謂微體繁殖技術（micropropagation）？與傳統無性繁殖方法如嫁接、扦插、壓條等比較有何優缺點？試申論之。

微體繁殖技術（micropropagation），也稱為組織培養或植物體外繁殖，是一種現代的無性繁殖方法，透過植物的組織培養，將植物組織或細胞培養在含有營養物質的培養基上，促使其發育成植株。如此可快速繁殖大量植株，且這些植株具有與母本植株相同的遺傳特性。

與傳統的無性繁殖方法（如嫁接、扦插、壓條等）相比，微體繁殖技術具有以下優缺點：

1. 優點

(1) 大量繁殖：微體繁殖技術可以在相對較短的時間內大量繁殖植株，這對於商

業生產和保存珍稀物種非常有利。

(2) 無病原體：經由微體繁殖，植物組織在無菌狀態下培養，因此植株之間不會傳播病原體，降低了疾病傳播的風險。

(3) 遺傳穩定：微體繁殖的植株係由單一細胞或組織分裂而來，因此其具有與母本植株相同的遺傳特性，確保品種的穩定性。

(4) 節省空間：微體繁殖可以在相對較小的空間內進行，尤其在實驗室或控制環境下，有利於城市農業（請參考補充說明）或室內種植。

2. 缺點

(1) 成本較高：微體繁殖技術需要相對複雜的設備和技術，因此其成本通常較傳統無性繁殖方法高。

(2) 技術要求高：執行微體繁殖需要訓練有素的技術人員，掌握無菌技術和細胞培養技術等專業知識。

(3) 基因一致性：由於微體繁殖是單一細胞或組織的分裂，植株之間的基因一致性非常高，這可能導致在面對新的環境逆境時，整個群體容易遭受同樣的危害。

(4) 母本限制：微體繁殖的成功與母本植株的選擇和狀態密切相關，需要採集健康的組織來進行培養，否則可能導致繁殖不成功。

　　總之，微體繁殖技術是一種有效且快速的無性繁殖方法，尤其對於保存珍稀植物或商業大量生產某些植物品種非常有用。然而，其高技術要求和成本可能限制了其在某些狀況下的應用。對於特定的植物和特定的繁殖需求，選擇合適的繁殖方法取決於考慮到這些優點和缺點以及特定情況下的需求。

補　充　說　明

　　城市農業（**urban agriculture**）：是指在城市或城市化地區進行的農業活動。其包括在城市空間內種植蔬菜、水果、藥草、花卉等植物，以及在城市環境中飼養家禽、家畜等。城市農業可以是商業性的，也可以是居民個人或社區層面的活動。

　　城市農業的形式和規模因城市的特定條件而異，其可包括以下幾個方面：

1. **城市蔬菜園**：在居民庭院、屋頂、陽臺、空地等有限空間種植蔬菜和水果。這樣的小型農業形式通常是個人或社區為了自給自足或優化飲食而進行的。
2. **城市農場**：在城市邊緣或郊區建立大規模農場，用於商業生產農作物和家畜，供應城市的農產品需求。
3. **城市垂直農業**：在多層建築或垂直結構中進行農業，例如在高層建築的屋頂或內部種植植物，利用垂直空間進行農業生產。
4. **城市水培和無土栽培**：使用水耕或無土栽培技術在室內或有限空間中種植植物，節省土地並增加生產效率。

　　城市農業的優點包括：
1. 提供新鮮和健康的農產品，減少食品運輸和保存過程中的能源消耗。
2. 促進綠色城市發展，改善城市環境品質，增加城市綠地。
3. 創造就業機會，改善居民收入水平。
4. 促進社區參與和社會凝聚力，促進居民間的交流和合作。

　　然而，城市農業也面臨一些挑戰，包括：
1. 城市土地有限，可能需要尋找合適的場所進行農業活動。
2. 城市農業可能受到城市發展壓力和規劃限制。
3. 環境汙染和土壤汙染可能影響農作物的品質和安全性。
4. 對於大規模商業城市農場，處理農業廢棄物和水資源管理可能是挑戰。
　　總之，城市農業是城市可持續發展和糧食安全的一個重要組成部分，它可以為城市居民提供健康食品，改善環境品質，並促進社區參與和經濟發展。

8.

農藝作物依照其用途、需要及應用的分類法，下列作物屬於哪一類？
(1) 稻；(2) 芋；(3) 馬鈴薯；(4) 盤固草；(5) 胡麻；(6) 甜菜；(7) 薑黃；(8) 咖啡；(9) 人參；(10) 香水茅。（請標明作物名稱作答）

(1) 稻：食用作物，主要種植作為糧食供應。

(2) 芋：食用作物也是特用作物中的澱粉作物，根部可作為食用澱粉來源。

(3) 馬鈴薯：食用作物，主要種植為食用的塊莖。

(4) 盤固草：食用作物中的飼料作物，通常作為牲畜的飼料。

(5) 胡麻：特用作物中的油料作物，主要用於榨取食用油。

(6) 甜菜：特用作物中的糖料作物，主要用於提取糖分，生產糖漿或糖精。

(7) 薑黃：特用作物中的藥用作物，主要用於醫藥或保健用途。

(8) 咖啡：特用作物中的嗜好料作物，咖啡豆用於烘焙製備咖啡飲料。

(9) 人參：特用作物中的藥用作物，被認為有保健或藥用價值。

(10) 香水茅：特用作物中的香料作物，主要用於提取香精或製作香水。

　　注意：這些作物的類別並不是絕對固定的，有時作物可能具有多種用途或應用，因此在不同情況下可能會歸屬於不同的類別。

9.

請說明作物進行無性生殖之意義、優點，以及所使用之方法（methods of asexual reproduction）與技術。

　　作物進行無性生殖是指利用植物體的一部分或組織，不經由種子繁殖方式，來獲得新的植株。這種繁殖方式有許多意義和優點，也有不同的方法和技術可以應用。

1. 意義和優點

(1) 遺傳穩定：無性生殖獲得的植株是母本植物的完全複製品，因此其具有相同的基因組，遺傳穩定。

(2) 節省時間：無性生殖通常比種子繁殖更快，因為無需等待種子的發芽和生長，直接利用植物體的營養組織就能獲得新植株。

(3) 保持遺傳特性：如果植物是由優良的親本繁殖而來，無性生殖可以確保新植株保持原始植物的優良遺傳特性，例如茶樹扦插苗繁殖。

(4) 無需依賴有性繁殖：對於某些難以透過種子繁殖的作物，如無法結種子或種

子發芽率低的品種，無性生殖是更好的繁殖選擇。

2. 常見的無性生殖方法和技術

(1) 扦插：將植物的莖、葉或根部分割下，然後將其插入土壤或培養基中，待其發根後即可生長成新植株。這是最常見也是最簡單的無性繁殖方式。

(2) 壓條：類似於扦插，但在植物莖部上切割一小段，然後將其壓入土壤中，等待發根和生長。

(3) 分株：將多年生植物的根莖、莖或球莖分割成小塊，然後重新種植，每個小塊都可以生長成新的植株。

(4) 側枝繁殖：一些植物的側枝會自然落地生根，這些自生根的側枝可以被挖起，繼續種植成新植株。

(5) 複製培養：在實驗室中利用植物組織培養技術，繁殖植物。這包括組織培養、愈傷組織培養等技術。

　　無性生殖是一種重要的繁殖方式，它能夠確保植物品種的優良特性得以保存，並幫助農民和園藝愛好者更有效率地進行繁殖和繼續種植。

深入閱讀

1. **無性生殖**（asexual reproduction）：包括植物體營養部位之生殖與繁殖，由於許多植物具有再生（regeneration）能力，因此可進行無性生殖。因植物每個細胞均含有完整生物體所需之遺傳訊息（genetic information），故單一細胞具有細胞全能性（totipotency）可以形成新的植株。生命奧祕之一即是雖然所有細胞均有相同遺傳訊息，但其中某些細胞知道如何以及何時分化成特化組織。

雖然無性生殖未廣泛應用於田間作物，但因其常用於植物生殖與繁殖，故了解無性生殖所使用之各種方法相當重要。許多植物進行有性生殖後具有極度之異質（型）結合性（heterozygous），即具遺傳變異性（genetic variable），故無性生殖可用以維持遺傳純淨度。有些植物經過有性生殖後可能喪失其原有的特性，例如蘋果大部分品種，均採用無性繁殖可以維持其特性。蘋果若經由有性繁殖，其將混合來自雙親本之兩組基因，所產生之種子發芽長成之植株後代則會有變異而無法與親本

相同。

對於某些植物，無性繁殖較為經濟。無性繁殖可以產生無籽、少籽或是低發芽率之種子。某些植物以無性繁殖其幼苗生長較為快速，幼年期（juvenile period）也較短，亦即可以縮短開花與產生果實之時間。

一些植物若生長於相關根系上也可以增加抗病蟲害的能力，例如若有一蘋果品種具有所需之果實品質但植株易感病，則經嫁接於抗病砧木之後可以增加此品種之抗病性。無性繁殖也可利用於維持無病植株，在某些植物例如甘蔗與馬鈴薯，經由無性繁殖部位可能將疾病代代相傳，因此若能以無性繁殖小心維持無病植株，則可大大減少罹病狀況。

無性繁殖也可使收穫更加容易，有些矮化果樹係以無性繁殖方式產生，這些果樹仍能維持產量且容易收穫果實。說明植物在鹽分逆境下，為了適應環境可能採取哪些對策以減輕鹽分逆境傷害。

2. **無融合生殖（又稱單性生殖，apomixis）**：即未經有性生殖受精（fertilization）而產生種子。無受精種子（apomictic seed）長成之植株與母株有相同特徵。無融合生殖是屬於自然現象，而種植者用以維持遺傳純度。能夠產生無受精種子之植物有藍草（bluegrass）、水牛草（兩耳草，buffalograss）、多數柑橘屬（citrus）植物、蒲公英（dandelion）。

經改良後之雜交種（hybrids）及品種（varieties）可利用無融合生殖維持其遺傳特性，例如將無融合生殖之野生型（apomictic wild type）珍珠粟與經改良之雜交種進行雜交，即可發展出無融合生殖之雜交種，使植物能於數個世代中保留其經改良之特性。在其他作物中亦可能經由遺傳工程手段發展出無融合生殖。

無融合生殖之雜交種或品種對於未開發國家而言尤其有利，因為這些國家的人民缺乏經濟資源可以每年購買種子，此一技術可能徹底改變全球之糧食生產。

無性生殖有多數方法均利用植物部位，包括嫁接（grafting）、扦插（切枝，cutting）、分株（division）、頂端壓條（tip layering）、空中壓條（air layering）、堆土壓條（mound layering）。

(1) 扦插：係指從母株上切下之植物部位，其可產生與母株相同的新植株

個體。通常莖部作為扦插枝條可帶葉片或不帶葉片，草本或木本，均依物種而異。如甘蔗即以莖部扦插（stem cutting）方式進行無性繁殖之作物。

當無性生殖方法需要從莖部、葉部組織，及植物受傷部位產生新根時，則需要使用一些促進生根及癒合之化學物質。最常用之物質為人工合成之生長荷爾蒙，如吲哚乙酸（indoleacetic acid）、吲哚丁酸（indolebutyric acid）、萘乙酸（naphthalene acetic acid），這些均稱為生根粉。

(2) 壓條：係利用新的植株還附著於母株時使其長出根系，其中頂端壓條法（tip layering）係將莖部頂端或末梢以土壤覆蓋，而當長出新根與新葉時，新的植株即可從母株切離，此法適用於有柔性莖部之植物，例如樹莓（raspberry）與黑莓（blackberry）。

  a. 複合或曲枝壓條（compound or serpentine layering）運用於枝條長而易彎的植物，可選擇近地面的彎曲枝條，割傷數處後彎曲埋入土壤中。此法係將長而柔性莖部以土壤進行交替覆蓋及暴露，結果可以從每一條莖部產生數個新的植株，如利用於紫藤（wisteria）、鐵線蓮（clematis）。

  b. 堆土壓條（mound layering）則適用於一些莖部不夠柔軟的植物，其方式是切除母株莖部後將土壤堆放於植株基部，以待留椿長出新的植株。當母株留下之莖部產生新的根部與地上部時，有時候則陸續添加數層 2～3 英吋厚的土壤，以利於每個莖部均能長出數個植株。

  c. 空中壓條法（air layering）係在地面以上產生新的植株，其做法先在莖部切割傷口，於傷口周圍包覆泥炭蘚（peat moss）、或其他生根介質，再以聚乙烯（polyethylene）或其他保鮮膜（plastic wrap）保持在適當位置。此種作法可讓氧氣與二氧化碳穿透，但仍能保水。當根部形成之後則切斷莖部而成為新的植株。

(3) 分株：係使用特化之營養構造。分株不同於扦插（或切枝），其利用特化之植物部位，而這些部位通常可分割為好幾部分，如甘藷、甘蔗、茶。分株之案例包括塊莖（tubers）如番茄、匍匐莖（stolons）如百慕達草、根莖（rhizomes）如藍草、鱗莖（bulb）如鬱金香、球

莖（corms）如劍蘭、冠根（crowns）如菊花。鳳梨分株繁殖則利用特殊之莖部，稱為根生芽（ratoons）。珠芽（sucker），如瓊麻。

(4) 嫁接：係利用組織再生（tissue regeneration）將植物部位接合，因為組織再生必須要有具活性之形成層，所以嫁接主要運用於木本雙子葉植物組織，大部分的果樹採用之。嫁接時，上方之植株部位稱為接穗（scion），可採用主莖、枝條或芽；下方之植株部位稱為砧木（stock），作為接穗之基礎。

嫁接廣泛運用於果樹繁殖，其最普遍的用處是維持遺傳純度、合併抗病特性、矮化植株、於相同樹上產生不同品種的果樹、修補傷害。嫁接時接穗與砧木必須相容，因此雖然不一定需要相同物種，但大部分案例中兩者必須要有密切關聯。

10.

請詳述植物組織培養定義及利用植物組織培養技術應用於種苗量產之優點。

---

1. 植物組織培養是一種生物技術，係將植物組織或細胞從原生植物中分離並在無菌環境中培養，以促進其增殖和再生。此種技術可以用來繁殖植物、生產無病毒種苗、進行基因轉殖、進行基因體學和生物技術研究，以及保存瀕危植物等。在培養過程中，通常會添加營養基質和適當的植物生長荷爾蒙到培養基中，以刺激組織的增殖和發育，例如促進芽或根的分化。植物組織培養是現代作物學和農業中一項重要的技術，其可幫助加速作物改良和繁殖，並解決一些作物疾病和病毒傳播的問題。

2. 利用植物組織培養技術應用於種苗量產之優點：

(1) 快速繁殖：植物組織培養技術可以迅速繁殖作物，比傳統的種苗繁殖方法（如種子繁殖）更快，例如蘭花、甘蔗、名貴品種的無性繁殖。大量的植株可以從一個健康的母本植物獲得，如此可在較短的時間內大規模生產種苗。

(2) 無病毒植株：經由植物組織培養，可以將健康無病毒的組織和細胞分離出

來，從而生產出無病毒的種苗。這有助於保證種苗的健康和品質，避免將病毒傳播到新種植株中。例如馬鈴薯、香蕉、蘋果、甘蔗、葡萄、毛白楊、草莓、甜瓜、花卉等。

(3) 基因保育：植物組織培養技術使得保存瀕危或珍稀植物更加容易。只需要少量的組織樣本，就可以將植物保存下來，並在需要時再生產。

(4) 基因改良：通過植物組織培養，可以實現基因改良，例如基因轉殖。這使得研究人員可以將特定的基因或特性引入植物中，以增加抗病性、耐逆性或提高產量等。

(5) 選育新品種：(a) 培養花藥和單倍體育種；(b) 培養離體胚和獲得雜種植株；(c) 體細胞誘變和突變體選拔；(d) 細胞融合和獲得雜種植株。

(6) 品質一致性：植物組織培養過程是在受控的無菌環境中進行，因此可以獲得高度一致的種苗。這有助於確保種苗品質的穩定性和可靠性。

(7) 節省空間：植物組織培養技術可以在有限的空間內生產大量的植株。相較於傳統的種植方式，這樣可以節省大量的土地面積。

綜合這些優點，植物組織培養技術為農業和園藝業提供了一個高效、可持續且可控制的種苗生產方法，可以促進作物生產和改良，同時幫助保護植物的多樣性和遺傳資源。

> **11.**
>
> 說明種子採收後為維持種子品質，於清理、調製至包裝有哪些過程及其中關鍵技術上須注意事項？

種子採收後的處理流程是確保種子品質的重要步驟，它包括清理、調製、包裝、監控和測試等過程。以下是這些過程中的關鍵技術和注意事項：

1. 清理

(1) 去除雜質：在採收後，種子可能會混合有雜質，如植物殘渣、土壤、石塊等。必須將這些雜質從種子中清除，以確保種子的純度和品質。

(2) 乾燥：種子採收後應盡快進行乾燥，以降低種子的含水量，防止霉菌生長和

種子變質。適當的乾燥方法包括自然風乾或使用專業乾燥設備。

2. 調製

(1) 除去不成熟種子：採收的種子中可能含有不成熟或受損的種子，這些種子應該去除，以確保種子的發芽率和品質。

(2) 分級：將種子按照大小和外觀進行分級，以便進行更精確的包裝和種子品質控制。

(3) 保存：如果種子不打算立即包裝和銷售，需要在適當的條件下保存。這包括適宜的溫度和溼度，以防止種子的品質下降。

3. 包裝

(1) 使用適合的包裝材料：選擇適合種子的包裝材料，以保護種子免受潮溼、霉菌、損壞和空氣中的氧氣。

(2) 密封：確保種子包裝袋或容器完全密封，以防止空氣、水分或其他汙染物進入，影響種子品質。

(3) 標籤：在包裝上添加清晰的標籤，包括種子的品種、收穫日期、產地等資訊，方便識別和追蹤。

4. 監控和測試

(1) 定期檢查：對存放的種子進行定期檢查，確保種子的品質保持穩定。

(2) 進行種子品質測試：包括發芽測試、純度測試和種子含水量測試等，以確定種子的品質和保存狀態。

　注意事項：

(1) 在所有過程中，保持清潔和無菌環境，以避免種子受到汙染。

(2) 注意適宜的溫度和溼度條件，避免種子變質或受潮。

(3) 避免暴露於陽光下或高溫環境，以保持種子的活力。

(4) 對於不同種類的植物，可能需要特定的處理方法和保存條件，因此要仔細遵循相關的種子處理和保存指導。

> 12.
>
> 請說明影響作物產量的因素為何？並解釋作物生長分析中常見之名詞，包括：(1) 作物生長速率（crop growth rate, CGR）；(2) 相對生長速率（relative growth rate, RGR）；(3) 淨同化速率（unit leaf rate = net assimilation rate, ULR, NAR）；(4) 收穫指數（harvest index, HI）；(5) 葉面積指數（leaf area index, LAI）。

1. 影響作物產量的因素

作物產量最主要受到二個基本的因素控制，包括：一為乾物重的產量（dry matter production），另一為乾物質的分配（配置，partition）。前者主要藉著作物的光合作用而獲得，後者涉及到光合產物的運轉（translocation）和分布（distribution）。

作物要有很高的乾物質生產必須具有：(1) 高的光合能力（photosynthetic capacity），以及 (2) 較長的時間進行光合作用，亦即需要較長的光合作用持續期（photosynthetic duration）。至於作物光合產物分配能力的大小除受本身遺傳因子控制外，尚受環境因子的影響，包括：溫度、水分、溼度、二氧化碳濃度、光度、植株本身之結構、葉片排列的位置、葉片大小都會影響光合產物的分配。

補 充 說 明

影響作物產量的因素包括多方面，這些因素相互作用影響著作物的生長和發育，其中主要因素包括：

1. **水分**：水是作物生長的基本需求，水分供應充足可以促進植物的生長和發育，缺水則會影響作物產量。

2. **光照**：光照是植物進行光合作用的能源，光照充足有利於作物的光合作用和生長。

3. **溫度**：適宜的溫度有助於植物的生長和發育，過高或過低的溫度則可能導致生長受限。

4. **土壤肥力**：土壤中的養分對作物的生長至關重要，土壤肥力的改善可以提高作物產量。

5. **病蟲害**：害蟲和病原體對作物的生長造成危害，影響作物產量。
6. **作物品種**：作物不同品種具有不同的生長性狀和產量潛力，品種的選擇對產量有影響。
7. **栽培管理**：良好的栽培管理可以提供適宜的生長環境，促進作物的生長和產量。

2. 名詞解釋

(1) 作物生長速率（crop growth rate, CGR）：單位時間內於單位土地面積上所增加的作物重量，通常以重量或體積表示。CGR 可用於評估作物的生長速度，並可作為作物生育期不同階段的指標。

$$CGR = 1/P \times dw/dt = 1/P \times (W2 - W1) / (t2 - t1)$$

W1：第一次取樣時全株乾重　　　　t1：第一次取樣時間

W2：第二次取樣時全株乾重　　　　t2：第二次取樣時間　　P：土地面積

(2) 相對生長速率（relative growth rate, RGR）：單位時間內每單位作物乾重所增加的重量，通常以百分比表示。RGR 通常用於比較不同作物或不同品種之間的生長速度。

$$RGR = 1/W \times dw/dt = (InW2 - InW1) / (t2 - t1)$$

(3) 淨同化速率（Unit leaf rate = net assimilation rate, ULR, NAR）：即單位時間內，每單位葉面積所增加的植株重量，通常以單位面積和單位時間的增加量表示。NAR 反映了作物的光合效率和生物量累積能力。

$$NAR = 1/LA \times dw/dt = (W2 - W1) /(t2 - t1) \times$$
$$(InLA2 - InLA1)/(LA2 - LA1)$$

W1：第一次取樣時全株乾重　　W2：第二次取樣時全株乾重

LA1：第一次取樣時葉面積　　　LA2：第二次取樣時葉面積

t1：第一次取樣時間　　　　　　t2：第二次取樣時間

(4) 收穫指數（harvest index, HI）：即經濟產量（如子實部分）除總重量。HI 表示作物可食部分（如果實、穀粒）在總生物量中所占的比例。高的收穫指數意味著作物能夠有效地將生物量轉化為可食部分，有助於提高產量。

$$HI ＝經濟產量 / 生物產量（總重量）$$

(5) 葉面積指數（leaf area index, LAI）：即單位土地面積上的葉面積。LAI 反映了作物的光合作用能力和蒸散作用，是評估作物生長狀況和產量潛力的重要指標。

$$LAI ＝ LA/P$$

P：土地面積　　　LA：在 P 上的葉面積

13.

請說明何謂作物表型體學（Phenomics），及自動化作物表型體分析平臺於農業生產之應用。（2023 高考三級）

　　作物表型體學（phenomics）是一個研究領域，關注的是植物的表型特徵，也就是植物的形態、結構、生長、發育、功能等方面的特徵。表型體學旨在量化和分析這些特徵，以了解植物的生長過程、反應環境變化的能力、對於不同逆境的適應能力。

　　作物的表型體主要是由基因體、環境狀態、此二者間的動態交互作用所決定。然而，作物的栽培管理，是外表型的另一個決定因子。因此，在特定農業系統，作物的表型體是受基因體、環境、栽培管理等複雜交互作用下所表現的結

果，更是植物整體性狀的最終表現，是否達到育種目標如耐寒、耐熱、耐旱等特性，可謂是育種成敗的決定因素（資料來源：林大鈞，國家植物表型體分析中心由傳統農業邁向精準育種的新紀元，豐年雜誌，2022）。

　　自動化作物表型體分析平臺是一種利用先進的儀器、設備、軟體技術，自動蒐集、記錄、分析植物的表型數據的平臺。這些平臺通常包括高通量成像系統、無人機、感測器網絡、植物生長監測系統等。能夠在大規模和高效的方式下，測量和記錄植物的多個表型特徵，如植株高度、葉面積、葉綠素含量、開花時間等。

　　在農業生產中，自動化作物表型體分析平臺的應用具有重要意義。其可幫助農業研究人員和農民更好地理解作物的生長和發展過程，並提供寶貴的資訊用於遺傳改良、品種篩選、作物管理等方面。以下是一些自動化作物表型體分析平臺在農業生產中的應用：

1. **品種篩選與遺傳改良：**自動化作物表型體分析平臺可以測量大量作物品種的多個表型特徵，以評估其性狀和適應能力。這有助於篩選出適合特定環境條件或產量要求的優良品種。同時，還可以提供基於表型數據的遺傳分析，幫助農業研究人員了解和利用作物的遺傳多樣性。

2. **作物管理和生產優化：**自動化作物表型體分析平臺可以實時監測和評估作物的生長狀態和健康狀況。此可幫助農民調整灌溉、施肥和病蟲害管理等作物管理措施，以最大程度地提高產量和品質，同時節省資源和減少環境影響。

3. **環境反應和逆境耐受性研究：**自動化作物表型體分析平臺可以模擬和監測不同環境條件下的作物生長和表現。這有助於研究作物對於逆境（如乾旱、高溫、病蟲害等）的反應和適應能力，並為開發逆境耐受性品種提供重要訊息。

　　總之，自動化作物表型體分析平臺在農業生產中的應用有助於更加了解和利用作物的表型特徵，以提高作物產量、品質、逆境耐受性，同時減少資源浪費和環境負擔。其將成為現代農業中不可或缺的工具之一。

14.

何謂地上型（epigeal）與地下型（hypogeal）發芽之型態？並各列舉三種豆科作物。

地上型（epigeal）和地下型（hypogeal）是種子發芽過程中的兩種不同型態。

1. **地上型（epigeal）發芽**：在地上型發芽中，種子的胚軸在發芽時向上伸展，使種子的子葉抬離地面。子葉會逐漸展開，並透過子葉來吸收陽光進行光合作用。在這種發芽型態中，胚軸會延伸，使植物頂端冒出地面，而種子的鞘片仍然留在地下。

2. **地下型（hypogeal）發芽**：在地下型發芽中，種子的胚軸在發芽時向下伸展，將種子的子葉拉入地下。子葉會在土壤中進行能量代謝，直到植物能夠自行獲取陽光進行光合作用。在這種發芽型態中，胚軸不會伸長，而是保持在地下。

地上型（epigeal）發芽的豆科作物：

1. **大豆（*Glycine max*）**：大豆的種子在發芽時，胚軸向上伸展，使子葉抬離地面，並開始展開。

2. **綠豆（*Vigna radiata*）**：綠豆的種子在發芽時，胚軸向上伸展，使子葉抬離地面，並開始展開。

3. **菜豆（*Vigna unguiculata* subsp. *sesquipedalis*）**：菜豆（別名稱為四季豆、雲豆、白雲豆、花雲豆、隱元豆、敏豆）種子的發芽也是地上型，胚軸向上伸展，使子葉抬離地面，開始展開。

這些豆科作物的種子在發芽時都呈現地上型，胚軸向上伸展，使子葉抬離地面，並通過子葉進行光合作用。

地下型（hypogeal）發芽的豆科作物：

1. **花生（*Arachis hypogaea*）**：花生的種子在發芽時，胚軸向下伸展，將子葉拉入地下，直到形成地下的根和莖。

2. **虹豆**（*Vigna unguiculata* subsp. *unguiculata*）：豇豆的種子在發芽時也是地下型，胚軸向下伸展，將子葉拉入地下，形成地下的根和莖。

3. **豇豆**（*Vigna unguiculata* subsp. *sesquipedalis*）：豇豆的種子在發芽時也是地下型，胚軸向下伸展，將子葉拉入地下，形成地下的根和莖。

　　這些豆科作物的種子在發芽時都呈現地下型，胚軸向下伸展，將子葉拉入地下，直到形成地下的根和莖，這樣有助於它們在土壤中建立根系，吸收水分和養分，進行生長和發育。

15.

一般評價日本稻米的食用品質佳，請說明不能直接引入其商業稻米品種栽培的原因為何？

　　品種的表現型是該品種遺傳型與周圍環境條件相互作用的結果。引種必須了解原產地的生態條件、品種自身的特徵特性、引入地的生態條件、兩地生態環境的差異、以及這種差異是否會導致品種發生特徵特性的改變。

　　雖然日本的稻米品質被廣泛評價為優良，但不能直接引入其商業稻米品種進行栽培的原因有幾個：

1. **適應性差異**：水稻品種的適應性受到環境因素的影響，包括氣候、土壤、海拔等。日本的水稻品種可能已經經過長時間的適應和選育，適合於日本的特定高緯度生長環境。將這些品種直接引入其他地區可能會面臨適應性差異，導致生長不良或品質下降。

　　原產地和引入地主要生態條件的差異包括緯度和海拔的差異，由此而導致日照長度、日照強度、溫度差異，土質和雨量的差異，以及伴隨而來的栽培技術等的差異。日本水稻對日照時間相當敏感，因此試種在臺灣的日本水稻會提前抽穗，導致產量低、且稻米品質差。

2. **病蟲害風險**：引入外來的水稻品種可能導致新的病蟲害問題。日本的水稻品種可能對當地的病蟲害有較高的抗性，但在其他地區可能面臨不同的病蟲害壓力，導致需使用更多的農藥來控制病蟲害。日本水稻因不適應臺灣高溫潮溼等環境因子，往往會造成病蟲害之侵襲而導致產量低、品質差等缺點。

3. **土壤適應性**：不同地區的土壤特性可能不同，日本的水稻品種可能適應了特定的土壤類型和養分狀況。直接引入這些品種可能需要進行土壤調整和管理，以確保作物的健康生長。

4. **法規和市場需求**：不同地區的法規和市場需求可能不同，引入外來的水稻品種可能需要符合當地的法規和標準，並滿足消費者的口味和需求。

　　因此，即使日本的稻米品質優良，也不能直接將其商業水稻品種引入其他地區進行栽培。在引入外來品種時，需要進行詳細的環境適應性評估和選育工作，確保新品種在當地的生長環境中能夠保持優良的品質和產量。

16.

說明下列有關水稻相關問題：
（一）IRRI 在水稻育種上如何掀起所謂綠色革命？
（二）水稻在什麼時期施用基肥、追肥及穗肥？
（三）何謂水稻插秧適期？國內一期作和二期作插秧適期分別為何？
（四）水稻各生育期如何進行水分管理？

（一）IRRI 在水稻育種上如何掀起所謂綠色革命？

　　台中在來 1 號水稻於 1957 年育成，為全球第一種半矮性水稻品種，由於半矮性可以多施肥以提升產量，因其植株不高，產量增加時不致於倒伏，是為臺灣本國水稻育種的創舉，其半矮性基因隨即被各國利用，國際稻米研究所（International Rice Research Institute, IRRI）即利用其母本，「低腳烏尖」育成有「奇蹟米」之稱的 IR8，提高全球稻米產量，消弭 1972～1973 年間可能發生的世界糧食危機，掀起所謂的「綠色革命」。

　　IRRI 在水稻育種上掀起了所謂的綠色革命，主要是經由以下方式：

1. **高產品種選拔**：IRRI 致力於選拔高產、抗病蟲害、耐逆性強的水稻品種。其研究人員進行了大規模的水稻基因蒐集、保存、測試，從中篩選拔出具有優異特性的品種，並通過雜交、篩選等方式進一步改良，從而提高了水稻的產量和抗性。

2. **施肥與管理**：IRRI 在施肥和管理方面提供了許多優良實施方法，幫助農民更有效地使用肥料、灌溉、其他生產資源，從而提高了產量並減少了資源浪費。

3. **病蟲害防治**：IRRI 致力於研究和開發病蟲害抗性更強的水稻品種，以減少病蟲害對作物的損害。這有助於減少農民對農藥的依賴，同時提高了糧食的生產和品質。

4. **科學技術傳播**：IRRI 不僅僅在研究上取得成就，還積極將先進的育種技術和農業管理方法傳播給農民。通過培訓、研討會、田間示範等途徑，IRRI 幫助農民採用最佳的種植技術，提高了糧食生產效率。

5. **全球合作**：IRRI 積極與各國政府、國際機構、非政府組織、私營部門合作，共同推動綠色革命。這種合作有助於加速育種進程，推廣創新技術，並確保糧食安全。

　　總之，IRRI 藉由育種、技術傳播、合作等多種手段，在水稻生產上推動了綠色革命，提高了農產品產量，減少了飢餓問題，並促進了農業可持續發展。

（二）水稻在什麼時期施用基肥、追肥及穗肥？

　　水稻生長期間的不同階段需要施用肥料，包括基肥、追肥、穗肥。以下是水稻施肥的不同階段：

1. **基肥**：基肥是在水稻播種或移植時，將肥料施用到田土中，為幼苗的初期生長提供所需養分。通常在水田準備階段進行。基肥的目的是建立幼苗的健康根系，以便能夠吸收足夠的養分和水分。適合的基肥含有氮、磷、鉀等主要營養素。基肥可配合於整地時施用，整地施用基肥目的在促進早期分蘗的產生，需要深犁入土層，一般於插秧前 15～25 天施用最為適當。

2. **追肥**：追肥是在水稻生長期間的特定時期，根據作物的生長需求進行的追加肥料。追肥可以在幼苗期、分蘗期、抽穗期等階段進行，以確保水稻植株在不同生長階段都有足夠的營養。追肥的成分和比例會根據不同生長階段而變化，以滿足植株的需求。

施用追肥在確保有效分蘗以幫助稻株強健。施用之肥料，一般於插秧後 14～21 天施用，可平均撒施於土表。第一次追肥：第一期作於插秧後 12～15 天施用。

第二期作於插秧後 8～10 天施用。第二次追肥：第一期作於插秧後 25～30 天施用。第二期作於插秧後 15～20 天施用。

3. **穗肥**：穗肥是指在水稻抽穗期（即開始形成稻穗的階段）進行的肥料施用。這個階段是水稻形成穗、開花授粉、籽粒形成的關鍵時期。穗肥的施用有助於增加稻穗的數量和品質，提高稻穀的產量和品質。在穗肥中，磷、鉀等營養素的供應尤其重要。

水稻的施肥管理應該根據當地的氣候、土壤條件、品種特性進行調整，確保植株在不同生長階段都能獲得適當的營養，以實現最佳的生長和產量。

（三）何謂水稻插秧適期？國內一期作和二期作插秧適期分別為何？

水稻插秧適期是指在一個特定的時間範圍內，根據氣候、土壤、水稻品種特性等因素，選擇最適合的時機將水稻幼苗插入水田中。插秧適期的選擇對於水稻的生長和產量至關重要，因為適當的插秧時機能夠確保幼苗的健康生長，從而影響整個生育期的發展，以及最終產量。

在臺灣等一些稻米生產國家，通常會分為一期作和二期作進行水稻種植，插秧適期會有所不同。臺灣國內水稻期作係指 1～6 月（稱作第一期作）、7～12 月（稱作第二期作）；第一期作生長天數須為至少 120 天（是指從插秧到收割），第二期作生長天數須為至少 100 天：

1. **一期作**：一期作是春季種植的水稻，通常在 2 月至 4 月之間進行插秧。這個時期的氣溫和日照較為適宜，有利於幼苗的生長和發育。插秧過早可能會遭受寒害，而插秧過晚則可能影響水稻的生長週期和產量。

2. **二期作**：二期作是秋季種植的水稻，通常在 8 月至 9 月之間進行插秧。這個時期的氣溫較高，有利於幼苗的生長，同時也能夠避免春季一期作的寒害風險。插秧適期的選擇同樣很重要，以確保幼苗有足夠的生長時間在秋季達到成熟。

插秧適期的確定通常會受到當地的氣候變化、降雨情況、品種特性的影響。農民和專業人士通常會根據當地的實際情況和經驗，選擇最適合的插秧時機，以確保水稻的良好生長和高產。

（四）水稻各生育期如何進行水分管理？

　　水稻栽培過程中需要經常性供水，但不同生育期之供水狀況有別：

1. **插秧期至分蘗始期**：本時期約為第一期作插秧後 10 天，第二期作插秧後 7 天內。為提高除草劑的藥效並促進水稻成活，田面以維持 3 公分左右水深即可。

2. **分蘗始期至分蘗終期**：本時期水分管理應經常保持 3～5 公分的淺水狀態，以促進根群之發育與早期分蘗。有效分蘗終期於第一期作約在插秧後 38 天左右，第二期作約在插秧後 28 天左右。施用第 1 次及第 2 次追肥時，需控制田間約 1 公分之淺水時施用追肥，俟田間水分完全滲入土壤內後，恢復灌水。

3. **有效分蘗終期至幼穗形成始期**：俗稱的「晒田期」，讓田土乾燥而略呈龜裂狀態，供給氧氣，也因田土乾燥促進稻根向下生長，有幫助稻株後期養分吸收及不倒伏之效。另外也可抑制無效分蘗，促進稻米產量及提升品質。原則上第一期作於插秧後 40 至 50 天，第二期作於插秧後 30 至 37 天左右，將田面曝晒至表土以腳踏入不留腳印程度，或有 1～2 公分寬、5～10 公分深的龜裂，晒田程度以稻株葉片不可捲曲（如發現葉片捲曲，即表示植物體內缺水，應立即灌溉），其後灌溉管理採輪灌或間歇灌溉 1～2 次，灌水 3 至 5 公分深即可。

4. **幼穗形成始期至幼穗形成終期**：此時期在水稻抽穗前 22 日開始，對養分與水分需求量高，應採行 5～10 公分之深水灌溉。若施穗肥時，應在幼穗長度 0.2 公分施用，並先將田間排水至 1.5 公分水深才施肥，其後在第 2 天行深水灌溉至幼穗形成終期為止，為期約 10 天。

5. **孕穗期**：水稻抽穗前 7 至 10 天之孕穗期，土壤中氧氣消耗量達到最高峰，故此時期的水雖必要但不可湛水，可採輪灌方式，每 3～5 日輪灌一次，使土壤通氣良好，促進根系之強健。

6. **抽穗開花期**：抽穗開始至齊穗為止的水稻葉面積為全生育期中最大，而在葉部光合作用所貯積的碳水化合物需有充足的水分才可以轉移到稻穀，所以此時期須維持 5～10 公分的水深。

7. **乳熟期至糊熟期**：此一時期由於水稻齊穗後植株最上部三片葉子為主要進行光合作用生產碳水化合物的部位，需仰賴充足的水分輸送光合產物轉存至穀粒，

故仍應採用 5～10 公分的深水灌溉至抽穗後第 18 天止。

8. **黃熟期至完熟期**：水稻抽穗後約 18 天開始進入黃熟期，此時上部葉仍繼續進行光合作用合成碳水化合物，所以仍不宜太早斷水，應採用 3～5 天約 3 公分水深之輪灌 2～3 次，直至收穫前 5～7 天排水，以防穀粒充實不飽滿。為生產良質米，收穫前不可太早斷水，避免心腹白米及胴裂米之產生。

◆ 名詞解釋 ◆

1. 遙感探測

　　通常能量由感測器本身發出的遙測方法稱為主動式遙測，例如雷達波、雷射遙測等。若能量並非由感測器本身發出，感測器僅接收物體表面散發的能量，則稱為被動式遙測，例如可見光、紅外光遙測等。

　　遙感探測所使用的載具主要包括：

(1) 人造衛星：運行於地球軌道上，位置高，影像涵蓋面較廣，可快速蒐集大範圍的地表資訊；週期性環繞地球可重複拍攝同一地區不同時間的影像，便於針對同一地區進行長期的觀測和分析。

(2) 飛機：可從空中進行探測，比衛星更為靈活機動，拍攝的範圍比衛星小，但影像解析度高於衛星。屬於任務性拍攝工作，可補充衛星的不足，卻無法重複長時間的觀測。

(3) 無人飛行載具：利用無人飛機進行遙控拍攝。航高低因此能提供極高解析度之遙測資料；最大的優點是經濟，機動力強，可提供最即時的影像，較寬鬆天氣條件即可操作，且不需有跑道。但因拍攝涵蓋面較小，常因為飛機姿態控制不易，導致影像幾何校正困難。

2. 食農教育

　　食農教育是一種強調「親手做」的體驗教育，學習者經由親自參與農產品從生產、處理，至烹調之完整過程，發展出簡單的耕食技能。在此過程中，亦培養學習者了解食物來源、增進食物選擇能力，並促進健康飲食習慣的養成。

　　此外，透過農耕的勞動體驗，可培養學習者對食物、生產者、環境的尊重與感恩，並激發其生命韌性和堅毅性格。

(1) 從個人角度而言，食農教育期望能幫助學習者認識食物的原始樣貌，並思考人類與食物的關係。此外，也希望學習者具備簡單的農事技能及飲食烹調能力，以建立良好飲食習慣，避免飲食風險。

(2) 從社區層面而言，食農教育希望推動在地食物的觀念，以發展地方農業及相關產業，並維護在地飲食文化。

(3) 從大自然及生態環境而言，則強調人類的飲食型態對大自然的衝擊，並提倡環境友善的農業經營及消費方式，使人類與大自然共同永續生存。

(4) 長期推動食農教育，更可經由城鄉資源的交流、建立「地產地消」的農業食物網絡，最終達到幾個政策上的目的：a. 促進國人健康；b. 提高飲食安全和糧食自給率；c. 提升農民福祉及鄉村發展；s. 鼓勵永續性農業生產和消費方式。

問答題

1.

請試述水稻強化栽培系統（system of rice intensification）及其在稻作永續生產之發展。（2023 高考三級）

　　水稻強化栽培系統（system of rice intensification, SRI）是一種稻作栽培方法，旨在提高水稻產量和品質，同時減少對水、肥料和農藥等資源的依賴。SRI 的核心原則包括稻苗管理、適度稀植、節水灌溉、土壤改良等。

　　SRI 與傳統稻作栽培方法存在著明顯的差異。以下是 SRI 在稻作永續生產中的一些發展和優勢：

1. **稻苗管理**：SRI 強調優良的稻苗品質和早期栽培。稻苗在育苗箱中單株育苗，以確保每株稻苗有充足的生長空間和營養資源。這有助於稻苗的健康生長，提高抗病蟲害的能力。

2. **稀植**：SRI 提倡稻苗之間的寬鬆栽培，通常將稻苗進行稀植，使每個稻株有更多的生長空間和光線。這可以促進稻株的健康生長，增加分蘗量和減少病蟲害的風險。在 SRI 中，植株間距通常比傳統的稻米栽培更寬，植株之間有較多的空間生長。這樣做的目的是促進植株的健康生長和發育，增加植株的生物量和根系發育。通過稀疏的植株配置，每株植物能夠得到更多的光照和營養資源，從而提高了作物的光合作用效率和產量。

3. **節水灌溉**：SRI 採用減量灌溉方式，通過精準的水分管理，減少水分的浪費。根據作物的需求，適時供應水分，避免過度淹水，使水稻根系更深入土壤，提高水分利用效率。SRI 也鼓勵進行間歇性灌溉，以避免過度潤溼土壤，造成根系窒息。

4. **土壤改良**：SRI 強調土壤的有機質和生物多樣性。透過適當的耕作和施用有機質肥料，優先選擇對土壤和作物有益的有機肥料，可以改善土壤結構和養分供應，促進有益微生物的生長，提高土壤肥力和作物的抗逆能力。

SRI 在稻作永續生產中的發展具有以下優勢：

1. **提高產量**：由於 SRI 採用密植和優良的管理方法，每個稻株都有更多的生長空間和養分，從而提高單株產量。相比傳統稻作栽培，SRI 通常能夠實現顯著的產量增加。

2. **節省資源**：SRI 強調節水灌溉和減少化肥使用。適當的灌溉管理和肥料施用減少了水和肥料的浪費，同時減少對農藥的依賴。這有助於節約資源、降低生產成本，同時減少對環境的負面影響。

3. **減少病蟲害風險**：由於 SRI 中稻苗的管理和稀植栽培，每株稻株的生長狀態更加健康，並具有更好的病蟲害抵抗力。這降低了病蟲害對作物的威脅，減少農藥的使用，從而更好地保護環境和生態系統。

4. **永續發展**：SRI 的原則和方法符合永續農業的目標。經由提高產量、節約資源、保護生態環境和提高農民收入，SRI 有助於實現稻作永續生產的目標。

總之，水稻強化栽培系統（SRI）在稻作永續生產中的發展可提高生產效益、節約資源、保護環境，是一種可持續的栽培方法，對於提高全球水稻生產的持續性和糧食安全至關重要。

2.

試述「有機種子」之定義和使用規定。優良的有機農法使用品種須具有哪些特性？

　　「有機種子」是指在有機農業生產中使用的種子，其經過特定的栽培方式、不使用化學合成肥料、農藥、或轉殖基因技術進行培育。有機農法強調維護生態平衡和生態系統健康，因此有機種子必須符合特定的標準和使用規定。

　　有機種子的使用規定可能會因國家或地區而異，但通常包含以下要點：

1. **非轉殖基因**：有機種子不得經過基因改造或含有外源基因。
2. **有機生產源頭**：有機種子必須來自有機農場或供應鏈，確保種子的生產環節也符合有機生產標準。
3. **未使用化學肥料和農藥**：種子的生產過程不得使用化學合成肥料、農藥、或其他化學合成物質。
4. **無化學處理**：種子在後期處理過程中不得經過化學物質的防腐或除菌處理。
5. **檢驗和認證**：有機種子需經過第三方認證機構的檢驗，以確保符合有機標準。

　　優良的有機農法使用品種須具有以下特性：

1. **適應當地氣候和土壤條件**：有機農法使用的作物品種應適應當地的氣候和土壤條件，能提高作物的適應性和生長效率。
2. **抗病抗蟲**：優良的有機作物品種通常具有較強的抗病與抗蟲性，減少對化學農藥的依賴。
3. **高產性**：有機作物品種應該有較高的產量，確保有機農業的經濟可行性和競爭力。
4. **營養價值**：作物品種應具有良好的營養價值和口感，滿足消費者對優質食品的需求。
5. **生態友善**：優良的有機作物品種應該有助於維護生態平衡，不對環境造成負面影響。

　　總之，有機作物種子是符合有機農業標準的種子，而優良的有機農法使用品種則應具有適應性、抗病蟲害、高產性、營養價值、生態友善等特性。這些特性有助於推動可持續和環境友好的有機農業發展。

3.

請說明如何運用資通訊技術（ICT）進行作物播種、灌溉、肥培營養等生產作業的管理及其依據的學理基礎。

運用資通訊技術（ICT）進行作物生產作業的管理可以提高農業生產的效率、降低成本並改進品質。這種方式稱爲「智慧農業」或「農業 4.0」，其中涵蓋了各種技術和工具，包括感測器、互聯網、數據分析、人工智慧等。以下是一些運用 ICT 進行作物播種、灌溉、肥培營養等生產作業管理的實例，以及相應的學理基礎：

1. 感測器和監測技術

(1) 學理基礎：作物生長和發展受到環境因素的影響，包括土壤溼度、溫度、光照等。感測器可以監測這些環境因素，提供寶貴的數據，幫助農民了解作物生長狀況。

(2) 應用：農田中安裝土壤溼度、溫度、氣象監測感測器。這些感測器可以即時蒐集數據，農民可以通過手機或電腦遠程監測和分析數據，以做出適當的管理決策，例如調整灌溉量或施肥計畫。例如中華電信推廣之窄頻物聯網（narrowband internet of things, NB-IoT）系統。

2. 精準農業

(1) 學理基礎：每個土地區塊內可能存在著不同的土壤特性和生長條件，作物需求也有所不同。精準農業基於此理念，試圖爲每個區塊提供最適化的管理。

(2) 應用：通過使用地理資訊系統（GIS）和全球定位系統（GPS）等技術，農民可以對每個區塊進行細緻的分析和規劃。利用無人機或遠程感測器蒐集的數據，可以根據不同區塊的需求調整灌溉和肥培計畫。

3. 智慧灌溉系統

(1) 學理基礎：有效的灌溉是提高作物產量的重要因素。土壤水分監測對於確定灌溉的時機和量很重要。

(2) 應用：利用感測器監測土壤溼度和氣象數據，智慧灌溉系統可以自動調整灌溉水量和頻率，以確保作物在適當的水分條件下生長。

4. 數據分析和人工智慧

(1) 學理基礎：大量的生產數據可以通過數據分析和人工智慧進行處理，從中提取有用的訊息和模式。

(2) 應用：通過運用機器學習和人工智慧技術，農民可以對作物生長的關鍵因素進行預測和優化。這包括預測作物的生長速度、病蟲害的發生機率以及最佳的施肥計畫等。

　　總之，運用資通訊技術（ICT）進行作物播種、灌溉、肥培營養等生產作業管理可以提高農業生產的效率和品質，同時降低對資源的浪費。這些技術基於相關的學理基礎，通過數據蒐集、分析、應用，幫助農民做出更明智的管理決策，實現可持續的農業發展。

4.

有機農業促進法於民國 107 年 5 月 30 日公布，公布後一年施行。請解釋該法相關用詞之定義：有機農業、有機農產品、有機轉型期農產品、有機農產品標章、認證與驗證，並說明有機農業與友善環境耕作之異同。

1. 該法相關用詞之定義

(1) 有機農業定義：有機農業是遵守自然資源循環永續利用原則，不允許使用合成化學物質，強調水土資源保育與生態平衡之管理系統，並達到生產自然安全農產品目標之農業。

(2) 有機農產品定義：係指同一生產農地之土壤及水源未受汙染，生產過程完全遵守農委會（今農業部）訂定之「有機農產品管理作業要點」所訂定各項有機農產品生產規範從事生產，並經驗證機構驗證合格之各項農產品。

(3) 有機轉型期農產品定義：所謂「有機轉型期」是指這個農產品已轉為有機或自然農法栽種，但尚未滿三年，栽種環境未完全達到有機的認可標準，只能暫時貼上「轉型期」或「轉換型」的標章。三年後再次通過有機驗證機構的檢驗，才能取得真正的有機農產品資格。

(4) 有機農產品標章定義：有機農產品從外觀不易分辨，可透過有機農產品標章來辨識。國內有機農產品經過嚴格的無農藥生產及驗證通過後授予 CAS 標章證明，保證 CAS 產品的品質安全無虞。「CAS 有機農產品」＋「有機認證機構」標章，讓消費者可以安心購買。

(5) 認證與驗證定義：目前通過農業部認證之有機農產品驗證機構有 11 家，分別爲：財團法人國際美育自然生態基金會、台灣省有機農業生產協會、財團法人中央畜產會、暐凱國際檢驗科技股份有限公司、臺灣寶島有機農業發展協會、國立中興大學、環球國際驗證股份有限公司、財團法人和諧有機農業基金會、慈心有機驗證（股）公司、采園生態驗證有限公司、中華驗證有限公司等。

2. 有機農業與友善環境耕作之異同

(1) 有機農業生產過程全程不能使用化學農藥、化學肥料、基因改造產品製劑農產品不得檢出禁用物質殘留，必須符合《農產品生產及驗證管理法》的有機農產品和有機農產加工品驗證基準規範最簡單的辨識方法就是有「有機農產品」標章。

(2) 友善環境耕作定義爲維護水土資源、生態環境、生物多樣性、促進農業友善環境、資源永續利用、以及農業生產過程不使用合成化學物質、基因改造生物及其產品，目前並無標章及法源依據。

　　但兩者都遵守自然資源循環永續利用，不依賴合成化學物質，運用資源保育與生態平衡管理，除可生產安全、優質的農產品供應消費者外，亦可降低農業生產對環境造成之衝擊。

5.

何謂有機農業（organic agriculture）？其與永續農業（sustainable agriculture）有何關聯性？目前有機農業發展的瓶頸爲何？

　　※ 部分解答請參考前題。

　　「有機農業」（organic agriculture）是一種農業生產方式，遵守自然資源循環永續利用原則，強調使用自然方法和生態平衡，以最大程度地減少對環境的負面影響，同時提供健康和可持續的農產品。有機農業的核心原則包括不使用化學合成的農藥、肥料、基因改造技術，並強調水土資源保育、生態平衡、土壤健康、生態多樣性、動植物福祉、適應當地條件等。

「永續農業」（sustainable agriculture）是更廣泛的概念，強調在長期確保農業生產的環境、經濟、社會可持續發展。永續農業不僅關注生產食物，還關心社區健康、農民收入、農村發展、資源保護、環境保護等方面的綜合目標。永續農業是農業發展的目標及理想，其目的是期望農業能夠永久、持續的生存下去，所有的農業生產應朝向永續的目標發展，故永續農業並非一種「農業生產的方法」（農法），而是一種「目標」及「理想」。此外，永續農業亦強調兼顧生產性（經濟利益）、社會性（社會價值）、生態性（生態平衡）的綜合性目標。因此，農業生產欲達到此目標，採用有機農法可以說是最佳的途徑。

有機農業和永續農業之間有很強的關聯性，因為有機農業是永續農業的一個具體實踐方式。有機農業強調使用無化學合成農藥和肥料的方法，從而保護土壤和水源，減少對環境的汙染，並提供健康的食品選擇。這符合永續農業的目標，即在保護自然資源的同時確保食品供應的可持續性。

然而，有機農業目前也面臨一些挑戰和瓶頸：

1. **生產成本高**：有機農業通常需要更多的勞動力和較高的管理成本，導致產品價格較高，可能限制了一些消費者的選擇。

2. **產量較低**：在某些情況下，有機農業的產量可能較傳統農業低，這可能影響到市場供應和農民的經濟收入。

3. **認證和監管**：有機農業需要符合嚴格的認證和監管標準，這可能增加了農民的行政負擔和成本。

4. **資訊和教育**：有機農業需要農民具備特定的知識和技能，並且需要不斷更新。提供適切的培訓和教育對有機農業的成功至關重要。

5. **市場需求波動**：有機農產品的市場需求可能受到波動影響，可能導致農民在供應方面面臨困難。

總之，有機農業是永續農業的一個重要具體作法，其強調生態友好的生產方式和食品的健康性，但也需要克服一些挑戰，以實現長期的可持續發展。

補充說明

　　當更多人逐漸接受有機理念，也採取無農藥無化肥的種植方式後，就出現各種不同的有機操作，於是各國政府開始制訂有機生產標準，但因日益嚴格、且條文繁瑣的有機法案，使廣大農民生產者無法進入有機窄門，造成目前全球有機發展的困境。

　　其實臺灣在 2007 年進入官方的有機 2.0 之前，MOA 自然農法從 1990年開始就透過第一方驗證讓消費者體驗有機農業。其後的秀明自然農法、樸門農法、生物動態農法、泰國米之神基金會（KKF 農法）、趙漢珪自然農業等倡議陸續推出，其中有些農場走第三方驗證的方式，但不少農場不願進入體制內，無法使用有機農產品的名義在商店出售，遂透過農夫市集、網路直銷等方式，採第一方驗證的方式直接賣給消費者。這個區塊一般都以「友善環境農業」來統稱。

6.

試說明作物實施少耕、免耕技術（不整地栽培）有何優缺點？與目前淨零排放政策有何關係？

　　作物實施少耕、免耕技術（不整地栽培）是一種在農業生產中減少或避免耕作的方法。傳統的耕作方式會將土壤翻鬆，但可能導致土壤侵蝕、水分蒸發、有機質流失等問題。相比之下，少耕、免耕技術可減少土壤干擾，保持土壤結構和生物多樣性，以及減少農業對環境的影響。

1. 優點

(1) 保護土壤：減少耕作可以減少土壤侵蝕和有機質流失，保護土壤品質和結構。

(2) 減少水分蒸發：少耕、免耕技術可以減少土壤表面的蒸發，提高土壤水分的保持能力。

(3) 增加生物多樣性：減少干擾土壤有助於保護土壤中的生物多樣性，促進有益微生物的生長和作用。

(4) 減少能源消耗：不整地栽培消耗的能源較少，減少對燃料和機械的需求。

2. 缺點

(1) 技術要求：實施少耕、免耕技術需要對新的種植方式和管理方法進行學習和調整。

(2) 適應性問題：這種技術不適用於所有地區和所有作物，需要根據具體的土壤和氣候條件進行調整。

(3) 病蟲害控制：減少耕作可能增加某些病蟲害的風險，需要採取其他方法進行控制。

與目前淨零排放政策的關係：

目前全球越來越多的國家和地區實施淨零排放政策，旨在減少碳排放，緩解氣候變化問題。少耕、免耕技術與淨零排放政策有密切關係：

1. 減少碳排放：少耕、免耕技術可以減少農業生產過程中的碳排放。耕作過程通常需要大量的能源消耗，少耕、免耕技術減少了對機械的依賴，進而減少了碳排放。

2. 土壤碳固定：實施少耕、免耕技術有助於保護土壤中的有機碳，防止其被氧化釋放為二氧化碳。保持土壤有機質有助於碳的長期固定，幫助實現淨零排放目標。

3. 提高農業的適應能力：淨零排放政策也需要考慮農業部門的適應能力，因為氣候變化可能會對農業產生不利影響。少耕、免耕技術有助於提高土壤的保水保肥能力，提高作物抗旱、抗災的能力，增加農業的韌性。

因此，少耕、免耕技術是實現淨零排放政策和促進可持續農業發展的重要手段之一。通過這些技術，農業生產可以更加環保和永續，有助於應對氣候變化和環境挑戰。

> ### 7.
> 試說明如何利用智慧科技方式，來達到水稻栽培過程中減少碳排放和增加土壤碳儲存之目的。（2023 高考三級）

利用智慧科技方式來達到水稻栽培過程中減少碳排放和增加土壤碳儲存的目

的可以透過以下方法：

1. **精準施肥**：利用智慧農業技術和感測器，根據土壤檢測和作物需求，精確測量和管理施肥量。這有助於避免過量使用化肥，減少氮肥的損失和氮氧化物的排放。同時，針對水稻生長不同階段的養分需求，調整施肥時間和方法，提高施肥效率，減少資源浪費和碳排放。

2. **減少水稻田間溫室氣體排放**：智慧灌溉系統可以根據作物需水情況，精準供應水分。透過感測器和監控系統，可以即時監測土壤溼度和作物需水量，以適時供應適量的灌溉水，減少過度灌溉和溢流。這有助於減少水稻田中甲烷的生成，因為甲烷主要係由水稻田中的缺氧環境所產生。

3. **採用氣候智慧技術**：利用氣象監測系統和預測模型，可以預測天氣變化和氣候條件。此可幫助農民更好地規劃種植季節、適應氣候變化，以減少災害風險和不必要的資源浪費。同時，透過結合氣象數據和作物生長模型，可以更精確地預測作物生長需求，優化栽培管理，減少碳排放。

4. **耕作管理和土壤改良**：利用智慧農業技術和機器人技術，實現精準的耕作管理。這包括減少土地翻耕、利用覆蓋物和綠肥，以保護土壤結構、減少土壤侵蝕，並增加有機質的回歸。同時，透過智慧土壤監測系統，可以即時監測土壤中的碳含量和其他養分，以了解土壤的健康狀況，並針對性地進行土壤改良措施。

5. **數據分析和決策支持**：利用大數據和人工智慧技術，將各種感測器和監測系統所蒐集的數據進行分析和整合。這可以提供農民和研究人員有關碳排放、土壤碳儲存、及作物生長的重要訊息。基於數據分析結果，農民可以做出更明智的決策，優化栽培管理，減少碳排放，並增加土壤碳儲存。

綜合利用智慧科技方式，可以幫助農民減少水稻栽培過程中的碳排放，同時增加土壤碳儲存。這不僅有助於減少氣候變化的影響，還可以提高水稻產量和品質，促進農業的永續發展。

8.

請說明何謂精準農業（precision agriculture）？請詳細說明其與傳統農業之區別？精準農業之運作體系與作業系統必須包括哪些要素，才能擁有偵（檢）測、整理、分析、決策及作業等多重功能？

回答重點

1. 精準農業（precision agriculture）是一種以資訊及技術為基礎的農業經營管理系統，針對農地及栽培環境的變異給予最適當的耕作決策與處理，以減少耗費資材、增加收益及減輕環境衝擊的經營管理手段。精準農業又稱精準農法（precision farming）或者是定點作物管理（site-specific crop management）等，是指利用現代資訊技術進行的精耕細作。

2. 傳統農業耕作與管理方式是將所有農田視為相同性質，在農耕實務上採取相同的作業方式，包括耕犁、播種、施肥、噴藥及灌溉等。然而傳統農耕方式常造成土壤環境及作物的持續性變異，而衍生出許多資源是否有效應用與環境保護的問題；諸如產量顯著降低、肥料與農藥不當施用、有毒氣體釋放或有毒物質滲漏、有毒物質長期殘留及作物生長環境劣化等。

3. 精準農業理念則依照土壤性質及農作物生長之需要，給予適當的資源投入及處理措施，避免過多的資源投入與破壞環境。實施精準農業的結果，可改進農作物生產系統的效率和環境汙染，在環境保護、生態維護及經濟效益上得到最佳平衡。

4. 精準農業為一融合農耕知識及多種應用技術組成之農作物經營體系，掌握時空即時資訊，藉著完整詳細的相關資料庫進行模擬及制定決策，連結自動化管理操作系統的作業配合，依照規劃循序達成新、速、實、簡的全套精準栽培與管理。為符合體系的各項要求，理想的精準農業作業系統必須包括下列六大要素，同時由一套完善的軟硬體整合串連，以擁有偵（檢）測、整理、分析、決策及作業等多重性功能。

(1) 農耕資料庫：建立作物栽培、逆境生理、植物營養、病蟲害及雜草管

理、試驗統計及農業微氣象知識之各種資料庫，提供農場經營人員做出管理決策之依據。

(2) 土壤資料庫：每次耕作前後土壤性質會產生變化，必須建立經營農場歷年土壤變異，加以整理分析找出其規律或變異，俾利於往後農作物的栽培。

(3) 地理資訊系統：農地與作物相關資訊必須空間對位，以便精準地在座標方位上標示正確的土壤、農耕資料、地理與地形，形成多層次資料檔，此一工作可藉由地理資訊系統完成。

(4) 全球定位系統（GPS）：利用衛星定位與地理資訊系統結合，可很快定出遙測影像或其他農田主題圖層中發生問題的農地位置；同時可配合農業機械之使用，引導至待處理之問題農地位置。

(5) 遙測技術：遙感探測係利用感測儀器在不與受測物體接觸之情況下，即能獲得測量資料的技術與科學，其能蒐集與傳遞遠端事件獲得即時資訊，藉以完成觀測、判讀與決策等系列過程。在精準農業體系應用上，初期將以遙測技術建立農作物植被光譜與植被生長之關係、監測土壤環境、作物的生育狀態、病蟲害感染、雜草干擾、災害損害及產量預測等為主。當完整的植被光譜與作物生育特性模式建立後，即能利用即時遙測資訊，輸入資料庫進行研判與決策。

目前遙感探測應用於土壤和作物，主要是測定分析由土壤表面和作物植冠反射或輻射的電磁波，其波段可分為可見光（visible light, 400～700 nm）、近紅外光（near-infrared light, 700～1,300 nm）、中紅外光（middle-infrared light, 1,300～2,500 nm）、遠紅外光（far-infrared light, 8～14 μm）、微波（microwave, 1 mm～1 m）等幾個主要波段，其中以應用可見光、近紅外光、遠紅外光等光區的技術較為常見。

(6) 農機自動化操作系統：透過遙測技術得到農地及作物生長之即時資訊，以全球定位系統（GPS）標出方位及座標，顯示於地理資訊系統上，再由農耕及土壤資料庫組成的鑑別及決策，找出農地及作物的變異性，配合具變異率功能的農機自動化操作系統實施變異性處理，達成精準機械耕作的需求。

　　精準農業（precision agriculture）是一種基於現代科技和資訊技術的農業管理方法，旨在實現對農田和作物進行精確監測、測量和管理的目標。相比傳統農業，精準農業利用先進的感測器、全球定位系統（GPS）、地理資訊系統（GIS）和數據分析等技術，實現了更加精確和個別化的農業管理。

　　以下是精準農業與傳統農業之間的區別：

1. **目標**：傳統農業通常以整體性的方法來管理農田和作物，而精準農業的目標是實現對每個作物或田區進行精確管理，以最大程度地提高生產效益。

2. **監測和測量**：精準農業利用感測器和遙測技術來監測和測量作物的生長情況、土壤特性和氣象條件等。這些數據可以實際蒐集並進行分析，幫助農民了解作物的需求並採取相應的管理措施。

3. **個別化管理**：精準農業可以對不同區域和作物進行個別化管理。根據測量數據和分析結果，農民可以針對每個區域或作物制定特定的施肥、灌溉和病蟲害防治計畫，以最大程度地滿足作物的需求。

4. **數據分析和決策**：精準農業依賴數據分析和決策支持系統。通過蒐集和整理監測數據，農民可以利用數據分析工具進行深入分析，了解作物生長情況、土壤養分含量和水分狀況等。這些分析結果有助於做出更準確的決策，提高農業生產效率和品質。

　　精準農業的運作體系和作業系統需要包括以下要素：

1. **感測技術**：包括各種感測器和測量工具，用於蒐集土壤、作物、氣象等數據。

2. **全球定位系統（GPS）**：用於確定農田和作物的精確位置，幫助進行精確的定位和測量。

3. **地理資訊系統（GIS）**：用於數據的整合、管理、空間分析，將不同數據層次進行整合和視覺化。

4. **數據分析和決策支持系統**：用於對蒐集的數據進行分析，提供決策支持和管理建議。

5. **自動化和遠程控制技術**：用於自動化農業作業和遠程控制農業設備，提高農業生產的效率和精確度。

6. 資訊技術和通信：用於數據的傳輸和分享，實現農業訊息的共享和協同作業。

這些要素共同工作，使精準農業成為一個多功能的系統，能夠實現數據的偵測、整理、分析、決策、作業等多重功能，從而實現更加精確、高效和可持續的農業管理。

9.

請詳述臺灣目前智慧農業之發展現況。其中水稻該如何進行智慧生產與管理以因應水資源短缺問題。

臺灣的智慧農業發展目前已取得一定進展，政府、學術界、農業業者共同努力推動智慧農業技術的應用，以提高農業生產效率和品質，同時減少對資源的浪費。

目前臺灣智慧農業的主要發展現況如下：

1. 智慧農業平臺：政府與科技企業共同推動建立智慧農業平臺，整合感測器、監測系統、數據分析等技術，提供農民即時的農業資訊和建議，幫助他們做出更明智的決策。

2. 作物監測和預測：利用感測器和衛星影像技術，農民可以監測作物生長狀況、土壤水分、病蟲害等，並透過數據分析和機器學習技術預測作物生長趨勢，做出適時的管理措施。

3. 智慧灌溉技術：採用自動化灌溉系統，基於土壤溼度和氣象數據調整灌溉量，減少浪費水資源，同時確保作物得到足夠的灌溉。

4. 無人機應用：無人機可用於農田巡視、施肥、病蟲害監測等，提高生產效率，同時減少農藥的使用。

5. 智慧農機：智慧農機的應用不斷擴展，例如自動化的收割機、播種機等，提高勞動生產率。

對於水稻的智慧生產與管理，臺灣面臨著水資源短缺的挑戰。以下是一些應對策略：

1. 精準灌溉：使用感測器監測土壤水分，針對不同土壤類型和生長階段，調整灌

溉量，減少浪費的水資源。

2. **水稻品種選擇**：選擇適應當地水資源條件的水稻品種，例如抗旱性較強的品種，減少水稻生產對水資源的需求。

3. **水稻節水栽培技術**：例如蓄水式稻作或滴灌技術，減少灌溉損失，提高水利用效率。

4. **預測灌溉**：利用氣象預報和感測器數據預測未來幾天的降雨情況，合理安排灌溉計畫，避免過度灌溉。

5. **循環利用水資源**：儲存和利用雨水，減少對地下水的依賴。

6. **智慧農業平臺**：透過此平臺可提供農民關於灌溉技術和節水方法的培訓和指導，提高農民的水資源管理能力。

綜合以上策略，智慧農業在水稻生產中可以發揮重要作用，幫助農民提高產量和品質，同時有效應對水資源短缺問題，實現可持續農業發展。

10.

何謂農業生產力 4.0？其內容涉及哪些相關技術？應如何著手進行？

農業生產力 4.0 是指在第四次工業革命（Industry 4.0）的背景下，應用先進的數字化、智慧化、自動化技術來提高農業生產效率和品質，實現可持續農業發展的概念。此概念旨在將現代資訊技術融入農業生產流程，推動農業轉型升級。

農業生產力 4.0 涉及的相關技術主要包括：

1. **物聯網（IoT）**：通過感測器和設備將農田環境狀況、植物、家畜生長狀況等資料連接到互聯網，實現數據的即時監測和遠程控制。

2. **大數據和數據分析**：蒐集和分析大量的農業數據，從中提取有用的訊息，幫助農民做出科學化決策。

3. **人工智慧和機器學習**：運用人工智慧技術，對農業數據進行智慧分析和預測，提高農業生產效率。

4. **雲端計算**：在雲端儲存和處理農業數據，提供即時的數據共享和存取。

5. **3D 列印**：應用 3D 列印技術，生產農業設備和零件，提高生產效率和節省成本。

6. 無人機和自動化：應用無人機進行農田監測、作物農藥與肥料噴灑、播種等工作，同時推動機械自動化，減輕勞動強度。

　　如何著手進行農業生產力 4.0：

1. 數字化基礎建設：構建農業數據蒐集、儲存、處理的基礎設施，包括感測器、物聯網平臺、和雲端計算系統。

2. 數據蒐集和分析：開展農業數據的蒐集和分析工作，包括土壤品質、氣象數據、作物生長情況等。

3. 技術培訓：提供農民和相關從業人員相關的農業技術培訓，使他們能夠適應新技術的應用。

4. 技術整合與應用：將相關技術整合應用到農業生產中，例如運用物聯網和感測技術進行溫室自動化控制、利用人工智慧做出作物生長的預測等。

5. 政策支持：政府應提供相對應的政策支持，鼓勵農民和農企業採用智慧農業技術，同時加大對農業科技研發的投入。

6. 資金投入：鼓勵和引導投資者將資金投入到農業科技創新項目，推動農業生產力 4.0 的實施。

　　透過農業生產力 4.0 的推進，農業可以實現高效率、高產量、低能耗的發展，同時減少對環境的影響，促進農業的可持續發展。

　　臺灣行政院農委會（今農業部）推動中的「智慧農業 4.0」計畫，定位為「智慧生產」及「數位服務」，從人、資源、產業三方面進行優化，透過「以智農聯盟推動智慧農業生產技術開發與應用」、「建置農業生產力知識及服務支援體系，整合資通訊技術打造多元化數位農業便捷服務及價值鏈整合應用模式」及「以人性化互動科技開創生產者與消費者溝通新模式」等策略，將農業從生產、行銷、到消費市場系統化。亦即藉由感測、智慧裝置、物聯網及巨量資料分析的導入，將知識數位化、生產自動化、產品優質化、操作便利化及溯源雲端化，建構智農產銷及數位服務體系。

　　這種智慧生產及智慧化管理，可突破小農單打獨鬥的困境，提升農業整體生產效率及量能；再藉由巨量資訊解析產銷供需求，建構全方位農業消費與服務平

臺，提高消費者對農產品安全的信賴感；此外，也透過策略性的行銷及商務模式輔導及推動產業國際化，將我國特有的智慧農業國產化技術及服務，建立國際品牌能見度，領航農產業技術整廠輸出，將優質農產品推向全球。

（資料來源：以智慧科技邁向臺灣農業 4.0 時代，楊智凱、施瑩艷、楊舒涵。
農業試驗所。2016.07。https://www.moa.gov.tw/ws.php?id=2505139）

11.

為達到淨零碳排的目標，請以水稻作物栽培為例，至少舉三個栽培策略說明如何施作以減少碳排或溫室氣體排放？

　　聯合國政府間氣候變遷專門委員會於 2018 年發表的特別報告指出，若要達成全球平均氣溫升幅不超過 1.5℃的目標，2030 年全球人為二氧化碳淨排放量需比 2010 年降低約 45%，約在 2050 年可達到淨零排放。而除了減碳技術外，能夠增加土壤碳匯的有機農業、果園草生栽培、生物炭應用等農業操作，亦是達到淨零排放的重要策略。

　　碳中和概念專注於控制驟增的二氧化碳（CO_2），卻忽略了甲烷（CH_4）、氧化亞氮（N_2O）等暖化潛力更高的溫室氣體，取而代之的淨零排放（net zero）成為減緩氣候變遷主要訴求，目的在於讓所有種類的溫室氣體排放量與削減量達到平衡。

　　土壤是儲存二氧化碳、減緩全球暖化的一大天然碳庫，臺灣農地土壤中的有機碳含量偏低，推測為施肥量過多所致。臺灣氣候屬於高溫多溼，水稻生產一年二期作，施肥次數較多，水田容易累積過多肥料，造成土壤鹽化，而其中氮肥會使微生物過度活躍，加速消耗土壤中的有機質。缺乏有機質則土壤難以保存二氧化碳。因此，除了減少溫室氣體排放量，如二氧化碳、甲烷、氧化亞氮等，增加土壤碳匯，將碳貯存於土壤中也同樣重要。

　　稻米生產過程碳足跡的關鍵點在於水田排放以及肥料製造，針對此二方面進行生產方式的調整，應可有效改善溫室氣體之排放，達到減緩的目標。為了實現淨零碳排的目標，針對水稻作物栽培，可以採取以下栽培策略來減少碳排放或溫室氣體排放：

1. **氮肥管理策略**：氮肥是水稻生長所需的主要營養素之一，但過度使用氮肥可能導致氮的揮發和滲漏，進而釋放溫室氣體（如氧化亞氮）到大氣中。爲減少碳排放，可以採取精準施肥策略，根據土壤測試和作物需求來確定氮肥用量，避免過量使用。此外，採用有機質肥料和土壤改良措施，有助於提高氮的利用率，減少排放。

   如果減少氮肥的使用量，必可減少製造端的碳足跡。此外，研究指出田間氧化亞氮的釋放與氮肥施用量成正比，意即若施加過多的氮肥，不只流失到地下水域造成汙染，亦會轉爲溫室氣體而增加碳足跡。合理化施肥對於栽培成本的節省與作物病蟲害管理亦十分重要。

   （部分資料來源：吳以健、盧虎生。全球暖化氣候變遷與臺灣稻作栽培的碳足跡。苗栗區農業專刊 54 期。）

2. **減少田間水分淹灌時間**：水稻在水田中生長，但長時間的淹水會導致水田甲烷的釋放，甲烷是一種強效的溫室氣體。可以採用減少淹水時間的策略，如使用間歇澆灌、氣候適應性栽培方法等，以減少甲烷排放。此外，可以採用節水灌溉技術，減少水的使用量，進一步減少溫室氣體排放。

   水田在還原狀態時，也就是在湛水情況下，容易增加甲烷生成菌的活性，進而導致甲烷釋放增加。因此，在不影響稻株正常生長的前提下，合理進行田間水分管理，例如在分蘗期進行間歇性灌水、分蘗後期確實執行晒田等，皆可有效降低甲烷的釋放，並可節省灌溉水的使用。

   （部分資料來源：吳以健、盧虎生。全球暖化氣候變遷與臺灣稻作栽培的碳足跡。苗栗區農業專刊 54 期。）

3. **水旱田輪作**：在湛水情況下，水田田間將釋放大量甲烷，而旱田的釋放將顯著少於水田。除此之外，由於生育期溫度較高，二期作的甲烷排放高於一期作。因此，若可以在水稻產量較低的二期作時期轉作旱作，如大豆、玉米、綠肥作物，將可減低甲烷排放。

   （部分資料來源：吳以健、盧虎生。全球暖化氣候變遷與臺灣稻作栽培的碳足跡。苗栗區農業專刊 54 期。）

   除上述外，以水稻爲例，每年收成後剩下的稻草、稻穀，若將其切碎後拌入土中，可增加土壤有機質，有利於增加土壤碳匯。這些栽培策略不僅有助於減少

水稻栽培過程中的碳排放和溫室氣體排放，還有助於提高農地的氮和水資源利用效率，保護生態環境，同時維持作物的產量和品質。

12.

試說明何謂「輪作（rotation）」與「間作（intercropping）」。為何在有機農業栽培上，時常會採行適當的輪作與間作並行的栽培制度？

　　輪作和間作都是在農業中採取的栽培策略，旨在增加作物生產的效益、改善土壤品質、提供生態系統的多樣性。儘管在操作上有所不同，但都有助於提高生產力、減少害蟲和病害的風險，以及提供永續和環境友好的農業系統。

1. 輪作

　　作物輪作是指在同一塊土地上，按照一定的順序或週期，輪流種植不同的作物。這種栽培方式是傳統農業中常見的耕作方式之一。作物輪作可以有效控制作物害物（pest），包括病害、蟲害、草害，因為每一種作物相關之不同栽培作法都會改變各種害物之生命週期。輪作是是一種定期改變作物種植順序的策略，以幫助保護土壤、減少土壤病害和害蟲的累積，並以最大程度提高土壤養分的利用率，且避免連作障礙。輪作可以幫助改善土壤結構，防止特定營養元素的過度消耗，從而增加不同作物的產量和提高品質。

2. 間作

　　間作即在相同田區同時種植兩種以上不同作物之生產方式，通常這些作物以交替行（alternating rows）、或行組（groups of rows）方式種植，以配合農機操作。例如在玉米種植行之間交替種植大豆即為間作。由於不同作物彼此互補，若能適當地選擇作物與管理，可使土地利用獲得最大生產力。例如大豆與玉米間作，大豆可以提供氮素給玉米，而玉米則可使大豆避免熱與風之傷害。

3. 有機農業栽培上，輪作和間作經常結合使用，主要原因如下：

(1) 增加多樣性：輪作和間作可以在同一塊土地上引入多種作物，增加農地的生態多樣性，減少對單一作物的依賴。

(2) 減少害蟲和病害風險：不同作物之間的輪替和交錯種植可以破壞害蟲和病害

的生長環境，降低它們的累積風險。

(3) 改善土壤質地：輪作有助於提供不同作物的根系和植株殘渣，有助於改善土壤結構和養分含量。

(4) 資源利用效率：間作可以最大程度地利用土地、水、陽光資源，提高生產效率。

　　總之，適當的輪作和間作可以在有機農業栽培中提高生產效益、保護環境、提供可持續性。這兩種策略的結合有助於減少單一作物種植所帶來的風險，同時提供多樣性的收成和更健康的農地。

◆ **名詞解釋** ◆

1. 分化全能性（totipotency）

分化全能性是細胞學和發育生物學中的一個重要概念，指的是一種細胞具有最廣泛的分化潛能，能夠分化成形為整個有機體的各種細胞類型，包括胚胎和胎盤細胞等。這種細胞被稱為「全能幹細胞」或「全能細胞」。就植物而言，意即植物體細胞具有完整的基因組，若給予適當培養誘導條件，如同結合子可分化為具有形態雙極性的擬胚或體胚。1902 年，奧地利植物學家 Gottlieb Haberlandt 提出了植物細胞全能性的理論，並指出，植物細胞保持著向完整植株發育的潛在能力。1958 年，F. C. Steward 終於在人工條件下，用胡蘿蔔根部的細胞培育出了新植株，證明了這種假說。

在生物學上，細胞具有兩種特殊分化能力，包括：

(1) 異構全能性（totipotency）：這是最高級別的分化全能性，指的是一種細胞具有分化成完整有機體的能力，包括胚胎和胎盤等細胞。異構全能性的例子是受精卵，當受精卵發育時，它可以分化成所有的胚胎組織以及胎盤組織，最終形成一個完整的個體。

(2) 分化全能性（pluripotency）：這是次級別的分化全能性，指的是一種細胞具有分化成身體中多種不同細胞類型的能力，但無法形成整個有機體。分化全能性的例子是胚胎幹細胞，它們可以分化成身體中各種不同組織的細胞，但無法發育成一個完整的個體。

分化全能性和異構全能性是生物發育過程中的重要階段。當受精卵發育時，首先表現出異構全能性，能夠形成所有胚胎和胎盤組織，然後逐漸分化成分化全能性的胚胎幹細胞，再進一步分化成特定的細胞類型，最終形成完整的有機體。這個過程是生物體發育和生長的基礎，對於生物學研究和醫學應用有著重要意義。

2. 營養系（clone）

　　營養系（又稱殖系、或克隆，clone；名詞），是指經由營養繁殖方式所產生的單一植株後代，很多植物都是經由選殖（cloning；動詞或動名詞）這樣的無性生殖方式從單一植株獲得大量的子代個體。在生物學上，是指選擇性地複製出一段 DNA 序列（分子選殖）、細胞（細胞選殖）、個體（個體選殖）；其中「細胞選殖」的產物是指「無性繁殖的殖系」。

　　在植物學中，「營養系」是指由單一母本植物繁殖的一群植物個體，其具有相同的遺傳基因組成，因此在形態、生理特性、生殖能力等方面都非常相似或相同。

　　營養系的繁殖方式是無性繁殖，也稱為「萬年青繁殖」。這種繁殖方式不涉及雙親的結合，而是由一個母本植物的體細胞或營養器官（如根、莖、葉）分裂或發育而來。這些分裂或發育的細胞或組織保留了母本植物的完整遺傳訊息，因此新的營養系植物與母本植物是基本相同的。

　　營養系通常形成於植物的自然生長過程中，也可以由人為操作來繁殖。生產者可以通過分株、扦插、組織培養等方法來繁殖營養系植物。這種無性繁殖的好處是可以保留優良的品種特性，確保下一代植株與母本植株相同。因此，在農藝和園藝領域中，營養系的使用非常廣泛，特別是對於那些具有優異性狀的品種和植物來說，可以通過營養系來確保品種的穩定性和一致性，例如茶樹之扦插繁殖。

　　然而，由於營養系的植株具有相同的基因組成，其在面對病害和環境變化時缺乏遺傳多樣性，容易出現集體感染和集體抵抗力下降等問題。因此，在營養系植株的種植中，需要謹慎管理，並採取相對應的措施來保護和增加其遺傳多樣性。

3. 生物剽竊（biopiracy）

　　生物剽竊是指一個國家或組織未經授權或公平補償，擅自從其他國家或原住民社群中獲取自然資源、傳統知識或生物資源，並加以商業利用或專利申請。這種行為被視為對原住民文化和智慧財產權的侵犯。

　　例如當地生物資源或是原住民的知識或生活經驗等在未告知情形下，企業將該資源、知識、經驗直接或經部分修改後，擅自拿去申請專利或品種權等智慧財產權，以獲取經濟利益，而該企業並未將該智慧財產權與當地居民或原住民分享，此種不公平現象即稱之為「生物剽竊」。

　　生物剽竊常涉及著名的植物、動物、微生物、或其他生物資源。某些地區擁有特定種類的生物資源，這些資源可能具有醫學、農業、化妝品、或其他商業用途。

問答題

1.

作物個體發育之前、中、後期與碳氮代謝及栽培目標之關係為何？

　　作物的生長和發育過程可以分為前期、中期、後期，這些階段在碳氮代謝方面有著不同的特點和需求。栽培目標通常是為了確保作物在不同階段的生長發育中獲得足夠的碳水化合物和氮素，從而實現最佳的產量和品質。

1. **前期（營養生長期）**：在作物生長的前期，植株主要進行幼苗生長和建立根系結構。此時，根系的發育對碳氮代謝至關重要，植株藉由根系吸收土壤中的水分和養分。在栽培中的目標是確保有充足的氮素，以促進幼苗的快速生長和發展，並建立健康的根系。

2. **中期（營養生長期至開花期）**：在作物的中期，植株由地上部營養生長進入生殖器官形成的階段。此時，葉片的光合作用活動十分活躍，並且需要大量的碳水化合物來支持花芽的形成。此時的栽培目標是提供足夠的碳源（如二氧化碳和光合產物）和適當的氮素，以促進植株的生長和開花。

3. **後期（開花期至結實期）**：在作物的生長後期，植株進入了開花和結實的階段。此時，植株需要更多的碳水化合物來支持果實的發育和種子的形成。同時，氮素也仍然需要供應，以確保種子的形成和成熟。栽培目標是確保有足夠的碳水化合物和氮素，以支持果實的發育和種子的成熟。

　　總之，作物不同發育階段需要不同的碳氮代謝支持，栽培目標是確保在每個階段都提供足夠的碳水化合物和氮素，以支持作物的生長和發育，最終實現最佳的產量和品質。

　　作物個體發育中有機物（如光合產物）分配的方向，與由供源向積儲運輸的

原則有關：供源包含任何可以輸出光合產物的器官如成熟葉，由於其產生之光合產物大於本身所需者，稱爲供源。積儲則包含植物的任何非光合作用器官、器官本身不能產生足夠光合產物供自身生長與儲藏所需者。

作物個體發育之前期其葉片所產生的同化物質提供給新生葉芽及根尖細胞生長發育；作物個體發育之中期，根系與頂芽是最具有支配同化物質的主要積儲單位；而作物個體發育後期，積儲單位則以花器及果實爲主。所以栽培前、中期要以氮肥爲主，氮素可以促進植株生長與分蘗，並提高有效穗數的生產潛力，至於幼穗分化初期，磷肥可誘導穎花形成以減少其衰敗數量，而增加積儲的表現能力。

> **2.**
>
> 請試述下列名詞之意涵：
> （一）葉面積指數（leaf area index）；（二）有限型作物（determinate type）；（三）莖根（stalk root）；（四）糊化溫度（gelatinization temperature）；（五）籽棉（seed cotton）

（一）葉面積指數（leaf area index）

葉面積指數（LAI）是衡量作物葉面積在單位土地面積上比例的一個指標。簡單來說，其表示一個區域內植株葉片的密集程度，是作物生長狀況和光合作用能力的重要指標之一。

LAI 的計算通常可以藉由不同的方法來估算，包括地面測量和遙感技術。它對生態學、農業、氣象學等領域都具有重要意義，以下是幾個與 LAI 相關的重要概念和應用：

1. 光合作用和能量交換：LAI 直接影響了植物的光合作用能力和能量交換過程。較高的 LAI 表示更多的葉面積可用於光合作用，可以更有效地吸收陽光進行光合作用，進而影響植物的生長和生產力。

2. 生態學研究：LAI 是生態學研究中的重要參數，可用於分析植物群落結構、生態系統功能、生態過程。其對於了解生態系統的碳循環、水分循環等具有關鍵

作用。

3. 農業管理：在農業領域，LAI 的監測可以幫助農民更加了解作物的生長狀況和健康狀態，從而調整灌溉、施肥、其他栽培措施，以提高作物產量和品質。

4. 遙感應用：遙感技術（如衛星影像和無人機影像）可以用來估算廣大區域的LAI，這對於大尺度（大範圍）的生態監測和分析非常有用。

　　LAI的數值範圍通常介於 0.5 到 8.0 之間，具體取決於不同植物和環境條件。

（二）有限型作物（determinate type）

　　有限型作物是指一類作物生長和發展過程中，在營養生長期（vegetative growth stage）達到頂點後，停止繼續生長而進入生殖生長期（reproductive growth satge），包括花芽分化、開花、授粉、受精、結果、成熟的階段。此種作物的生長習性使得其全生長期相對較短，且一般在一季內完成整個生長週期。

　　以下是有限型作物的幾個特點：

1. 生長特點：有限型作物在生長初期會快速增長，但在某個特定時期停止生長，並開始由營養生長轉向生殖生長。相對於無限型作物（indeterminate type），其生長較爲集中，而且葉片和花序的生長量有限。

2. 開花和結果：有限型作物的生長點會轉向產生花和果實，隨著花和果的發育，作物的生長逐漸停止，之後進入成熟階段。

3. 栽培管理：由於有限型作物的生長期較短，栽培管理需要在適當的時機進行，以確保最大限度地發揮生產潛力。適當的施肥、灌溉、病蟲害防治等措施對於提高產量和品質至關重要。

4. 作物案例：一些常見的有限型作物包括一年生禾本科作物如水稻、小麥、玉米、高粱，還有番茄、辣椒、豆類（例如綠豆、花豆）、大部分豆科植物等。

　　與之對比的是無限型作物，其生殖生長開始後，營養生長仍繼續進行。生長點不會在特定時期停止生長，而是持續生長，一直到外部環境條件或其他因素導致生長結束。這些作物的生長較爲分散，通常需要更長的時間來完成生長週期。

　　這兩種作物型別在栽培管理、收穫時機等方面都有一些不同，農民在種植時需要根據不同的作物特性進行適當的管理和注意。

（三）莖根（stalk root）

莖根（stalk root）此術語在植物學或作物學上並不常見，或者可能是一個具有特定上下文的術語。一般而言，植物學中的「莖」（stalk）通常指的是植物的主幹或枝條，而「根」（root）指的是植物在土壤中生長的器官。

（四）糊化溫度（gelatinization temperature）

生澱粉粒的糊化溫度是生米粒的一個重要性狀，無論是糯稻與非糯稻之澱粉粒皆有相類似的最終糊化溫度的範圍，即 $55\sim79°C$。所謂最終糊化溫度是指澱粉粒在熱水中開始膨脹而無法再回復原來形狀的溫度，可分類為三種，包括：低糊化溫度，$69.5°C$ 或更低；中等糊化溫度，$70\sim74°C$；高糊化溫度 $>74°C$；水稻品種多屬低糊化溫度，而高糊化溫度主要發現於糯稻或低直鏈澱粉含量之品種，中等糊化溫度的糯稻亦極少見。

在育種過程中，則是利用較簡易之鹼性擴散試驗測定白米之崩解程度，共可分為七個等級，其中 $1\sim2$ 級屬高糊化溫度，溫度範圍介於 $74.5\sim80°C$；3 級屬中高糊化溫度，與 $4\sim5$ 級屬中間糊化溫度，溫度範圍介於 $70\sim74°C$；$6\sim7$ 級屬低糊化溫度，溫度 $<70°C$。同一品種糊化溫度之差異可超過 $10°C$，主要的環境影響因素為穀粒發育期間之大氣溫度，溫度低時糊化溫度較低；反之則較高。

一般而言，糊化溫度通常介於 $60\sim85°C$ 之間，具體取決於澱粉的結構和特性。當澱粉受熱超過其糊化溫度時，澱粉顆粒開始吸水膨脹，逐漸形成一種黏稠的糊狀物質。這種糊狀物質在烹飪過程中常用來增加食物的黏稠度、質地、口感。

（五）籽棉（seed cotton）

棉農摘下的棉花叫籽棉，籽棉經加工後去掉棉籽的棉花叫皮棉。棉花種子呈現卵形，表面發育長出長、短毛纖維；長毛稱為棉毛（lint）；而由種子表皮細胞突起伸長發育而成的稱為短毛或稱短絨（fuzz）。籽棉經軋花機加工，使棉纖維與棉籽分離。分離出的棉籽叫毛棉籽，毛棉籽上還有少量的短纖維即「短絨」，短絨利用價值相當高。

　　一般毛棉籽要進入剝絨車間進行剝絨（做種子用的棉籽除外，另外用化學方法處理其上面的短絨）。據工藝要求，剝絨機剝出棉短絨分 I 道絨、II 道絨、III 道絨；I 道絨用於造紙（如錢幣用紙）等，II、III 道絨用於化工，用來生產電影膠片、軍用無煙火藥等。剝完絨後的棉籽叫光籽，經加工後可用作家畜飼料及培養食用菌基料等。

　　籽棉是棉花加工的起始階段，需要經過脫籽機械或人工的方式進行脫籽處理，將棉籽與棉纖維分開。脫籽後得到的純棉纖維可以用於紡織和製造棉紡織品，而棉籽則可以用於生產棉籽油、飼料等用途。

　　在棉花生產和加工過程中，籽棉的品質和處理方法會直接影響最終的棉纖維品質以及後續產品的品質。因此，對於棉農和棉花加工廠來說，正確處理籽棉至關重要。

3.

請試述下列名詞之意涵：

（一）定日性植物；（二）作物需水量；（三）作物栽培制度；（四）雜草有機肥；（五）葉序

（一）定日性植物

　　需要特定日長才能開花之植物，超過或短於此光期則不開花，稱之。此類植物較少，例如某些甘蔗。

（二）作物需水量

　　作物生育期間所吸收之水分，大部分經由蒸散作用以調節溫度，少部分則用於光合作用及其他生理代謝反應。作物在單位時間內生產一克乾物質（dry matter）所需消耗的水量，可利用作物需水量（crop water requirement），或蒸散係數（transpiration coefficient）表示。

　　作物需水量因作物種類、生長狀況、株齡等內在因素；以及環境與栽培管理狀況等外在因素而改變。由於作物生長期間實際上所吸收之總水量無法測量，

故通常以作物之蒸散量或作物田間之蒸發散量（即作物本身之蒸散量加上田間土地之蒸發量）加以估算。以作物蒸散量替代吸水量所獲得之需水量稱為「蒸散係數」。（參考王慶裕。2017。作物生產概論，第 7 章。）

　　長期以來，作物需水量方面的理論研究成果，一直成為充分灌溉的理論基礎。作物需水量是農業用水的重要組成部分，是整個國民經濟中消耗水分的主要部分，是確定作物灌溉制度以及地區灌溉用水量的基礎，也是流域規劃、地區水利規劃、灌排工程規劃、設計和管理的基本依據。

（三）作物栽培制度

　　所謂作物栽培制度（cropping system）係指在一區農地上，某段時間內栽培作物的種類，以及不同作物在時間與空間上的配置方式。

　　作物栽培制度包括：單作、輪作、連作、複作（包括混作、間作）、單期作與雙期作、休耕制度等。（參考王慶裕。2017。作物生產概論，第 6 章。）

（四）雜草有機肥

　　「雜草有機肥」推測可能指的是利用雜草來進行堆肥或製作有機肥料的概念。此為可行的農業作法，其中將雜草轉化為有益的有機質，然後應用於農地中，以提供作物生長所需的養分。此外，如綠肥作物原理，雜草於刈草後翻埋入土，亦可提供土壤有機質。例如於有機種植果園中所施行的草生栽培法，草皮可保持水分，不使土壤流失，腐敗後成為富含養分的有機肥。

　　草皮草中地毯草是常見的雜草，其根系短淺、能保溼，但又不會吸取過多水分而影響到果樹的生長。通常其以橫向綿延擴展，密度高、覆蓋性佳，使土壤不易受侵蝕而流失。此種地毯草約能長至 65 公分高，一年約需除草四次。雜草植株內含有游離氮素，腐敗之後，其中的氮素回到土壤中，成為養分肥沃土壤，也提供果樹營養。

（五）葉序

　　葉序係葉片在作物莖部生長分布之排列方式。其描述葉片的相對位置和排列角度，以及葉片在莖部形成的模式。葉序的不同排列方式可以影響植物的生長、

光合作用效率、整體外觀。植物學上，葉序係分析辨認植物種類之一種方式。

　　常見的葉序有以下幾種：

1. **螺旋葉序**（**spiral phyllotaxis**）：在螺旋葉序中，每片葉片都相對於前一片葉片呈螺旋狀排列在莖部。這種葉序在許多植物中都很常見，例如向日葵。螺旋葉序可以是「逆時針螺旋」（每片葉片相對於前一片呈逆時針方向排列）或「順時針螺旋」（每片葉片相對於前一片呈順時針方向排列）。

2. **對生葉序**（**opposite phyllotaxis**）：在對生葉序中，兩片葉片交替出現在莖部的對立面，呈對生排列。這種葉序在一些植物家族中較為常見，如忍冬科（Honeysuckle family）。

3. **互生葉序**（**alternate phyllotaxis**）：在互生葉序中，每片葉片都在莖部交替排列，沒有固定的模式。這是一種常見的葉序，涵蓋了許多植物。

4. **輪生葉序**（**whorled phyllotaxis**）：在輪生葉序中，三片或以上的葉片出現在同一個節點上，形成一個輪生。這種葉序較少見，出現在一些特定的植物中。

4.

請說明臺灣甘藷栽培歷史、產地分布、利用部位、氣候土宜條件。

---

1. 栽培歷史、產地分布、利用部位

　　甘藷（*Ipomoea batatas* (L.) Lam.）在植物學分類上為旋花科（convolvucaceae）甘藷屬（*Ipomoea*），產地是以墨西哥為中心的熱帶美洲。據臺灣文獻記載在 17 世紀初，明末荷蘭占領臺灣時期，由福建傳入臺灣栽培，距今已有 400 多年歷史。

　　臺灣位於熱帶和亞熱帶之間，環境條件適合甘藷生長，又具有食糧、輔食糧、飼料、工業及食品加工用等用途，加工及生產較其他食糧作物高，故甘藷成為臺灣主要糧食作物之一。

　　臺灣甘藷栽培面積及生產量，據臺灣農業年報統計，在 1946 年至 1973 年各年間，因農村多以甘藷為養豬的主要飼料，生產和需要量很大，栽培面積保持在 20〜24 萬餘公頃，年生產量為 200〜340 餘萬公噸，是臺灣甘藷生產和利用上最

高峰的時期。但自 1973 年以後，養豬事業逐漸趨向企業經營，又因家畜飼養方法的改善，甘藷作為飼料用途逐漸為進口玉米所替代，以致甘藷需要量銳減，故栽培面積及生產量逐年大幅減少。目前甘藷則以食用、食品加工用、葉菜用為主要用途。

　　臺灣甘藷之栽培遍及各縣市，以中南部的雲林、臺南、屏東、高雄及嘉義縣等地區栽培最多，東部之花蓮及臺東縣等地區為最少。臺灣甘藷栽培季節可分為春作（即一期作，2～4 月種植）、夏作（即二期作，5～7 月間種植）、秋作（8～9 月間種植）、裡作或晚秋作（10～11 月間種植），以秋作及夏作種植者最多，春作種植者最少。

　　甘藷的用途甚廣，塊根可作為人類的輔助食糧和家畜的混合飼料，莖葉也為家畜之良好飼料，而幼嫩葉和幼芽也可充作蔬菜用。在工業上可作為製造酒精、發酵工業、飴糖、醋、檸檬酸、醃製劑等的原料。在農產品加工業上可供製造藷條、藷片、甘藷湯圓、甘藷丸、雪片，及適量的摻入麵粉中，製作各種糕餅、點心、麵條等的原料。

2. 氣候與土宜

(1) 氣候：甘藷原產熱帶，生育期間需要高溫、充分日照、適當降雨量。在高溫地區，莖葉同化作用旺盛，塊根肥大充實飽滿，收量高。在低溫地區，莖葉同化作用低，塊根細長且充實度差，收量低。甘藷生育初期及中期，高溫、長日、多溼等氣候條件，可促進莖葉發育繁茂。生育後期，短日、低溫、乾燥等氣候條件，則能抑制新莖葉發育。日夜溫差大時，有利塊根發育生長和有機養分的累積，因而促進塊根肥大。日照在 7 小時以下時，塊根肥大會受到影響。

　　甘藷生育期中，最適溫度為 20～30℃，塊根形成的最適溫度為 24℃，最適日長 12～13 小時，最適降雨量為 400 毫米。塊根重量增加的最適溫度為 22～23℃，最適日長為 12～13 小時，最適降雨量為 470 毫米。

(2) 土壤：甘藷對土壤選擇不嚴，各種不同土壤皆能生長，但塊根收量與品質則有明顯不同。一般以砂質壤土有利於塊根的形成和肥大；肥沃黏重土壤，可使莖葉生長旺盛，對塊根肥大不利，所以收量不高，藷形也不整齊，塊根品

質低劣；瘠薄砂土，雖塊根品質良好，但收量低。適合甘藷栽培最有利土壤，以土壤有良好的團粒結構，土層較深，排水性和通氣性均良好，含有適量的有機質，以較為肥沃的砂質壤土或壤土等為佳。

甘藷對土壤 pH 值適應性很廣，土壤 pH 在 4.2～7.0 之範圍內，對甘藷生長及收量影響不大，土壤最適的 pH 值在 5.2～6.7 之間，而土壤 pH 值對甘藷品質之影響，因品種不同而異。

甘藷生育期中，土壤水分含量一般為最大持水量之 60～80% 左右，在此範圍內便可滿足甘藷生理上所需水分。土壤乾燥時，塊根形狀多為圓形，肉質特別乾燥。土壤過溼時，塊根形狀多為細長形，色澤淡，肉質也差，而土壤水分急劇變化時，塊根容易產生裂藷。

5.

請說明臺灣國內油茶有哪些品種？油茶栽培之氣候土宜為何？並請描述其繁殖方式、油茶如何採收與調製？

---

1. 臺灣國內油茶品種

目前臺灣國內油茶品種可分為三：

(1) 白花大果種油茶：此種栽植於中南部地區，栽種需達 6 年以上才開始有較佳的茶籽產量。

(2) 白花小果種油茶：本種主要經濟栽培於新北市、桃園市、新竹縣、苗栗縣等地，果熟期在 10 月，小果油茶果實較小，其含油率較大果油茶高。

(3) 紅花大果種油茶：此種為中國品種，具有果大易採的優點，目前國內少量生產實生苗，但尚無栽培管理、生理特性及適應性的資料，仍需持續進行栽培適應性評估。

2. 油茶栽培之氣候土宜

油茶對環境適應性強，從暖溫帶至亞熱帶均可栽培，具耐旱性。大果種油茶在臺灣自海拔 90～1,200 公尺均可生長良好。一般年平均氣溫 15～23℃、相對溼度 75～87%、平均降雨量 1,000 毫米以上、光照 1,800～2,200 小時為宜。對於土

質要求不高，有機質土、礫壤土、砂礫土均可，但須排水良好。

3. 繁殖方式

　　油茶一般以種子和扦插來繁殖。

(1) 種子繁殖：果實採收後放在室內乾燥通風處，不要曝晒在陽光下，3～5 天後果皮開裂後，種子就可脫落。種子採下可立即播種，播種之前浸水 24 小時，苗 1 公分後可假植，30 公分後即可定植，一般在春季（3 月）或秋季（10～11 月）播種，利用種子播種繁殖的苗要 5 年才能開花結果。

(2) 扦插繁殖：於春夏季取當年生已木質化之枝條，長約 10 公分的插條，保留上端部二片葉片，沾發根劑〔1,000 ppm 萘乙酸（NAA）+ 1,000 ppm 吲哚丁酸（IBA）〕後進行扦插，保持 25℃，適度噴水或用塑膠布覆蓋保持溼度，至長葉發根後，才能移出種植。扦插苗在定植第 2 年就可開花結果，比實生苗提早 3 年。

　　一般油茶定植係採用 1～2 年生苗，每年 11 月至翌年 3 月是最好的種植季節。為提高茶籽採收量，每公頃以種植 2,000～2,500 株最適合，行株距各為 2.2 公尺，以利將來整枝修剪。

　　在整地好的土地，每隔 2.2 公尺挖一種植穴，將種苗放入植穴中，覆蓋細土，用腳踏實壓緊，然後敷上枯草，保持穴內土壤溼潤，提高苗木成活率。油茶也可直播造林，但最好在雨季進行。

　　新植第 1～3 年，每年應除草、施肥各 2～3 次。之後每年採果後視樹齡及樹根分布，在植株周圍表土翻耕，以去雜草。另外在每年採果後之冬末或翌年初春進行整枝修剪，為剪除衰老枝條、枯死枝、下腳枝、寄生枝、重疊枝、徒長枝、除去不必要的芽條，以減少養分的消耗。

4. 油茶採收與調製

　　通常於每年 10～11 月間見果殼開始裂開，且種子呈黑色或褐色時即可採收，採收的果實先行堆積 1～2 天，再曝晒以促進脫殼，然後將外殼去掉，再將種子晒 1～3 天即可送往榨油廠加工榨油。因榨好的苦茶油不耐貯藏，故可將晒乾的種子以 15℃冷藏庫保存，有需要再取出加工，如此可提供整年都有最新鮮的油品。

　　苦茶油（也稱茶花籽油）和茶籽油是不一樣的油品。苦茶油是營養價值高的油品，素有東方橄欖油之稱。苦茶油是來自「茶花籽樹」（油茶），樹形較高，葉片無法食用，區分大菓種及小菓種；

　　茶籽油則是來自「茶葉樹」（茶樹）所結的菓實，茶樹的樹形屬灌木矮樹，嫩葉可製茶外，果實亦可榨油。

6.

請說明何謂「綠肥作物」？具有哪些功能？臺灣適合栽培之綠肥作物有哪些？另請說明何謂「覆蓋作物」？具有哪些功能？並舉例說明。

1. **綠肥作物（green manure crops）**：作物生長期中將植株翻埋土中，以改善土壤理化性質及增加土壤肥力者，如田菁（sesbania）、太陽麻（crotalaria）、紫雲英（astragalus）、油菜等。油菜生產量大，適合冬季生長，亦可作蜜源等優點，但油菜之缺點係不能固氮、又非菌根植物，且易滋生紋白蝶危害後作物。綠肥作物係在其仍屬青綠多汁狀況下，翻埋入土以改善土壤之作物，其可提供額外的有機質改善土壤結構，亦可藉由固定土壤養分，而增加土壤養分利用性。此外，若是以豆科作物當作綠肥也可增加土壤中的氮素。綠肥作物通常是短期之豆科作物，例如甜苜蓿（sweet clover）、紅苜蓿（red clover）、豇豆（cowpea）、野豌豆（vetch），但也可以用非豆科之小穀粒作物或蘇丹草。有時候在秋季主作物收穫後可播種綠肥作物，再於次年春季翻耕入土，在此案例中綠肥作物也兼作覆蓋作物。

2. **覆蓋作物（cover crops）**：栽培目的在利用作物之植株覆蓋地面，防止土壤沖蝕者，如百喜草（bahiagrass）即為優良的護坡草，梨山果園則多種植一年生黑麥草（annual ryegrass）。覆蓋作物之主要功能是保護土壤，避免受到風或水侵蝕，因此當土壤沒有生長中之作物保護時，可種植覆蓋作物。

覆蓋作物可採用小穀粒作物，例如燕麥或黑麥，於春播作物如玉米、高粱或大豆收穫之後秋季播種，以便在冬天時避免土壤受到侵蝕。這些覆蓋作物可能在冬季期間死亡，或是於次年春季春作整地時翻埋入土。覆蓋作物通常運用於具

有砂質土壤之易受侵蝕土地（風蝕）、或是陡坡（水蝕）之地。

7.

試說明馬鈴薯在臺灣之栽培史、列舉數種栽培種及其特性，並說明種薯如何預措處理？

---

1. 馬鈴薯在臺灣之栽培史

　　1650 年荷蘭據臺時期，臺灣已有馬鈴薯，但專業栽培卻遲至 1914 年開始，到 1928 年才有正式統計數字。在 1945 以前栽培面積最高曾達 490 公頃，後因種薯供應日趨充足，栽培面積逐年增加，1971 年約有 2,900 公頃，1975 年因健康種薯繁殖及機械化栽培計畫之推行，栽培面積劇增為 3,638 公頃，1976 年最高達 3,963 公頃，後因農民栽培意願降低與健康種薯供應不足，生產面積逐年降低，2000 年之種植面積只剩 1,936 公頃。集中在臺中縣、雲林縣、嘉義縣的幾個鄉，雲林縣斗南鎮為最大產地，並逐漸擴展到臺南縣；馬鈴薯在臺灣主要作為蔬菜及休閒食品用。

2. 列舉數種栽培種及其特性

(1) 台農 1 號：又名黃玉，是第一個通過審查命名的品種（1993），屬於中晚熟品種，對 PVY 及晚疫病有抗病性。薯皮淺黃、薯肉黃色、鮮食品質佳。色澤鮮黃適做薯泥、咖哩配料，但不適加工。

(2) 種苗 2 號：又名大吉，中晚生，抗馬鈴薯 Y 病毒（PVY）及晚疫病。薯球圓形，皮色土黃，可鮮食及加工，大多加工製成洋芋片。

(3) 台農 3 號（2004）：耐病毒病、豐產及生產大薯之特性；較栽培種「克尼伯」增產 57%。又名萬豐，中晚熟，耐病毒病及晚疫病，感青枯病，鮮食用。

(4) 克尼伯品種（大葉種）：美國品種自日本引入，於 1963 年開始栽培。該品種之優點為具有早熟、白皮白肉、薯形好、薯數少且薯大、薯橢圓、芽眼淺、兼具鮮食及加工洋芋片特性；缺點為產量稍低（平均 2,500 kg/0.1 ha）及不耐病毒病及對晚疫病感病。

(5) 五峰：適合秋冬作、薯球生長快、葉深綠色、莖綠色、花白色、冬季自然薯

果、薯球扁圓形、薯皮淺黃光滑、薯肉白色、澱粉含量低、休眠期短、易罹晚疫病。

(6) 卡蒂那：1974 年自荷蘭引進，葉暗綠色深、莖少而粗、帶紫紅色、薯球長橢圓形、一端較小、薯皮微紅色較厚、薯肉淺黃、澱粉含量高。

3. 種薯處理

種薯從冷凍庫取出，需整理後再行出貨，以確保種薯的數量。將種薯從冷凍庫取出直接曝晒在陽光下殺菌及發芽，這樣會有較健康強壯的芽，不健康的種薯會提早腐爛。種薯在切塊時需一芽一塊、且不宜太小塊，將種薯切塊後再浸製藥水（鋅猛滅達樂右旋）中，勿讓細菌感染傷口，之後等待種植。種薯的大小約在 30～50 克左右（理想），可生成數量及大小較多的地上莖，會有最大的產量生成。

8.

請說明山藥栽培之氣候、土宜為何？如何進行塑膠管誘導栽培？

---

1. 氣候、土宜： 山藥種薯發芽出土最適溫為 17～18℃，莖蔓生長適溫 25℃，薯塊（塊莖）發育適溫 22℃。山藥耐旱性強、但過度乾旱亦無法生長，於莖蔓及薯塊發育期間，土壤需有適當水分，一般年雨量 600～3,000 毫米之地區均可栽培，尤其在年雨量 1.200 毫米以上之地區。若年雨量超過 3,000 毫米宜注意田間排水。

山藥栽培土壤宜疏鬆、土層深厚、且排水良好。以富含有機質之砂質壤土較佳、且 pH 值近中性。此外，山藥忌連作，一般種植 2 年後必須與其他作物輪作一年，否則將導致土壤養分失衡、病蟲為害、藤苗早枯等，嚴重影響產量與品質。通常與水田、豆科作物輪作。另有感染根瘤病之土地亦不宜栽種山藥，以免影響塊莖生長、產量與品質。

2. 塑膠管誘導栽培： 長形山藥塊莖形如長棒狀，薯條（塊莖）長達 1 公尺以上，以往除少數農民在土層深厚之砂質壤土栽培外，多採築高畦方式栽培，但此二法於採收挖掘時較費工，且易損及塊莖。因此採用塑膠管誘導栽培法，此法係

採塑膠管（又稱天溝，即一般用於屋簷之導水塑膠管），每支 4 公尺可切成三段，再剖開利用。

栽培方法係將本田深耕碎土後，依照行距 120 公分，開溝深約 20 公分，然後依株距 30～40 公分埋下塑膠栽培管。塑膠管與地面呈 15～20 度之斜度。可將催芽後之種薯芽點向上埋入塑膠管前端，栽培管上端必須保持覆土 5 公分，以此種方式種植之長型山藥採收方便，外觀光滑平直且不易受損，可提高商品價值及延長儲存期限。

9.

亞麻（*Linum ustiatissimum* L.）有何用途？請說明栽培種亞麻可分為哪兩個亞種？（**10%**）亞麻栽培之氣候土宜為何？如何收穫與調製？

1. 亞麻（*Linum ustiatissimum* L.）係屬亞麻科、亞麻屬、一年生草本作物，可利用其韌皮纖維作為纖維料作物、利用其種子作為油料作物。

   亞麻可分下列兩亞種：

(1) 纖維用：spp. *sulfare* 或 *ondehiscens*，莖細小、花小、蒴果平滑無毛、成熟不裂開、種子小帶黑色（又稱閉果亞麻）。

(2) 種實（油）用：ssp. *humile* 或 *crepistans*，莖較短、多分枝、花及果多而大、蒴果表面有毛、成熟裂開、種子色淡（又稱開果亞麻）。

2. 氣候土宜

   亞麻栽培適溫為 10～20℃，生育初期 10℃左右，之後漸漸上升，以不超過 20℃為宜，亞麻為長日照植物，生育期間應有 15 小時左右日照、年平均雨量達 400～800 毫米。最適合土壤為肥沃、排水良好之酸性或中性壤土、砂質壤土。

3. 收穫與調製

   亞麻如採纖維用宜早收，纖維品質佳。如採種用則宜晚收，種子產量高。於臺灣國內兼顧兩者時：收穫時宜在莖下部 1/3 落葉、中間 2/3 變黃、蒴果一半變黃為適期。可連根拔起、晒乾 7～8 分、堆積、分級、浸麻、梳麻調製。

10.

請詳細說明硬質型、軟質型、硬粒小麥麵粉品質與加工利用上之適製性比較。（2023 普考）

1. **硬質型小麥**：通常指的是蛋白質含量較高、質地較硬的小麥品種。這種小麥產生的麵粉在加工過程中產生較多的麵筋，這是一種具有彈性的蛋白質，有助於麵團的強度和結構形成。硬質型小麥麵粉適合用於製作需要較多筋力的產品，如麵包、餅乾和餡餅等。

2. **軟質型小麥**：軟質型小麥則相對蛋白質含量較低，質地較軟。軟質型小麥麵粉的麵筋形成較少，因此在麵團的結構強度方面表現較差。這種麵粉通常適用於製作較薄、較脆的產品，如薄餅、餅乾和糕點等。

3. **硬粒小麥**：又稱為杜蘭小麥（四倍體小麥），專門做通心粉、義大利麵的小麥。硬粒小麥是指蛋白質含量高、質地較硬的小麥，通常具有較大的顆粒。此種小麥適合生產出色彩濃烈、口感豐富的產品，如麵包和麵條等。

　　在加工利用上的適製性比較方面：

1. **硬質型小麥麵粉**：由於其高蛋白質含量和優越的麵筋形成能力，硬質型小麥麵粉適合用於製作需要強麵筋結構的產品，如麵包。它能夠產生豐富的氣泡和蓬鬆的結構，使麵包體積增加。此外，也適合用於需要韌性和咀嚼感的產品，如餡餅。

2. **軟質型小麥麵粉**：由於其蛋白質含量較低，軟質型小麥麵粉不適合用於需要強麵筋結構的產品。然而，它在製作脆皮產品時表現出色，如餅乾和糕點，這些產品較不需要麵筋的支撐。

3. **硬粒小麥麵粉**：這種麵粉通常用於製作傳統的麵條和麵食產品，因其能夠產生彈性且有咬勁的麵條結構。此外，硬粒小麥麵粉也常用於製作濃稠的湯和粥，以及一些特色點心。

　　總之，選擇何種類型的小麥麵粉取決於所需產品的特性和質地。不同的小麥品種和麵粉類型在加工過程中表現出不同的特點，這些特點可以被製作者運用來創造出各種口感和風味的食品產品。

11.

請詳細說明如何生產馬鈴薯的健康種苗。（2023 普考）

　　馬鈴薯爲無性繁殖作物，其栽培期間易因蚜蟲吸食葉片汁液而傳播各種病毒疾病，導致植株生長受阻、產量降低 30～50%，嚴重達 50% 以上，因此健康種苗繁殖技術爲防治病毒病害的重要關鍵之一。因此取馬鈴薯植株的芽體經消毒後，於解剖顯微鏡下切取適當大小的生長點組織，培養於特定的培養基，便可獲得較多的不定芽及塊莖，並且組培苗經病毒檢測，確認爲健康種苗後，可再進行大量繁殖，最後移植到溫室以高架離土方式生產基本種，使農民可獲得健康優質的種薯，並且每年更新種薯，種植健康種薯可確保生產及品質達一定的水準。

　　臺灣於 1972 年間逐步建立馬鈴薯健康種薯之三級良種繁殖及檢查制度。由試驗研究單位生產原種種薯、農會生產原種種薯、產銷班採種農戶生產採種種薯，並由農林廳檢查各級種薯繁殖圃，所生產的合格採種種薯再供應食用薯之栽培農戶。

　　依照行政院農委會動植物防疫檢疫局（今農業部動植物防疫檢疫署）訂定之「馬鈴薯種薯病害檢定驗證作業須知」，規範含基本種薯、原原種薯、原種薯、採種薯等各階段種薯繁殖圃之設置及操作管理規定、田間檢查及病害檢定之驗證工作，檢查之病害包括病毒、萎凋病、黑痣病、瘡痂病、炭疽病、疫病等，這些病害可能利用種薯切芽繁殖、媒介昆蟲、植株間的接觸或人爲操作不當來傳播與擴散。

　　在馬鈴薯種薯業者主動配合下，於種植前一個月向種苗改良繁殖場提出申請，方能安排專業人員至種薯繁殖圃進行生產設備、操作流程的檢查，必要時並實際採取植物體部分組織進行病毒檢測，依此程序完成檢驗合格的馬鈴薯種薯，由種苗改良繁殖場核發種薯病害驗證證明書，有效期限爲一年。申請各階段種薯驗證者，應檢附前一階段種薯合格證明書始得辦理申請，藉由本制度希望能阻斷主要病害傳播與擴散，進而提升馬鈴薯的品質。

　　　　　　　　　　（資料來源：鄭安秀主編。2011。馬鈴薯栽培管理技術，臺南區農業改良場技術專刊。100-1（NO.150）：2-6。）

　　生產馬鈴薯的健康種苗是確保良好作物生長和疾病防控的關鍵步驟。下面是生產馬鈴薯健康種苗的詳細過程：

1. **品種選擇**：選擇適應當地氣候和土壤條件的優良品種。品種的選擇應考慮其抗病能力、產量、品質和市場需求等因素。

2. **種薯選擇**：選擇健康的種薯。種薯應該具有完整無病斑、無病蟲害和外傷的外觀。種薯也應該經過認證，以確保其健康和品質。

3. **種薯處理**：進行種薯處理以預防病害。這包括對種薯進行清洗、消毒和抑菌處理，以去除表面的病原體。

4. **種薯預發芽**：將種薯置於暗處，維持溫度在 10～15℃之間，以促進預發芽。這可以提高種薯的發芽率和出苗率。

5. **植株生長**：在育苗箱或育苗田中種植種薯，提供充足的陽光和營養。定期檢查和管理病蟲害，避免害蟲和病原菌對苗期植株的傷害。

6. **疾病管理**：實施疾病管理措施以防止病原體的傳播。這包括定期檢查植株、隔離感染植株、採用適當的輪作和合理的施肥管理等。

7. **耕地處理**：在種植區域進行良好的耕地處理，去除雜草和殘留作物。這有助於減少病原體的存活和傳播。

8. **病毒檢測**：進行病毒檢測以確保種苗的健康。可以使用分子檢測技術或螢光抗體檢測方法來檢測病毒感染。

9. **栽培記錄**：詳細記錄種苗生產過程中的重要訊息，包括品種、種薯來源、處理方法、疾病管理措施和生長情況等。這有助於追蹤種苗的品質和健康狀態。

10. **適當的貯存和運輸**：將健康的種苗儲存在適當的環境中，以確保其品質和健康狀態。在運輸過程中，確保種苗免受損壞和病原體的汙染。

　　綜合遵循以上步驟，生產馬鈴薯的健康種苗可以減少病害風險，提高作物生長效果和產量。這對於確保馬鈴薯生產的成功和可持續性至關重要。

12.

請說明丹參、薑黃、茶、紫錐菊等作物之學名、英文俗名、利用部位、利用成分及栽培繁殖法。

1. 丹參

學名：*Salvia miltiorrhiza*，英文俗名：salvia，利用部位：根部，利用成分：丹參酚酸 B 與丹參酮 IIA。

栽培繁殖法：以分根、蘆頭繁殖為主，亦可種子播種和扦插繁殖。

2. 薑黃

學名：*Curcuma longa*，英文俗名：turmeric，利用部位：根部，利用成分：薑黃的主要有效成分為薑黃素（curcumin）、去甲氧基薑黃素（demethoxy curcumin）、去二甲氧基薑黃素（bidemethoxycnrcumin）三個成分，合稱為類薑黃素（curcuminoids）。

栽培繁殖法：薑黃以根莖作為繁殖，種莖之選擇以直徑約 2.5～3.0 公分大小、無病蟲害、完整無損傷的根莖為主。

3. 茶

學名：*Camellia sinensis*，英文俗名：tea，利用部位：嫩葉，利用成分：多酚類化合物、兒茶素類、類黃酮類。

栽培繁殖法：扦插法為操作簡便成本低廉之快速育苗方法，目前已成為生產者接受方式。

4. 紫錐菊

學名：*Echinacea purpurea*，英文俗名：purple coneflower，利用部位：根、葉、花均可利用，利用成分：紫錐花具有機能性的成分包括酚酸、多醣體、烷醯胺、聚乙烯、醣蛋白等，其中酚酸、多醣體和烷醯胺是研究的重點，和調節免疫系統有很大的關聯性。

栽培繁殖法：紫錐菊可用種子、根冠分株、或根部繁殖。

13.

請回答下列有關茶樹生產與茶葉品質相關問題：

（一）比較不同繁殖法培育之茶苗在形態上與栽培上之差異。

（二）請說明高海拔與中低海拔生產之清香型烏龍茶品質之差異與可能的原因。

（參考王慶裕。2017。茶作學。）

（一）比較不同繁殖法培育之茶苗在形態上與栽培上之差異。

茶樹是異交作物，繁殖方法有有性及無性繁殖；利用種子繁殖的後代，其外表形態、收量、品質均與親本不同。目前臺灣均用無性繁殖方法來保持母樹之優良性狀，以利栽培管理。

茶樹為育種目的經授粉雜交後取得果實內種子繁殖，獲得實生苗。以種子繁殖的茶苗可能會在形態上有一些遺傳變異，因為種子的遺傳基因組合不盡相同。這可能會導致茶園中的栽培苗苗高不一，形態差異較大。實生苗的生長速度可能較慢，需要更長的時間才能達到適合移植或栽培的大小，且必須經過 3～5 年幼年期（或稱幼木期）才能進入生殖生長期。

而當經過育種程序選育出優良品種之後，為保存優良性狀，均以無性繁殖扦插法進行後續大量繁殖。由於扦插苗失去實生苗的主根系（深度可達 2～3 公尺，通常為 1 公尺），其鬚根根群分布淺薄（深度約 40～50 公分），一旦肥料與水分滲入土壤深處，就失去再利用的機會；又由於基因型態相同，受特殊病蟲害的危害率也相對較大。以扦插繁殖的茶苗通常保留母本植株的特性，因此在形態上較為一致。扦插繁殖可以確保茶苗的生長速度相對較快，並且可以選擇優質的母本植株來繁殖茶苗，從而確保較高的品質。

（二）請說明高海拔與中低海拔生產之清香型烏龍茶品質之差異與可能的原因。

高海拔和中低海拔地區生產的烏龍茶可能會有不同的品質特點，這些差異可能受到氣候、土壤、栽培方式等多種因素的影響。

1. **氣候影響**：高海拔地區的氣溫較低，日夜溫差較大，可能促進茶葉中茶多酚和芳香物質的累積，進而產生較為濃郁的清香。中低海拔地區的氣溫較高，茶葉的生長週期較短，可能使茶葉中的物質累積較少。

2. **土壤影響**：高海拔地區的土壤通常較為肥沃，含有較多的有機質和礦物質，這有助於茶葉的營養吸收，可能影響到茶葉的香氣和風味。中低海拔地區的土壤特點可能不同，可能對茶葉的品質產生影響。

3. **栽培方式影響**：不同海拔地區可能適合不同的栽培方式，例如在高海拔地區可

能更注重茶樹的生長速度控制，以促進茶葉的品質。而在中低海拔地區，可能更注重茶樹的生長和產量。

　　高海拔日夜溫差大且平均溫度低，茶樹葉片生長較慢但較紮實，所以製成的茶湯清香且細膩回甘；而低海拔地區因為溫差相對較小且平均溫度較高，其茶湯澀度較高，香氣較清韻味較淺。

14.

以大豆為例，說明溫度、日照及土壤水分對植株生育及栽培之影響。

1. **溫度**：溫度是影響作物生長的重要因素，每種作物都有最適當的生長溫度。臺灣位於亞熱帶地區，但每逢冬末春初溫度常低於 15℃以下，因此春作大豆播種期勿過早，以免大豆生育期遭遇寒害。低溫對大豆的傷害隨著植株生育階段不同而異。

   通常大豆種子在 10～40℃間均可發芽，但低溫會降低發芽率及妨礙幼苗出土，最適發芽溫度為 20～22℃。當溫度低於 10～12℃時，大豆發芽即受到抑制，且土壤溫度太低亦會延緩種子發芽速率，妨礙幼苗出土，使幼苗容易受土壤中病原菌、害蟲侵襲，影響植株後期的生長。大豆營養生長期合適溫度為 20～30℃，溫度低於 15℃以下會造成大豆植株生理上乾旱，使大豆植株發生凋萎。花芽分化以後溫度低於 15℃或高於 30℃會導致發育受阻，影響授粉結果；莢果充實期溫度降低到 10～12℃時種子充實不良。

2. **日照和光期**：大豆屬於短日照作物，日照的長短或光期會影響大豆的形態形成，其中與開花結莢的關係最為明顯。多數品種對光敏感，延長光期除了不影響最初第一朵花的花芽分化外，其餘節位開花期均明顯延遲，生育期變長。對光期的反應在第一個複葉出現時就開始，直到花原基開始出現對光期反應才結束，之後即使在長光照條件下也能開花結實。由於大豆對光期的敏感，栽培時應慎選適合當地日照長短的品種。

3. **水分**：種子發芽期適宜的土壤最大含水量為 50～60%，土壤過於潮溼時通氣性不佳，易造成氧氣不足、發芽不良，種子甚至易感染黴菌腐敗。但是土壤最大

含水量低於 45% 時，種子雖能發芽但出土困難，影響發芽整齊度。大豆幼苗期地上部生長較根系緩慢，如果土壤水分偏多，則根系分布淺且根量少，因此生長初期土壤不宜過溼，以增加土壤溫度及通氣性，利於形成強大根系。始花到盛花期，植株生長快，需水量增大，缺水易落花落果影響開花結莢。莢果充實期仍需較多的水分，否則易造成幼芽脫落及莢果充實不良，籽粒不飽滿。

4. **土壤**：最適的土壤 pH 值在 6.0～7.5 之間，以排水良好、富含有機質之土壤最為合適。當 pH 值低於 5.0 時，根瘤菌共生固氮能力降低，需以石灰中和酸性，才能提高產量。

15.

請說明臺灣小麥的栽培模式。

臺灣小麥播種適期在 10 月下旬至 11 月下旬，其中以 11 月中旬之間播種可提高產量及品質；目前臺灣大多採用不整地栽培或粗整地栽培，其中以稻草敷蓋法為最主要方式，此法在水稻收穫前一天下午，將小麥種子均勻撒播於田面，然後利用水稻聯合收穫機收穫水稻，將稻草切成細段，均勻撒於田面及小麥種子上，隨即引水灌溉，本法不施基肥，肥料以兩次追肥施用。亦有少數利用整地條播方式種植，條播種植方式在小麥品質表現上較均一；小麥自播種至抽穗期間，適當灌溉則能正常生長，齊穗期後至成熟後期則不大需水，水分過多會延遲成熟，且容 發生倒伏。

16.

玉米依用途可分為幾類？若依胚乳特性如何分類？

臺灣玉米依用途可分為五大類，分別為：

1. **飼料玉米（硬質玉米）**：飼料玉米不僅供作一般飼料、寵物飼料用途外，亦可作為食品加工及提煉玉米澱粉用，如玉米棒、玉米蛋捲及玉米麵等。根據日人永田氏分析，玉米的營養成分含有水分 12.77%、蛋白質 7.95%、脂肪 3.70%、

纖維 1.95%、澱粉 72.08%、礦物質 1.55%。因此，就其營養成分而言，玉米含有豐富的澱粉，且較其他植物性飼料來源為高，因此極適合作為禽畜飼料的主要原料。

2. **青割玉米**：青割玉米為短期芻料作物，於糊熟期至黃熟期全株青割，可直接餵飼或將其作成青貯料飼養家畜的一種芻料。青割玉米是供乳牛養殖用之芻料。其利用是在玉米植株之穀粒達乳熟後期，植株乾物質累積達最高時，採收切碎，直接餵食牛隻或置放密閉槽內青貯之，俟完全發酵後，再取出餵飼乳牛。

3. **食用玉米**：食用玉米可再細分為白玉米、糯玉米、甜玉米等。白玉米或糯玉米以鮮食或烘烤食用為主。甜玉米因營養豐富，美味可口，除可供鮮食外，亦作三餐菜餚，脫粒製成冷凍玉米粒。

4. **爆裂種玉米**：種子顆粒較小，主要做爆玉米花使用，其之所以會爆裂乃因顆粒中間是軟式及粉質澱粉，周圍則被硬式及玻璃質澱粉所包圍，所以加熱後，粉質澱粉中帶有的水分子（約 14%）即會被氣化而急速膨脹，加上堅硬的玻璃質澱粉可以累積足夠的壓力再爆裂；如果種子過度乾燥，水分含量太低時，就不會爆裂。

5. **觀賞玉米**：提供裝飾、擺設、造景使用。

臺灣玉米依胚乳特性主要分成六種，包括：

1. **馬齒種**：穀粒兩側為角質胚乳，中部及頂端為澱粉質胚乳，穀粒的側面含硬質澱粉，而頂端到內部含軟質澱粉，成熟乾燥後頂端凹陷如馬齒，故稱為馬齒種，供飼料及工業原料用。

2. **硬粒種**：穀粒外部周圍為角質澱粉，內部為澱粉質胚乳。乾燥後頂部圓形有光澤，在食用、飼料、工業上被廣泛利用。

3. **甜味種**：穀粒為角質半透明澱粉，胚乳組織不緻密，乾燥後外皮皺縮，高糖分，味甜，為生食及製罐頭之用。因不同胚乳基因型可再細分為普通甜玉米（su1）和超級甜玉米（sh2、bt1、bt2）兩種。穀粒成熟時胚乳內所含的水溶性糖量很高，糖度介於 8～18° Brix 之間。穀粒乾燥後整個皺縮，主要供作蔬菜鮮食或罐頭加工等。

4. 軟質種（軟粒種）：穀粒全部為軟質澱粉，顏色以白色或青色較多。

5. 蠟質種：帶有隱性 *waxy* 基因，乾燥後的穀粒外觀呈現乳白不透明狀，胚乳的澱粉由 100% 支鏈澱粉（膠澱粉）構成，呈現糯性，可供作玉米餅食用、澱粉工業用、飼料及釀酒精用。

6. 爆裂種：穀粒細小，胚乳大部分為角質澱粉，炒後爆裂露出胚乳部為面，食用及製餅用。穀粒大部分含硬質澱粉，只有胚的兩側為軟質澱粉，此部分含有水分，炒熱時軟質部分急速膨脹，使整個穀粒裂開並發出爆裂聲，水分含量在 13～15% 時爆裂性最大，主要當作爆米花之休閒食品食用。

17.

為配合休耕山坡地及水土保持，請說明臺灣油茶品種及其栽培管理要點。

　　油茶英名 *Oiltea Camellia*，目前臺灣種植的油茶品種有二種，一為栽培種油茶，又稱大果種油茶（*Camellia oleifera*），另一種為野生細葉油茶，又稱小果種油茶（*Camellia tenuifolia*）。其中以大果種油茶栽培較多，產量是小果種三倍以上，果實大，內含 2～8 粒種子。小果種油茶則是分布於臺灣全島闊葉樹林中之野生種油茶，果實較小，內含種子 1～2 粒。

　　臺灣除了沿海岸部分外，都適合栽培。油茶生育力強，對土壤條件要求不高。除了含鹽分過高之土壤外，一般低產區之水田、山坡地及旱田的 pH 值在 5.0～6.0 間之所有土壤均可栽培，一般可種植茶樹、果樹、竹、杉木或相思樹的山坡地也都可種植油茶。

　　栽培管理方面，新植第 1～3 年，每年應除草、施肥各 2～3 次。之後每年採果後視樹齡及樹根分布情形，在植株周圍表土翻耕，以除去雜草。另外在每年採果後之冬末或翌年初春進行整枝修剪，為剪除衰老枝條、枯死枝、下腳枝、寄生枝、重疊枝、徒長枝、除去不必要的芽條，以減少養分的消耗。在施肥方面，每株每年施台農 5 號複合肥料 0.5～0.8 公斤，於 3 月、8 月和 11 月分三次施用。

　　油茶屬於蟲媒花，在栽培區放養蜜蜂，一方面增加收入，也可促進油茶結果率，增加產量。油茶在乾季易發生枝枯病，症狀為葉片枯死掉落、枝條枯乾內呈

褐變，除藥劑防治外，要將染病之枝條剪去焚毀，嚴重時則整株要焚毀。而在雨季則會發生茶餅病，在葉面有淡黃色下凹圓形斑點，葉背有白色凸出狀。

　　油茶常見的蟲害有柑桔刺粉蝨，其危害除了會吸食葉片汁液外，也會分泌蜜露，引發煤煙病，往往全株的葉片均遭受其害，而導致樹勢萎縮衰弱。另外有黃介殼蟲，油茶被此蟲危害後，葉片漸漸成黃色而萎縮，進而影響全株之生長發育。

18.

請寫出樹薯、黃麻、山藥、金線蓮、霍山石斛等作物之科屬別、學名、主要用途。

---

1. 樹薯：爲大戟科（Euphorbiaceae）木薯屬（*Manihot*），學名 *Manihot esculenta*。品種有甜木薯、苦木薯兩種，甜木薯種的塊根含較低的氰酸，表皮呈淡黃青色；苦木薯種的塊根含多量的氰酸，表皮呈褐色。用途如下：

(1) 食用：食用之木薯要選用甜味種（苦味種不宜食用）的塊根先刮去外皮、切成薄片，煮熟後才能食用。或收穫後切片乾燥的薯片及薯簽，經浸水煮熟，除去所含氰酸之毒後，作糧食用，或做成木薯粉粒，供做木薯粉、餡餅、葡萄糖、味精、魚丸、麵包等原料。

(2) 工業用：新鮮薯塊含澱粉達 40%，乾燥者達 80% 以上，木薯單價低，製粉成本不高，木薯粉可供作紡織漿糊、鰻魚飼料黏結劑、抗生素藥品、糊紙原料、合板中間糊料，造酒精、味精等原料。薯渣可提煉檸檬酸爲化工原料。

(3) 飼料用：薯塊製簽率達 30～50%，製成乾簽後加以儲藏，經浸水發酵處理或煮熟後可當家畜飼料。新鮮葉片可充作青飼料，飼豬或養魚。釀造酒精、味精等的殘渣物仍可供家畜的飼料。

2. 黃麻：爲田麻科（Tiliaceae）黃麻屬（*Corchorus*）多年生草本植物，學名 *Corchorus capsularis* Linn.，爲泛熱帶地方廣爲栽培之纖維植物。臺灣昔日大量栽培供作製麻袋、繩索、布料等工業纖維原料。今則零星栽培或園圃種植採葉供蔬菜用。

3. **山藥**：為薯蕷科（Dioscoreaceae）薯蕷屬（*Dioscorea*）多年生木本植物，學名 *Dioscorea batatas* Decne。山藥於採收後，可將塊莖洗淨泥沙及削皮，即可供鮮食或烹調食用；於切片或切角後烘乾或磨粉，可供製成各種加工產品，如山藥片、山藥粉或山藥薯條等。山藥之營養價值甚高，黏度大，富含多種有益健康之成分，自古以來山藥即被國人利用為極佳補虛保健食品或生藥材料。

4. **金線蓮**：蘭科（Orchidaceae）開唇蘭屬（*Anoectochilus*）多年生草本植物，學名 *Anoectochilus roxburghii* Hayata。屬多年生藥用植物，全草皆可入藥是民間極珍貴藥材。目前供作藥材主要以臺灣金線蓮及高雄金線蓮為主，而以臺灣金線蓮供鮮食較為普遍。

5. **石斛**：蘭科（Orchidaceae）石斛屬（*Dendrobium*）的多年生藥用植物，學名 *Dendrobium nobile* Lindl。全草皆可入藥是民間極珍貴藥材，可以清熱生津、滋陰養胃、清肝明目。種類有霍山、金釵、鐵皮及黃花石斛等。

附錄 1　參考書籍

作物生產概論（2017）。新學林出版社。

茶作學（2018a）。新學林出版社。

製茶學（2018b）。新學林出版社。

除草劑概論（2019）。新學林出版社。

除草劑生理學（2020）。五南出版社。

除草劑抗性生理學（2021）。新學林出版社。

圖解作物生產（2023）。五南出版社。

1. 公務人員高等考試三級考試或相當特種考試三等考試應試科目命題大綱適用考試類科一覽表

編號	應試科目	適用考試名稱	適用考試類科
177.	作物生產概論	公務人員高等考試三級考試	農業技術
		特種考試地方政府公務人員考試三等考試	農業技術
		特種考試退除役軍人轉任公務人員考試三等考試	農業技術
178.	作物學	公務人員高等考試三級考試	農業技術
		公務人員升官等考試薦任升官等考試	農業技術
		特種考試地方政府公務人員考試三等考試	農業技術
		公務人員特種考試原住民族考試三等考試	農業技術
		特種考試退除役軍人轉任公務人員考試三等考試	農業技術
179.	作物生理學	公務人員高等考試三級考試	農業技術
		特種考試地方政府公務人員考試三等考試	農業技術
		公務人員特種考試原住民族考試三等考試	農業技術
		特種考試退除役軍人轉任公務人員考試三等考試	農業技術

2. 公務人員高等考試三級考試暨普通考試（技術類科）命題大綱

八七、作物生產概論

適用考試名稱	適用考試類科
公務人員高等考試三級考試	農業技術
特種考試地方政府公務人員考試三等考試	農業技術
特種考試退除役軍人轉任公務人員考試三等考試	農業技術
專業知識及核心能力	一、了解植物學、生物化學、分子生物學及植物化學等原理與知識。 二、了解作物分類、作物生產與物質代謝、功能和能量之轉化，對作物生長發育及產量影響。 三、具備作物對自然環境適應與人為栽培管理技術之能力。 四、作物生產技術、耕作制度、有機農業、永續農業、精準農業、農業機械、生物技術等新的生產技術及作物生產法規與植物智慧財產權之認識。

命題大綱
一、作物分類與作物生產 　　（一）作物之分類 　　（二）本國作物生產與世界作物生產
二、作物與環境（光線、溫度、水分、土壤） 　　（一）自然環境──光 　　（二）自然環境──溫度 　　（三）自然環境──水 　　（四）自然環境──土壤 　　（五）汙染與環境
三、作物發育 　　（一）作物的生長 　　（二）作物的分化
四、作物與產量 　　（一）作物形態與產量品質的關係 　　（二）作物產量之生理基礎 　　（三）作物生長與單位產量的測量 　　（四）作物生長與生產力的測量

五、作物生產技術	
	（一）作物生產技術——作物栽培制度 （二）作物生產技術——播種、灌溉 （三）作物生產技術——種子與種苗技術 （四）作物生產技術——植物營養與肥料管理 （五）作物生產技術——雜草管理 （六）作物生產技術——病、蟲害管理 （七）作物生產技術——設施栽培 （八）作物生產技術——採收調製儲藏與運銷
六、作物生產之發展	
	（一）有機農業與永續農業 （二）精準農業與能源作物 （三）生物多樣性與生物技術 （四）作物生產法規與植物智慧財產權
備註	表列命題大綱為考試命題範圍之例示，惟實際試題並不完全以此為限，仍可命擬相關之綜合性試題。

3. 公務人員普考或相當特種考試四等考試（技術類科）部分應試專業科目命題大綱

五六、作物概要

適用考試名稱	適用考試類科
公務人員普通考試	農業技術
特種考試地方政府公務人員考試四等考試	農業技術
公務人員特種考試原住民族考試四等考試	農業技術
公務人員特種考試身心障礙人員考試四等考試	農業技術
特種考試退除役軍人轉任公務人員考試四等考試	農業技術
專業知識及核心能力	一、了解作物生產與栽培原理（含分類和品種、光、溫度、水、土壤、肥料、作物繁殖）。 二、了解台灣農藝作物栽培面積、產量與栽培管理技術。 三、了解作物布局與耕作制度。 四、熟悉食用作物種類、品種、植株特性、栽培生產與利用。

命題大綱
一、作物栽培生產原理 　　（一）台灣主要農藝作物栽培面積、產量及未來展望 　　（二）作物的分類和品種 　　（三）作物的生長發育 　　（四）作物與光、空氣 　　（五）作物與溫度 　　（六）作物與水 　　（七）作物與土壤肥料 　　（八）作物繁殖 　　（九）作物布局與耕作制度 　　（十）作物生產栽培管理技術
二、食用作物學 　　（一）作物的分類與品種 　　（二）食用作物的範圍與分類 　　（三）禾穀類作物重要性、種類、特性與利用 　　（四）豆類作物重要性、種類、特性與利用 　　（五）根莖類作物重要性、種類、特性與利用

（六）綠肥與覆蓋作物概況與種類
（七）禾穀類作物（水稻、玉米、高粱、薏苡、小米、小麥、大麥、蕎麥、燕麥等作物）性狀、分類與栽培管理
（八）豆類作物（大豆、落花生、綠豆、紅豆、樹豆等作物）性狀、分類與栽培管理
（九）根莖類作物（甘藷、馬鈴薯）性狀、分類與栽培管理。

三、特用作物學
（一）糖料作物（甘蔗）栽培、生產與利用
（二）纖維作物（棉花、亞麻、麻）栽培、生產與利用
（三）嗜好料作物（菸草、茶、咖啡）栽培、生產與利用
（四）油料作物（胡麻、向日葵、油菜）栽培、生產與利用
（五）澱粉類作物（樹薯、山藥）栽培、生產與利用
（六）香料類作物（香水茅）栽培、生產與利用
（七）藥用類作物（薄荷、魚藤、紅花）栽培、生產與利用
（八）染料類作物（花子、薑黃）栽培、生產與利用
（九）香辛料類作物（胡椒、薑黃）栽培、生產與利用
（十）飲料類作物（仙草）栽培、生產與利用

四、飼料作物與能源、作物
（一）飼料作物
（二）能源、作物

五、作物生產之發展
（一）有機農業與永續農業
（二）精準農業與植物智慧財產權

備註	表列命題大綱為考試命題範圍之例示，惟實際試題並不完全以此為限，仍可命擬相關之綜合性試題。

4.公務人員高考三級或相當特種考試三等考試（技術類科）部分應試專業科目命題大綱

四〇二、作物學

適用考試名稱	適用考試類科
公務人員高等考試三級考試	農業技術
特種考試地方政府公務人員考試三等考試	農業技術

專業知識及核心能力	一、具備植物學、遺傳學、生理學及生態學等學科基礎。 二、對於農藝作物之植株性狀、生產狀況、產量、品質、生長發育及特性、適種氣候土宜、栽培管理技術、調製、貯藏、加工用途及未來發展趨勢等相關知識有充分了解。 三、對於作物有機、友善及精準生產等農業、生物多樣性與生物技術等新生產技術及智慧財產權之認識。

命題大綱

一、作物分類、生產概況與生產環境
　　（一）作物分類與國內外生產概況
　　（二）生產環境（含光線、溫度、水、土壤、環境與汙染等）

二、作物與生產技術
　　（一）作物生產力之測量與評估
　　（二）作物生長發育與產量及品質形成之關係
　　（三）作物生產管理（含灌溉、肥培、土壤健康與病蟲草管理等）
　　（四）作物採收後之調製與加工技術
　　（五）作物栽培制度

三、食用作物及飼料作物
　　（一）禾穀類作物
　　（二）豆類作物
　　（三）根莖類作物
　　（四）飼料作物及綠肥作物

四、特用與新興作物
　　（一）油料作物
　　（二）嗜好性作物
　　（三）纖維作物
　　（四）糖料作物
　　（五）能源作物
　　（六）香料、藥用作物

五、作物產業發展之趨勢	
	（一）有機農業與友善農業 （二）精準農業及智慧農業 （三）生物多樣性與生物技術 （四）植物智慧財產權 （五）重要農業政策
備註	表列命題大綱為考試命題範圍之例示，惟實際試題並不完全以此為限，仍可命擬相關之綜合性試題。

5. 專門職業及技術人員高等考試農藝技師考試命題大綱

<h2 style="text-align:center">專門職業及技術人員高等考試農藝技師考試命題大綱</h2>

中華民國 93 年 3 月 17 日考選部選專字第 0933300433 號公告訂定

專業科目數		共計 6 科目
業務範圍及核心能力		從事農藝作物之研究、試驗、分析、規劃、設計、測定、鑑定、育種、繁殖、栽培、病蟲害防治、加工、管理等業務。
編號	科目名稱	命題大綱
一	土壤學	一、土壤的生成及化育 二、土壤化學 三、土壤物理 四、土壤水分 五、土壤反應 六、土壤有機質 七、土壤與植物營養 八、土壤氮、磷、鉀
二	作物學	一、食用作物（禾穀類、豆類、薯類、根莖類等作物） 二、特用作物（油料、嗜好、纖維、糖料作物等） 三、飼料作物 四、香料及藥用作物 五、作物之氣候、土宜、栽培法、加工與用途
三	作物生產概論	一、作物與環境（光線、溫度、水分） 二、作物生長發育 三、作物與產量 四、作物生產技術、耕作制度、有機農業、永續農業、精準農業 五、作物雜草管理、土壤肥料管理、病蟲害管理 六、生物多樣性
四	作物生理學	一、作物生長發育、生殖生理、種子生理 二、作物環境生理、逆境生理、作物營養 三、固氮作用、水分生理 四、光合作用、作物產量與品質的形成 五、生物技術之應用

五	作物育種學	一、作物生殖方式與育種之關係 二、自交作物之育種 三、異交作物之育種 四、無性繁殖作物之育種 五、突變育種 六、多元體育種 七、遠緣雜交育種 八、生物技術與育種
六	試驗設計	一、生物統計之基本概念（第 1、2 型錯誤機率、顯著水準、檢定統計量之對應 P 值、樣本數之決定） 二、隨機配置之觀念（固定型及逢機型因子、常態、卡方、F 分布之應用、完全逢機、完全區集、拉丁方格和裂區設計、複因子試驗、迴歸與相關之利用） 三、常用統計分析軟體所得結果之解釋
備註		表列各應試科目命題大綱為考試命題範圍之例示，惟實際試題並不完全以此為限，仍可命擬相關之綜合性試題。

國家圖書館出版品預行編目(CIP)資料

作物生產概論題庫解析／王慶裕編著.--初
版.--臺北市：五南圖書出版股份有限公司,
2024.02
面；　公分
ISBN 978-626-366-810-2(平裝)

1.CST: 農作物

434　　　　　　　　　　112019810

5N61

作物生產概論題庫解析

作　　　者 ― 王慶裕

發 行 人 ― 楊榮川

總 經 理 ― 楊士清

總 編 輯 ― 楊秀麗

副總編輯 ― 李貴年

責任編輯 ― 何富珊

封面設計 ― 姚孝慈

出 版 者 ― 五南圖書出版股份有限公司

地　　　址：106台北市大安區和平東路二段339號4樓

電　　　話：(02)2705-5066　　傳　　真：(02)2706-6100

網　　　址：https://www.wunan.com.tw

電子郵件：wunan@wunan.com.tw

劃撥帳號：01068953

戶　　　名：五南圖書出版股份有限公司

法律顧問　林勝安律師

出版日期　2024年2月初版一刷

定　　　價　新臺幣420元

經典永恆・名著常在

五十週年的獻禮——經典名著文庫

五南，五十年了，半個世紀，人生旅程的一大半，走過來了。
思索著，邁向百年的未來歷程，能為知識界、文化學術界作些什麼？
在速食文化的生態下，有什麼值得讓人雋永品味的？

歷代經典・當今名著，經過時間的洗禮，千錘百鍊，流傳至今，光芒耀人；
不僅使我們能領悟前人的智慧，同時也增深加廣我們思考的深度與視野。
我們決心投入巨資，有計畫的系統梳選，成立「經典名著文庫」，
希望收入古今中外思想性的、充滿睿智與獨見的經典、名著。
這是一項理想性的、永續性的巨大出版工程。
不在意讀者的眾寡，只考慮它的學術價值，力求完整展現先哲思想的軌跡；
為知識界開啟一片智慧之窗，營造一座百花綻放的世界文明公園，
任君遨遊、取菁吸蜜、嘉惠學子！